变电站自动化系统
实用技术

主　编　邹剑锋　王洪俭
副主编　史建勋　周　刚　沈熙辰　许路广

中国电力出版社
CHINA ELECTRIC POWER PRESS

内 容 提 要

变电站自动化系统在变电站内提供通信基础设施，是自动化系统的一个重要组成部分，能够实现对变电站一次设备的自动监视、测量、控制和保护，同步实现调度通信等综合性的自动化功能。目前电网内综合自动化系统和智能变电站自动化系统大量并存，加之新技术的快速推广应用，对变电站自动化运检人员的技术技能水平提出了更高的要求。

本书共包括五章内容，分别为概述、常规变电站自动化设备、智能变电站自动化设备、电气设备操作、典型自动化"运检合一"实例分析。前四章详细阐述了变电站自动化系统的工作原理、技术特性、使用与维护，帮助广大一线员工快速掌握自动化系统相关专业知识和理论要点。第五章采用实例分析的形式，对生产一线遇到的典型自动化故障逐一进行剖析，借鉴典型处置经验，提供故障分析思路，可有效提高变电运检人员面对自动化设备故障的处置效率。希望本书能为拓展变电运检模式新内涵、推进全业务核心班组建设、保障电网设备安全可靠运行提供新思路。

图书在版编目（CIP）数据

变电站自动化系统实用技术/邹剑锋，王洪俭主编. —北京：中国电力出版社，2023.12
ISBN 978-7-5198-8398-0

Ⅰ.①变… Ⅱ.①邹…②王… Ⅲ.①变电所－自动化技术 Ⅳ.①TM63

中国国家版本馆 CIP 数据核字（2023）第 237238 号

出版发行：中国电力出版社
地 址：北京市东城区北京站西街 19 号（邮政编码 100005）
网 址：http://www.cepp.sgcc.com.cn
责任编辑：邓慧都
责任校对：黄 蓓 常燕昆
装帧设计：张俊霞
责任印制：石 雷

印 刷：三河市万龙印装有限公司
版 次：2023 年 12 月第一版
印 次：2023 年 12 月北京第一次印刷
开 本：787 毫米×1092 毫米 16 开本
印 张：18.25
字 数：350 千字
定 价：106.00 元

编 委 会

主　　任：刘伟浩
副 主 任：阮剑飞　张志芳　陈　鼎　韩中杰　陈亦平
　　　　　邹志峰　丁磊明　冯跃亮　张　亮
委　　员：万尧峰　江　波　韩筱慧　雷　振　徐　明
　　　　　金　海　周富强　陈冰晶　刘强强　陈金刚

编 写 组

主　　编：邹剑锋　王洪俭
副 主 编：史建勋　周　刚　沈熙辰　许路广
参编人员：朱凯元　吴立文　朱胜辉　吕　超　沈云超
　　　　　张嘉文　吴　佳　费平平　王洪一　李锐锋
　　　　　史建立　陈意鑫　盛鹏飞　费丽强　吴　侃
　　　　　杨　林　蔡亚楠　穆国平　刘剑清　黄国良
　　　　　陈永根　陆　飞　朱　迪　沈超伦　冯宇立
　　　　　叶　阳　王　聃　卢思瑶　张佳宇　叶筱怡
　　　　　龙　波　张　鑫

前　言

　　变电站自动化系统是变电站二次设备的重要组成部分，利用先进的计算机技术、现代电子技术、通信技术和信号处理技术，将变电站的测量仪表、信号系统、继电保护、自动装置、远动装置等二次设备经过功能组合和优化设计，实现对变电站一次设备的自动监视、测量、控制和保护，同步实现调度通信等综合性的自动化功能。

　　当前广泛应用的综合自动化系统，横向利用计算机将不同厂家的设备连接在一起，纵向协调变电站内部各层级控制中心，在站控层提供信息优化和综合处理分析，能够采集比较齐全的数据和信息，利用计算机的高速计算能力和逻辑判断功能，可方便地监视和控制变电站内各种设备的运行和操作。

　　进展到智能变电站高速发展阶段，网络通信技术和计算机技术在变电站内得到了更加深入的应用，更多的数据信息接入变电站自动化系统，实现了信息的"全站、唯一、同步、标准"，避免了信息二义性，在信息应用的有效性上获得了极大的提升。三层两网的结构使得二次设备间的界面更加清晰，智能终端、合并单元的引入更加提升了变电站二次设备的智能化水平。

　　当前在运变电站内自动化系统处于综合自动化和智能变电站自动化大量并存的发展阶段，随着越来越多的无人值守变电站投产运行，对变电站自动化运检人员的技术技能水平提出了更高的要求。本书以电力行业标准和国家标准为主线，重点讲述变电站综合自动化和智能变电站自动化系统的工作原理、技术特性、使用与维护，帮助青年员工快速掌握自动化系统相关专业知识和内容，综合现场出现的故障进行深度剖析，为运检人员提供故障分析思路，全面提升运检业务技能水平，提高运检人员自动化设备故障处置效率。

　　本书由国网嘉兴供电公司组织编写，编写组由各专业青年骨干人员组成，通过全体成员历时两年的辛苦努力，经过初稿编写、集中会审、轮番修改、送审、定稿、校稿等多个阶段，在编写过程中得到了变电运维、检修各专业技术人员的大力支持，在此谨向参与本书编写、研讨、审稿、业务指导的各位领导、专家致以诚挚的感谢！由于编写组成员水平和时间限制，书中难免存在疏漏之处，敬请专家读者批评指正。

编　者

2023 年 8 月 12 日

目录

第一章　概　　述

第一节　变电站自动化系统变迁

变电站自动化系统是调度自动化系统的一个重要组成部分，已广泛使用计算机技术对变电站全部设备进行监视和控制，并成为实现电网调度自动化的可靠手段。实现电网调度自动化，采集实时数据，对电网进行监视和控制，变电站自动化系统则需承担变电站内设备的监视、测量、控制和协调任务。

一、电力系统自动化技术的发展过程

电力系统一般由发电、输电、变电以及用电等环节链接而成，每个连接处都有其控制系统。电力系统的自动化不仅对电力供应能否稳定、安全、可持续举足轻重，而且可以提高工作效率，增长设备使用寿命，提高设备性能，同时可以有效防止电力系统发生事故时，出现大面积停电等连锁重大事故，保障经济安全稳定可靠运行。

电力系统自动化技术分别应用于调度系统、变电系统和配电系统。调度自动化技术主要应用为电荷预报、发电计划、网络拓扑分析、电力系统状态评估、暂态静态安全分析、自控发电等功能。变电系统自动化实时采集线路电流、电压、电抗等参数，通过主控端分析，远程遥控供电设备调整，满足客户用电需求，保证供电质量。同时，分析用电需求趋势，预测潮流，更好地进行电力调配。配电系统的光缆通信促进了内部信息交流，提高了控制实时、稳定、高效、可靠等性能。

从 20 世纪 60 年代开始，世界自动化控制技术的发展经历了四个大阶段。

（1）从 20 世纪 50 年代到 60 年代中期是以古典控制理论为基础、以模拟控制为主的第一阶段。调节回路输入信号与设定值比较后经 PD 调节、放大后去控制对象，同时发出反馈信号注入输入网络进行校正，实现闭环控制。电力系统中的 AVR（电压自动调整）和调相设备的调节多数采用这种反馈式模拟调节系统。

（2）从 20 世纪 60 年代中期到 80 年代初期，控制技术进入到现代控制理论为基础的第二阶段，这个阶段的特点是电子计算机技术、通信技术和控制技术有了迅速发展，开发了一批具有协控、程控、集控等对多回路同时调节功能的计算机系统，在调度自动化方面，日本、美国等技术发达国家开始采用了计算机进行电网数据采集和监控，同时在变电站开始采用远动（RTU）作为自动化的终端。数控技术的发展使得控制的精确性、控制的速度和质量有了提高，但是多回路集中控制即使采用了冗余技术，由于风险过于集中，可靠性得不到保证。

（3）20 世纪 80 年代以来控制技术进入了第三阶段——大系统智能控制阶段，它的特点是面对庞大系统的控制，提出全系统最优化指标，再采用任务分解的办法由分散的小系统去优化完成分配给它的具体指标。这时期微机出现，以微机和小型机（或 PC 机）为主组成的分布式控制系统（DCS）运算速度快、可靠性高、价格合理，适应了大系统调节需要。在电网自动化方面，调度端的能量管理系统（EMS）、配电管理系统（DMS）功能已从电网监控（SCADA）扩大到自动发电控制、经济调度控制（ACC/EDC）、静态安全分析（SSA）、暂态安全分析（DSA）、配电网的地图图像系统（CIS）功能、需方用电管理（DSM）以及调度员培训模拟（DTS）等方面。变电站的远动 RTU 及其当地功能包括运行设备的数据采集、监控、电能计量、保护、故障录波、测距、谐波分析、低频减载等功能。

（4）20 世纪 80 年代后至今，电网自动化技术发展又经历了三个阶段。

1）第一是自动化阶段——让不同的自动化设备相互支持。主要的思路是当系统发生故障时，通过断路器等二次继保设备之间的相互配合，快速切除故障，不需要计算机介入进行实时控制，在这一阶段里使用的设备主要是二次物理设备。但是，在这一阶段里，受电源和继电保护装置的影响，自动化程度非常低。在这一阶段，当在系统正常运行时，不能实时侦测系统的运行状态，仅当系统发生故障时，二次设备才能发挥作用；当系统的运行方式发生变化后，需要工作人员重新到现场进行整定计算；恢复事故区域供电时，不能自动采取最优化措施；在事故恢复阶段，需采用多次重合闸，以保证系统的正常运行，但是，这种方法对系统设备的损伤很大。目前，这些设备在我国大部分地区仍在使用。

2）第二是计算机阶段——基于云计算来处理相关的配电网问题。在这一阶段里，对电力通信的要求较高，主要运用了现代通信技术、计算机技术和电力电子技术，在配电网正常运行时也能监视电网运行状况，真正意义上实现了遥信、遥测、遥控、遥调功能。在故障时，能够通过监控设备及时发现非正常状态，并由调度员通过遥控远方设备，隔离故障区域和恢复健全区域供电。

3）第三是现代自动化阶段——使用现代控制理论支持。计算机技术得到更好的应用，实现了配电网自动控制功能。集成了配电网 SCADA 系统、配电地理信息系统、馈线自动化、变电站自动化、需求侧管理、调度员仿真调度、故障呼叫服务系统和工作管理等一体化的综合自动化系统，初步实现了馈线断路器遥控、电容器组调节控制、用户负荷控制和远方自动抄表等功能。

这些新型的电网监控系统，集中了分布于各处的数据采集，计算机、传输网络形成的庞大自动化系统，与发电厂自动化系统配合一起能完成电力系统复杂的、安全、经济发供电任务，反映了第三阶段自动化控制技术的精粹。

二、变电站自动化技术的发展过程

变电站自动化技术的发展大致上分为三个阶段：

第一发展阶段：变电站采用大量独立的自动功能装置，这些装置由分立元件组成，可靠性不高，变电站运行管理的效率和自动化水平较低；

第二个发展阶段：以微处理器为核心的智能自动装置的应用，这些自动装置虽然提高了测控功能的准确性、可靠性和灵活性，但是各自独立运行，不能互相通信，不能共享资源，很难满足高标准的要求；

第三个发展阶段：以变电站综合自动化系统现在统称为变电站自动化系统为标志，它具有功能综合化、结构网络化、运行管理智能化等基本特点，它的应用能够全面提高变电站的技术水平，从而实现电网运行和管理的综合自动化。

国内变电站自动化工作起始于 20 世纪 50 年代，起始尚不把变电站电气设备与送电线路的保护装备列入传统的变电站自动化工作中，当时的变电站自动化装备主要指以下两方面：一是针对线路（架空线路与电缆线路）的自动重合闸装置；二是备用电源自动投入装置。这两种自动化装置当时已趋于成熟，是利用有触点继电器来实现的。除此以外，在 20 世纪 50 年代后期，引进了巡回检测及远动技术，在一些变电站安装并试运行。但国产设备由于技术与工艺上的不成熟，而且巡回检测及远动技术是一个系统工程性的技术，不像自动重合闸与备用电源自动投入装置基本是整体（单个）装置性质的，所以通信技术、主站端的自动化技术投运效果很难达到实用化要求。

20 世纪 60 年代，随着电子技术的迅猛发展，世界上很多国家开始研制基于微处理器技术的远动装置，这种微机型的远动装置在可靠性、性价比方面相对于传统的布线逻辑设备来说具有很大优势，我国从 20 世纪 70 年代开始进行微机型 RTU 的研制和应用。

20 世纪 80 年代，国内厂商开始研究变电站综合自动化技术，引进的"四大网"极大推动了我国微机型 RTU 技术的发展，这时我国开始了微机型继电保护装置的研究，

3

微机型线路保护、微机型元件保护、微机型故障录波器等智能设备也逐渐开始在电力系统中广泛使用，使我国的变电站自动化技术水平又上了新台阶。

20 世纪 90 年代国内开始提出变电站自动化理论，国内的微机型远动装置也开始逐渐走向成熟，变电站内的微机化保护和控制设备的使用量大幅度增加。我国的电力企业开始实行中、低压变电站无人值守、减员增效的措施，这对变电站的远方监视、控制功能提出了更高的要求，为了实现这个目标，利用计算机和网络通信技术实现变电站综合自动化成为必要，极大地促进了变电站综合自动化技术在中国的发展。

变电站综合自动化设计思想的发展导致了系统结构的发展，原来的变电站综合自动化系统基本上是在控制室集中组屏由于面向对象设计的思想的深入以及一次设备的整体化设计，变电站综合自动化的系统配置方式经历了从集中方式、集中与分散相结合的组合方式到完全分散方式的变化过程。基于间隔的全分散式变电站综合自动化系统中，每个间隔必须具有处理装置能承担测量、控制及通信等功能，实现间隔层与变电站层的互联。

随着通信和计算机技术的发展，变电站自动化系统进一步向数字化、智能化时代迈进，其整体发展历程如图 1-1 所示。

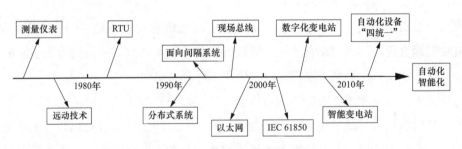

图 1-1　变电站自动化技术发展历程

第二节　综合自动化系统概述

常规变电站的二次系统主要由继电保护、故障录波、当地监控和远动四部分组成。四部分之间相互独立，硬件设备、技术、功能各不相同，彼此之间关联性不大，兼容性较差。大量电缆及端子排的使用加大了资金投入和人工作业量，由于硬件设备的型号类别多，难以实现标准化，使后期调试、维护等工作更加繁琐。常规二次系统无自检功能，需要运维人员定期对设备功能进行测试和校验，这不仅增加了维护工作量，同时不能及时了解系统的工作状态可能会影响对一次系统的监视和控制。

变电站综合自动化系统是自动化技术、计算机技术和通信技术等高科技在变电站领域的综合应用。所谓变电站综合自动化是将变电站的二次设备,包括继电保护、测量仪表、信号系统、自动装置、远动装置等经过功能组合和优化设计,利用先进的计算机技术、现代电子技术、通信技术及信号处理技术,实现对全变电站的主要设备和输、配电线路的自动监视、测量、自动控制和微机保护,以及与调度通信等综合性的自动化功能。

变电站综合自动化系统是由多台微型计算机和大规模集成电路组成,代替了常规的测量和监视仪表、控制屏、中央信号系统和远动屏,改善了常规变电站不能实现与外界通信的缺点。变电站综合自动化系统可以采集到较齐全的数据和信息,通过计算机的高速计算能力和逻辑判断能力,可以监视和控制变电站内各类设备的运行和操作。

变电站综合自动化是通过监控系统的局域网通信,将微机保护、微机自动装置、微机远动装置采集的模拟量、开关量、状态量、脉冲量及一些非电量信号,经过数据处理及功能的重新组合,按照预定的程序和要求,对变电站实现综合性的监视和控制。变电站综合自动化系统具有功能自动化的特征,从变电站自动化系统的构成和所完成的功能来看,其具备的功能有:继电保护;操作控制;测量监视;事故顺序记录与追忆、故障录波和测距;人机联系;电压、无功综合控制;低频减负荷控制;备用电源自投控制;小电流接地选线控制;打印功能;谐波的分析和监视功能;自诊断、自恢复和自动切换功能;远动及数据通信功能等。

综合自动化系统的特点有以下几个方面:

(1) 安全性高。综合自动化系统通过对变电站设备的实时监测和快速响应,能够最大限度地保证电力系统的安全运行。

(2) 可靠性强。综合自动化系统采用先进的控制算法和信号处理技术,确保了系统的高可靠性和稳定性。

(3) 智能化程度高。综合自动化系统采用了人工智能、大数据等技术,可以进行数据分析和决策支持,提高变电站的运行效率和管理水平。

(4) 适应性强。综合自动化系统具有良好的扩展性和兼容性,可以满足各种不同规模和功能要求的变电站的需要。

(5) 系统集成程度高。综合自动化系统可以将各个子系统有效地整合起来,形成一个完整的、高效的电力自动化系统。

从变电站综合自动化系统的发展过程来看,其结构形式有集中式、分布式、分散(层)分布式,从安装物理位置上看,有集中组屏、分层组屏和分散在一次设备间隔设备上安装等形式。

一、集中式结构形式

集中式结构形式的综合自动化系统是变电站自动化系统中的一种常见形式，通过将各个子系统集中连接到中心控制室，实现了对整个变电站设备的快速监测和控制。这种系统在传统变电站的升级改造、新建变电站等方面得到了广泛应用，如图1-2所示。

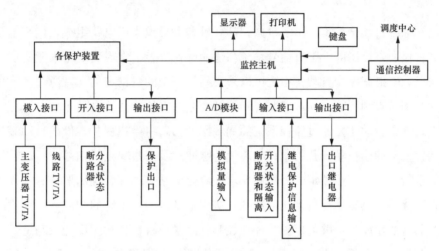

图1-2　集中式结构的变电站综合自动化系统框图

集中式结构形式的综合自动化系统由多个子系统组成，主要包括电源自动控制系统、保护自动控制系统、监测自动控制系统、调度自动控制系统等。其中，电源自动控制系统负责变电站电源的电压调节等功能；保护自动控制系统则负责对变电站设备的实时监测和故障诊断，以及出现故障时的保护动作；监测自动控制系统主要负责对变电站各项运行参数进行实时监测，并提供数据采集和存储功能；而调度自动控制系统则主要负责电网调度工作，包括对电力负荷的预测和调度安排等。

集中式综合自动化系统能实时采集变电站中各种电气设备的模拟量、脉冲量、状态量，并建立实时数据库；通过液晶显示变电站主接线图、负荷曲线等，自动显示事故点的画面信息；可以通过画面操作变电站内的电气设备，检查操作的正确与否；当系统或某一条线路发生故障时，能自动记录故障前后几个周期的信息，具有事件追忆功能；保护信息作为管理用信息保存在当地控制机中，可调取用于显示、打印；系统具有自诊断功能和自恢复功能，当设备受到外界瞬间干扰信号而影响正常工作时，系统能发出自恢复命令；造价低，适合小型变电站的新建或改造。总结来说，集中式综合自动化系统具备以下优点。

（1）集成程度高：由于采用了集中式结构形式，各个子系统能够有效整合起来，形成一个高度集成的电力自动化系统。

（2）操作简单：由于各个子系统均被集中在中心控制室，因此可以实现统一的操作和管理，大大降低了系统运维难度。

（3）故障诊断快速：由于采用了集中式结构，故障信息能够更快地传递到中心控制室，提高了故障诊断的速度。

（4）系统可靠性高：由于中心控制室可以对整个系统进行实时监控和管理，因此可以提高系统的可靠性。

尽管集中式结构形式的综合自动化系统具备以上优点，但它也存在一些局限性。例如，由于所有子系统都必须经过中心控制室进行通信，因此一旦中心控制室出现故障，整个系统就会失效。

总的来说，尽管集中式结构形式的综合自动化系统存在一定局限性，由于每台计算机要承担多任务，如果一台计算机出故障，影响范围较大。集中式结构软件较复杂，调试工作量大，组态不灵活，软硬件不具备通用性，不利于批量生产。但其具有高度集成、操作简单、故障诊断快速、可靠性高等优点，在变电站自动化系统中仍然得到了广泛应用。

二、分层分布式结构集中组屏形式

20 世纪 90 年代中期，随着计算机技术、网络技术和通信技术的飞速发展，变电站分布式自动化系统出现并逐渐成熟。分层分布式结构集中组屏形式是一种将整个变电站自动化系统划分为多个层次，并在每个层次上实现分布式控制的系统架构。分布式结构是指在结构上采用主从 CPU 协同工作方式，各功能模块（各从 CPU）之间采用网络技术或串行方式实现数据通信，多 CPU 系统提高了处理并行多发事件的能力，方便系统扩展和维护，局部故障不影响其他模块（部件）正常运行。如微机型变压器保护主要包括速断保护、比率制动型差动保护、电流电压保护等。主保护的功能由 1 个 CPU 单独完成。后备保护主要由复合电压电流保护、过负荷保护等构成，后备保护也可由单个 CPU 完成，主保护和后备保护的 CPU 分开单独运作，完成各自功能，增加了保护的可靠性。

在变电站综合自动化系统中，通常把保护、自动重合闸、故障录波、故障测距等功能综合在一起的装置称为保护单元，而把测量和控制功能综合在一起的装置称为控制或 I/O 单元，两者统称为间隔级单元。各种类型的间隔级单元和变电站的中央单元相结合，并利用间隔级单元搜集到的状态量和测量值，通过软件来实现各种保护闭锁，简化传统设计中为实现闭锁功能所需要的二次回路，以组成变电站综合自动化系统。分布式结构就是将变电站信息的采集和控制分为管理层、站控层和间隔层布置，如图 1-3 所示。

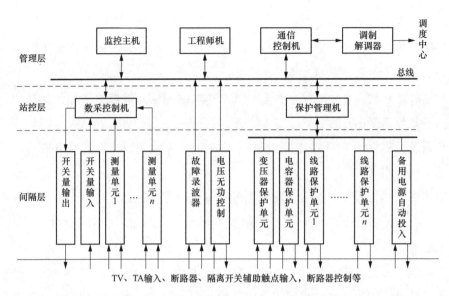

图 1-3　分层分布式结构集中组屏形式的变电站综合自动化系统框图

间隔层按照一次设备组织，一般按断路器的间隔划分，具有测量、控制和继电保护部分。测量、控制部分负责该单元的测量、监视、断路器的操作控制和连锁及事件顺序记录等；继电保护部分负责该单元线路、变压器或电容器的保护、记录等。所以，间隔层是由各种不同的单元装置组成，这些独立的单元装置通过总线接到站控层。在间隔层中，各个设备会联网并定时上传数据到站控层。这些数据可以包括断路器状态、电流电压等运行数据。

站控层主要进行数据集中处理和保护管理，起到承上启下的作用，上传下达重要任务，对下管理各种间隔单元装置，包括微机监控、保护、自动装置等，收集各种数据并发出控制命令，起到数据集中作用，还可以通过现场总线完成对保护单元的自适应调整；对上通过设立开放式结构的站级网络接口，与管理层建立联系，将数据传送给管理后台机或调度端，起到数据处理作用。

管理层由一台或多台微机组成，具体功能有：数据处理功能，如变电站有功和无功功率总加、电能量总加等；画面显示功能，可以显示一次接线图、曲线图等图像，可以在画面上进行断路器状态修改、遥控操作等，可以显示各种设备的历史档案、维修记录等；打印功能，定时或召唤打印各种报表、曲线及各种异常和事故等。可以复制屏幕上的画面；谐波分析计算功能，能手动或定时启动有关前置单元进行高速交流采样，并计算显示谐波幅值和含量。

当涉及变电站这种大型系统时，分层分布式结构集中组屏形式是一种非常重要的架构选择。这种架构有助于将复杂性降低到可管理的水平，并且能够提高系统的可靠性和效率。

间隔层通常包括多个传感器和装置，用于监测变电站各项运行数据。这些设备可以直接连接到控制层的控制器或数据采集装置，以便进行数据处理和分析。在站控层，将会使用专门的软件对采集的数据进行处理，并根据需要生成控制信号发送至管理层。在站控层中，管理员可以使用专门的软件进行监测和控制变电站的运行。管理员可以监测每个设备的状态，并在必要时对其进行维护和修理。此外，管理员还可以设置预警阈值，以便在达到某些特定条件时自动触发警报信号。当接收到控制信号后，管理层设备将会自动执行相应的操作。这些设备可能需要与其他设备交互并保持同步状态。当在变压器上进行调节时，需要确保所有设备处于正确的位置，并在正确的时间内完成所需的操作。

集中组屏形式的优点在于其控制逻辑集中在集中组屏中，易于编程和维护。因此，开发人员能够更容易地应对变电站硬件和软件的变化。此外，由于数据采集和控制分离，系统的稳定性和可靠性也得到了保障。同时，由于控制层中的处理能力得到提高，系统的响应速度也得到了显著提升。

然而，集中组屏形式的缺点在于其结构较为复杂，并且需要较高的技术水平和大量的编程工作。此外，由于控制逻辑集中在一处，系统的可扩展性受到一定限制。如果需要对系统进行扩展或升级，则需要进行更多的编程工作和软件开发。

总的来说，分层分布式结构集中组屏形式是一种常见的变电站自动化系统形式。它具有稳定、可靠、响应速度较快的优点，但也存在着复杂、编程量大、可扩展性受限等缺点。因此，开发人员需要根据具体的需求选取最适合的架构形式。

三、分散与集中相结合的结构形式

目前国内外最为流行、受到广大用户欢迎的一种综合自动化系统如图 1-4 所示。这种结构形式既有分散控制的灵活性，又具备集中控制的高效性，可以达到在保证安全可靠的同时提高运行效率的目的。在这种结构形式下，系统中的各个子系统都可以进行独立的分散控制，同时通过总线或网络等手段实现集中控制。这样可以充分发挥各个子系统的特点和优势，同时保证了系统整体的协调性和一致性。

在分散与集中相结合的综合自动化系统中，通常采用层次化结构，将系统划分为不同的层次，每个层次分别处理不同的任务。最底层是设备控制层，主要负责对设备进行控制和监测；中间层是过程控制层，主要负责对生产过程进行控制、监测和调度；最上层是管理决策层，主要负责对整个系统进行管理和决策。各个层次之间可以进行数据交换和信息共享，从而确保整个系统的协调性和一致性。

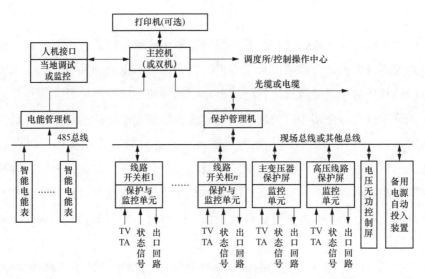

图1-4 分散与集中相结合的变电站综合自动化系统框图

在设备控制层，该层负责对设备进行实时监测和控制。通过传感器采集设备状态的信息，然后将信息发送给控制器进行处理，最终输出控制信号给执行器对设备进行控制。该层次的主要任务是确保设备的安全可靠运行，防止因为设备损坏导致生产过程中断。在过程控制层，该层负责对生产过程进行实时监测、控制和调度。通过采集生产工艺的实时数据，进行处理分析，然后根据处理结果输出相应的控制信号。该层次的主要任务是提高生产效率和质量，并且确保整个生产过程的稳定性。在管理决策层，该层次主要负责对整个系统进行管理和决策。通过采集各个子系统的数据信息，进行分析和处理，然后根据处理结果进行系统优化和调整。该层次的主要任务是提高系统运行效率、降低成本并且为企业的战略决策提供参考依据。

它是采用"面向对象"即面向电气一次回路、一台变压器、一组电容器等的方法进行设计的，间隔层中各数据采集、监控单元和保护单元做在一起，设计在同一机箱中，并将这种机箱就地分散安装在开关柜上或其他一次设备附近。这样各间隔单元的设备相互独立，仅通过光纤或电缆网络由站控机对它们进行管理和交换信息。这是将功能分布和物理分散两者有机结合的结果。通常，能在间隔层内完成的功能一般不依赖通网络，如保护功能本身不依赖于通信网络。这就是分散式结构。这样组态模式集中了分布式的全部优点，此外还最大限度地压缩了二次设备及其繁杂的二次电缆，节省土地投资。这种结构形式本身配置灵活，从安装配置上除了能够安装在间隔开关柜上以外，还可以实现在控制室内集中组屏或分层组屏，即一部分集中存低压开关室内分别组屏等。这种将配电线路的保护和测控单元分散安装在开关柜内，而高压线路保护和主变压器保护装置等采用集中组屏的系统结构称为分散和集中相结合的结构。这种结构是目前国内外变电站综合自动化系统结构中最热门的、比较先进的模式之一。它不仅适合应用在各种电压等级的变电站中，而且若在高压变电站中应用将更趋于合理，经济效益更好。

此外，分散与集中相结合的综合自动化系统还需要具备良好的通信能力和数据传输能力，以便于各个子系统之间的数据交换和信息共享。因此，在设计这种系统时需要充分考虑通信协议、网络拓扑结构等因素。

在实际应用中，分散与集中相结合的综合自动化系统已经被广泛应用于变电站控制、工业生产、交通运输等领域。其优点在于既能够满足不同层次的控制需求，又能够提高整个系统的运行效率和安全性。

该结构形式的特点如下：

（1）10～35kV 馈线保护采用分散式结构，就地安装，节约控制电缆，通过现场总线与保护管理机交换信息。

（2）高压线路保护和变压器保护采用集中组屏结构，保护屏安装在控制室或保护室中，同样通过现场总线与保护管理机通信，使这些重要的保护装置处于比较好的工作环境，对可靠性比较有利。

（3）其他自动装置中，备用电源自投控制装置和电压、无功综合控制装置采用集中组屏结构安装于控制室或保护室中。

（4）为了保证电能计量的准确性，电能计量可采用以下两种方法解决。

1）采用脉冲电能表，由电能管理机采集各电能表的脉冲量，计量出电能量，然后送给监控主机，再转发给控制中心。

2）采用带串行通信接口的智能型电能计量表，通过串行总线，由电能管理机将采集的各电能量送往监控机，再传送给控制中心。

第三节　智能变电站自动化系统概述

智能变电站是一种利用先进信息技术和自动化技术实现对变电站内部各个设备和系统的集中化监测、控制和管理，并能够对电力系统的运行状态进行实时分析和智能优化的新型电力设施。智能变电站主要通过数字化、智能化和网络化的方式来提高电力系统的安全性、可靠性、经济性和环保性，是电力系统数字化转型的重要组成部分。

智能变电站自动化系统按照所要完成的控制、监视和保护三大功能，在综合自动化系统基础上提出了变电站内功能分层的概念：无论从逻辑概念上还是从物理概念上都可将变电站的功能分为三层：站控层、间隔层和过程层，见图 1-5。

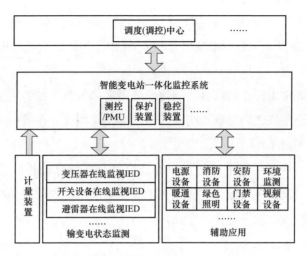

图 1-5　智能变电站自动化体系架构

一、智能变电站自动化体系架构

（1）三层：站控层、间隔层、过程层。

（2）两网：站控层网络（站控层与间隔层通信网络）、过程层网络（间隔层与过程层通信网络）。

（3）过程层设备：典型的为智能一次设备、电子式互感器、合并单元、智能终端等。

1）智能一次设备：指变电站高压电器设备（主要包括断路器、隔离开关、变压器）具有自动测量、自动控制、自动调节、自身状态监测及预警、通信功能。

2）电子式互感器：一种装置，由连接到传输系统和二次转换器的一个或多个电流或电压传感器组成，用于传输正比于被测量的量，以供给测量仪器、仪表和继电保护或控制装置。

3）合并单元（Merging Unit）：用以对来自二次转换器的电流和/或电压数据进行时间相关组合的物理单元。合并单元可是互感器的一个组成件，也可是一个分立单元。

4）智能终端：又称智能操作箱，就地实现高压开关设备的遥信、遥控、保护跳闸等功能，并通过基于 IEC 61850 标准的通信接口实现与过程层的通信功能。

二、IEC 61850 标准

IEC 61850 标准是电力系统自动化领域的全球通用标准。它通过标准的实现，实现了智能变电站的工程运作标准化。使得智能变电站的工程实施变得规范、统一和透明。无论是哪个系统集成商建立的智能变电站工程都可以通过 SCD（系统配置）文件了解整个变电站的结构和布局，对于智能化变电站发展具有不可替代的作用。

（一）IEC 61850 标准来源

IEC 61850 提出了一种公共的通信标准，通过对设备的一系列规范化，使其形成一个规范的输出，实现系统的无缝连接。

IEC 61850 标准是基于通用网络通信平台的变电站自动化系统唯一国际标准，它是由国际电工委员会第 57 技术委员会（IECTC57）的 3 个工作组负责制定的。

此标准参考和吸收了已有的许多相关标准，其中主要有：IEC 870-5-101 远动通信协议标准；IEC 870-5-103 继电保护信息接口标准；UCA2.0（Utility Communication Architecture2.0）（由美国电科院制定的变电站和馈线设备通信协议体系）；ISO/IEC 9506 制造商信息规范（Manufacturing Message Specification，MMS）。

变电站通信体系 IEC 61850 将变电站通信体系分为 3 层站控层、间隔层、过程层。

IEC 61850 的特点：①面向对象建模；②抽象通信服务接口；③面向实时的服务；④配置语言；⑤整个电力系统统一建模。

IEC 61850 建模了大多数公共实际设备和设备组件。这些模型定义了公共数据格式、标识符、行为和控制。自我描述能显著降低数据管理费用、简化数据维护、减少由于配置错误而引起的系统停机时间。IEC 61850 作为制定电力系统远动无缝通信系统基础能大幅度改善信息技术和自动化技术的设备数据集成，减少工程量、现场验收、运行、监视、诊断和维护等费用，节约大量时间，增加了自动化系统使用期间的灵活性。它解决了变电站自动化系统产品的互操作性和协议转换问题。采用该标准还可使变电站自动化设备具有自描述、自诊断和即插即用（Plug and Play）的特性，极大的方便了系统的集成，降低了变电站自动化系统的工程费用。在我国采用该标准系列将大大提高变电站自动化系统的技术水平、提高变电站自动化系统安全稳定运行水平、节约开发验收维护的人力物力、实现完全的互操作性。

（二）IEC 61850 特点

IEC 61850 标准是由国际电工委员会（International Electro technical Commission）第 57 技术委员会于 2004 年颁布的、应用于变电站通信网络和系统的国际标准。作为基于网络通信平台的变电站唯一的国际标准，IEC 61850 标准吸收了 IEC 60870 系列标准和 UCA 的经验，同时吸收了很多先进的技术，对保护和控制等自动化产品和变电站自动化系统（SAS）的设计产生深刻的影响。它将不仅应用在变电站内，而且将运用于变电站与调度中心之间以及各级调度中心之间。国内外各大电力公司、研究机构都在积极调整产品研发方向，力图和新的国际标准接轨，以适应未来的发展方向。

IEC 61850 系列标准共 10 大类、14 个标准，具体名称不在这里赘述，读者可以很容易在网络上查找到，以下主要介绍 IEC 61850 的特点。

（1）定义了变电站的信息分层结构。变电站通信网络和系统协议 IEC 61850 标准草案提出了变电站内信息分层的概念，将变电站的通信体系分为 3 个层次，即变电站层、间隔层和过程层，并且定义了各层之间的通信接口。

（2）采用了面向对象的数据建模技术。IEC 61850 标准采用面向对象的建模技术，定义了基于客户机/服务器结构数据模型。每个 IED 包含一个或多个服务器，每个服务器本身又包含一个或多个逻辑设备。逻辑设备包含逻辑节点，逻辑节点包含数据对象。数据对象则是由数据属性构成的公用数据类的命名实例。从通信而言，IED 同时也扮演客户的角色。任何一个客户可通过抽象通信服务接口（ACSI）和服务器通信可访问数据对象。

（3）数据自描述。该标准定义了采用设备名、逻辑节点名、实例编号和数据类名建立对象名的命名规则；采用面向对象的方法，定义了对象之间的通信服务，比如，获取和设定对象值的通信服务，取得对象名列表的通信服务，获得数据对象值列表的服务等。面向对象的数据自描述在数据源就对数据本身进行自我描述，传输到接收方的数据都带有自我说明，不需要再对数据进行工程物理量对应、标度转换等工作。由于数据本身带有说明，所以传输时可以不受预先定义限制，简化了对数据的管理和维护工作。

（4）网络独立性。IEC 61850 标准总结了变电站内信息传输所必需的通信服务，设计了独立于所采用网络和应用层协议的抽象通信服务接口（ACSI）。在 IEC 61850-7-2 中，建立了标准兼容服务器所必须提供的通信服务的模型，包括服务器模型、逻辑设备模型、逻辑节点模型、数据模型和数据集模型。客户通过 ACSI，由专用通信服务映射（SCSM）映射到所采用的具体协议栈，例如制造报文规范（MMS）等。IEC 61850 标准使用 ACSI 和 SCSM 技术，解决了标准的稳定性与未来网络技术发展之间的矛盾，即当网络技术发展时只要改动 SCSM，而不需要修改 ACSI。

（三）IEC 61850 优势

IEC 61850 标准具有很多优势，其配置流程如图 1-6 所示。

（1）它对变电站内 IED（智能电子设备）间的通信进行分类和分析，定义了变电站装置间和变电站对外通信的 10 种类型，针对这 10 种通信需求进行分类和甄别。

（2）针对不同的通信，不同的优化方式。引入 GOOSE（面向通用对象的变电站事件）、SMV（采样测量值）和 MMS（制造报文规范）等不同通信方式的通信方式，满足变电站内装置间的通信需求。

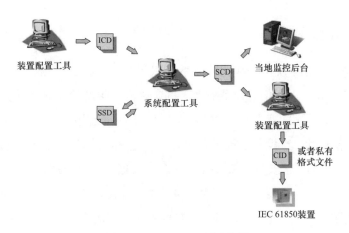

图 1-6　IEC 61850 配置流程

（3）建立装置的数字化模型，理顺功能、IED、LD（逻辑设备）、LN（逻辑节点）概念的关系和隶属，统一功能和装置实现直接的规范。

（4）建立统一的 SCD，使得各个变电站尽管在电压等级、供电范围、一次接线方式等不尽相同的情况下，依然能够建立起一个统一格式、统一实现方式、各个厂商通用的变电站配置。

（5）首次提出过程层的概念和解决方案，使得电子式互感器的得以推广和应用。

（四）IEC 61850 标准的服务

IEC 61850 标准的服务实现主要分为三个部分：MMS 服务、GOOSE 服务、SMV 服务。

MMS 服务用于装置和后台之间的数据交互；GOOSE 服务用于装置之间的通信；SMV 服务用于采样值传输。

三个服务之间的关系：在装置和后台之间涉及双边应用关联，在 GOOSE 报文和传输采样值中涉及多路广播报文的服务。双边应用关联传送服务请求和响应（传输无确认和确认的一些服务）服务，多路广播应用关联（仅在一个方向）传送无确认服务。

如果把 IEC 61850 标准的服务细化分，主要有：报告（事件状态上送）、日志历史记录上送、快速事件传送、采样值传送、遥控、遥调、定值读写服务、录波、保护故障报告、时间同步、文件传输、取代，以及模型的读取服务。

（五）IEC 61850 应用展望

智能电网要求实现信息的高度集成和共享，采用统一的平台模型，以实现电网内设备和系统的互操作。IEC 61850 标准已经成为未来智能电网领域的主要标准之一，可以实现：①新能源发电的监控和集成；②对变电站信息化和智能化的支撑；③面向配电领域的拓展；④构建电力企业的无缝通信体系。

三、一体化监控系统

智能变电站自动化系统由一体化监控系统和变电设备状态监测、辅助设备、时钟同步、计量等共同构成。一体化监控系统纵向贯通调度、生产等主站系统，横向联通变电站内各自动化设备，是智能变电站自动化的核心部分。智能变电站一体化监控系统直接采集站内电网运行信息和二次设备运行状态信息，通过标准化接口与输变电设备状态监测、辅助应用、计量等进行信息交互，实现变电站全景数据采集、处理、监视、控制、运行管理等。智能变电站一体化监控系统不包含计量、辅助应用、输变电在线监测等设备，但与其共同构建智能变电站自动化体系，其系统结构和网络结构分别如图1-7和图1-8所示。

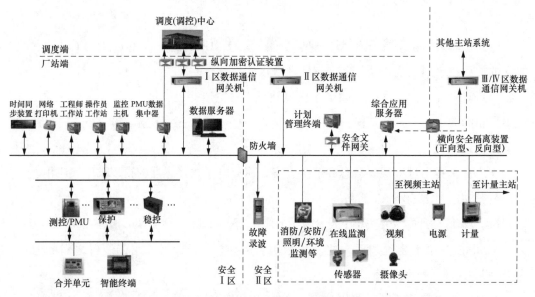

注：在现行条件下，虚框内的设备只与一体化监控系统进行信息交互，本规范对其建设和技术要求不做规定。

图 1-7　智能变电站一体化监控系统结构

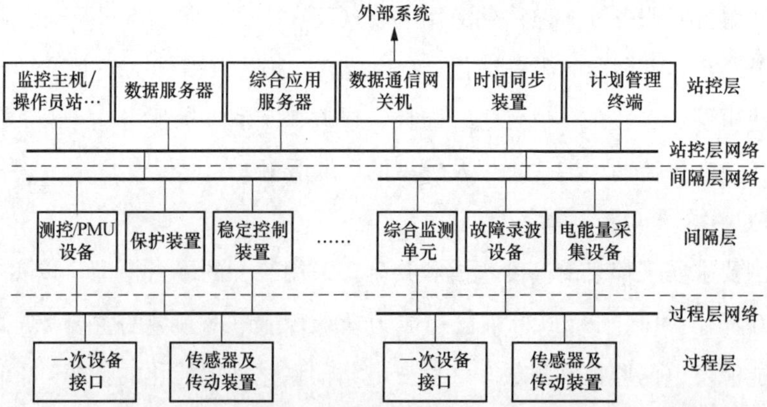

图 1-8　智能变电站一体化监控系统网络结构

（一）网络结构

智能变电站一体化监控系统网络结构分为站控层、间隔层和过程层。其功能如下：

站控层：实现面向全站设备的监视、控制、告警及信息交互功能，并与远方调度（调控）中心通信。

间隔层：由若干二次设备组成，实现对被监视设备的保护、测量、控制、监测等，并将相关信息传输至站控层。

过程层：实时采集各种运行数据、监测设备运行状态、执行各项控制命令等。

（二）设备组成

智能变电站一体化监控系统主要设备包括监控主机、操作员站、工程师工作站、Ⅰ区数据通信网关机、Ⅱ区数据通信网关机、Ⅲ/Ⅳ区数据通信网关机、综合应用服务器、数据服务器。

监控主机负责站内各类数据的采集、处理，实现站内设备的运行监视、操作与控制、信息综合分析及智能告警；集成防误闭锁操作工作站和保护信息子站等功能；

操作员工作站是站内运行监控的主要人机界面，实现对全站一、二次设备的实时监视和操作控制；具有事件记录及报警状态显示和查询、设备状态和参数查询、操作控制等功能。工程师工作站用以实现智能变电站一体化监控系统的配置、维护和管理；

数据服务器可以满足变电站全景数据的分类处理和集中存储需求，并经由消息总线向主机、数据通信网关机和综合应用服务器提供数据的查询、更新、事务管理及多用户存取控制等服务；

综合应用服务器负责接收在线监测、计量、电源、消防、安防、环境监测等信息采集装置（系统）的数据，进行综合分析和统一展示，对外提供在线监测分析结果以及辅助应用监视与控制功能；

智能变电站一体化监控系统—Ⅰ区数据通信网关机和Ⅰ区图形网关机的主要功能是直接采集站内数据，通过专用通道向调度（调控）中心传送实时信息，进行数据优化，告警直传，远程浏览（图形网关机），接收调度（调控）中心的操作与控制命令。智能变电站一体化监控系统—Ⅰ区数据通信网关机和Ⅰ区图形网关机采用专用独立设备，无硬盘、无风扇设计；

智能变电站一体化监控系统—Ⅱ区数据通信网关机的主要功能是实现Ⅱ区数据向调度（调控）中心的数据传输，具备调度（调控）中心对变电站Ⅱ区数据的远方查询和浏览功能；

智能变电站一体化监控系统—Ⅲ/Ⅳ区数据通信网关机的主要功能是按照在线监测、辅助应用等功能模块划分，实现与PMS、输变电设备状态监测等其他主站系统的信息传输。

（三）典型配置

下面，分别以图 1-9 和图 1-10 来介绍 220kV 系统和 110kV 系统介绍系统典型配置。

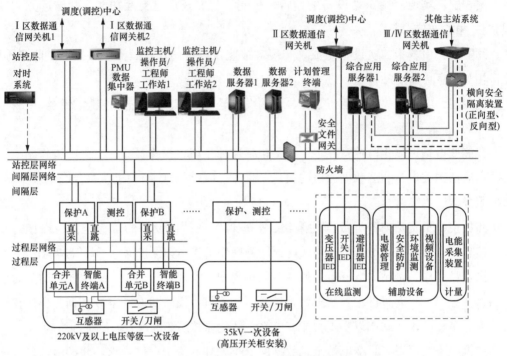

图 1-9　220kV 智能变电站一体化监控系统结构示意图

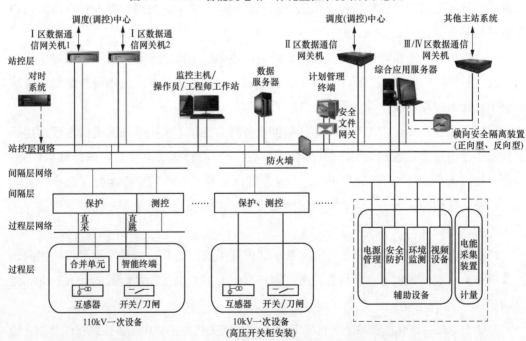

图 1-10　110kV 智能变电站一体化监控系统结构示意图

220kV及以上电压等级智能变电站主要设备配置要求：

（1）监控主机宜双重化配置；

（2）数据服务器宜双重化配置；

（3）操作员站和工程师工作站宜与监控主机合并；

（4）综合应用服务器可双重化配置；

（5）Ⅰ区数据通信网关机双重化配置；

（6）Ⅰ区图形网关机单（双）套配置；

（7）Ⅱ区数据通信网关机单套配置；

（8）Ⅲ/Ⅳ区数据通信网关机单套配置；

（9）500kV及以上电压等级有人值班智能变电站操作员站可双重化配置；

（10）500kV及以上电压等级智能变电站工程师工作站可单套配置。

110kV（66kV）智能变电站主要设备配置要求：

（1）监控主机可单套配置。

（2）数据服务器单套配置。

（3）操作员站、工程师工作站与监控主机合并，宜双套配置。

（4）综合应用服务器单套配置。

（5）Ⅰ区数据通信网关机双重化配置。

（6）Ⅰ区图形网关机单套配置。

（7）Ⅱ区数据通信网关机单套配置。

（8）Ⅲ/Ⅳ区数据通信网关机单套配置。

（9）系统时钟配置要求：

1）时间同步子系统由主时钟和时钟扩展装置组成，时钟扩展装置数量按工程实际需求确定；

2）主时钟应双重化配置，支持北斗导航系统（BD）、全球定位系统（GPS）和地面授时信号，优先采用北斗导航系统，主时钟同步精度优于$1\mu s$，守时精度优于$1\mu s/h$（12h以上）；

3）站控层设备宜采用简单网络时间协议（SNTP）对时方式；

4）间隔层和过程层设备宜采用IRIG-B、1PPS对时方式。

（10）安全防护的配置要求：

1）安全Ⅰ区设备与安全Ⅱ区设备之间通信应采用防火墙隔离；

2）智能变电站一体化监控系统通过正反向隔离装置向Ⅲ/Ⅳ区数据通信网关机传送数据，实现与其他主站的信息传输；

3）智能变电站一体化监控系统与远方调度（调控）中心进行数据通信应设置纵向加密认证装置；

4）Ⅱ区计划管理终端与综合应用服务器通过安全文件网关隔离。

一体化监控系统进行数据采集，通过融合系统功能，实现信息传输。一体化监控系统主要包含五大功能，分别是：运行监视；操作与控制；信息综合分析与智能告警；运行管理；辅助应用。

（四）数据采集要求

应实现电网稳态、动态和暂态数据的采集；应实现一次设备、二次设备和辅助设备运行状态数据的采集；量测数据应带时标、品质信息；支持 DL/T 860，实现数据的统一接入。

电网运行数据采集主要针对的是稳态、暂态和动态数据，设备运行信息采集主要针对的是一次设备、二次设备和辅助设备数据。

其中，电网运行稳态数据采集主要包含：

（1）状态信息。馈线、联络线、母联（分段）、变压器各侧断路器位置；电容器、电抗器、所用变断路器位置；母线、馈线、联络线、主变隔离开关位置；接地刀闸位置；压变刀闸、母线地刀位置；主变分接头位置，中性点接地刀闸位置等。

（2）量测数据。馈线、联络线、母联（分段）、变压器各侧电流、电压、有功功率、无功功率、功率因数；母线电压、零序电压、频率；3/2 接线方式的断路器电流；电能量数据：主变各侧有功/无功电量；联络线和线路有功/无功电量；旁路开关有功/无功电量；馈线有功/无功电量；并联补偿电容器电抗器无功电量；站（所）用变有功/无功电量。统计计算数据。

（3）电网运行数据。电网运行状态信息主要通过测控装置采集，信息源为一次设备辅助接点，通过电缆直接接入测控装置或智能终端。测控装置以 MMS 报文格式传输，智能终端以 GOOSE 报文格式传输；电网运行量测数据通过测控装置采集，信息源为互感器（经合并单元输出）。

（4）电能量数据来源于电能计量终端或电子式电能表。

电网运行动态数据采集主要包含：

（1）数据范围：线路和母线正序基波电压相量、正序基波电流相量；频率和频率变化率；有功、无功计算量。

（2）动态数据通过 PMU 装置采集，信息源为互感器（经合并单元输出）。

（3）动态数据采集和传输频率应可根据控制命令或电网运行事件进行调整。

电网运行暂态数据采集主要包含：

（1）数据范围。主变保护录波数据；线路保护录波数据；母线保护录波数据；电容器/电抗器保护录波数据；断路器分/合闸录波数据；量测量异常录波数据。

（2）录波数据通过故障录波装置采集。

一次设备运行数据采集主要包含：

（1）数据范围。变压器油箱油面温度、绕组热点温度、绕组变形量、油位、铁芯接地电流、局部放电数据等；变压器油色谱各气体含量等；GIS、断路器的 SF_6 气体密度（压力）、局部放电数据等；断路器行程—时间特性、分合闸线圈电流波形、储能电机工作状态等；避雷器泄漏电流、阻性电流、动作次数等；其他监测数据可参考 Q/GDW616。

（2）在线监测装置应上传设备状态信息及异常告警信号。

（3）一次设备在线监测数据通过在线监测装置采集。

二次设备运行数据采集主要包含：装置运行工况信息；装置软压板投退信号；装置自检、闭锁、对时状态、通信状态监视和告警信号；装置 SV/GOOSE/MMS 链路异常告警信号；测控装置控制操作闭锁状态信号；保护装置保护定值、当前定值区号；网络通信设备运行状态及异常告警信号；二次设备健康状态诊断结果及异常预警信号。

辅助设备量测数据和状态量由电源、安防、消防、视频、门禁和环境监测等装置提供。辅助设备运行数据采集主要包含：

（1）量测信息。直流电源母线电压、充电机输入电压/电流、负载电流；逆变电源交、直流输入电压和交流输出电压；环境温、湿度；气体传感器氧气或 SF_6 浓度信息；

（2）状态信息。交直流电源各进、出线断路器位置；设备工况、异常及失电告警信号；安防、消防、门禁告警信号；环境监测异常告警信号。

站内信息传输与测控装置、保护装置、故障录波装置、在线监测设备、辅助设备之间信息的传输应遵循 DL/T 860-7-2、DL/T 860-8-1；同步相量数据传输格式采用 Q/GDW 131，装置参数和装置自检信息的传输遵循 DL/T 860-7-2、DL/T 860-8-1；当同一厂站内有多个 PMU 装置时，应设置通信集中处理模块，汇集各 PMU 装置的数据后，再与智能变电站一体化监控系统通信；故障录波文件格式采用 GB/T 22386；与网络交换机信息传输应采用 SNMP 协议；在线监测设备的模型应遵循 Q/GDW 616。

站外信息传输方面，通过Ⅰ区数据通信网关机传输的内容包括：电网实时运行的量测值和状态信息；保护动作及告警信息；设备运行状态的告警信息；调度操作控制命令。通过Ⅱ区数据通信网关机传输的内容包括：告警简报、故障分析报告；状态监测数据；电能量数据；辅助应用数据；模型和图形文件：全站的 SCD 文件，导出的 CIM、SVG 文件等；日志和历史记录：SOE 事件、故障分析报告、告警简报等历史记录和全站的操作记录。

（五）系统功能

一体化监控系统主要包含五大功能，分别是：运行监视；操作与控制；信息综合分析与智能告警；运行管理；辅助应用。

（1）运行监视。运行监控应在 DL/T 860 的基础上，实现全站设备的统一建模；监视范围包括电网运行信息、一次设备状态信息、二次设备状态信息和辅助应用信息；应对主要一次设备（变压器、断路器等）、二次设备运行状态进行可视化展示，为运行人员快速、准确地完成操作和事故判断提供技术支持。

（2）操作与控制。操作与控制主要包括站内控制、调度控制、防误闭锁、顺序控制、操作可视化、无功优化和智能操作票。

站内操作包括分级操作（就地、间隔层、站控层和调度）、单设备控制（选择-返校-执行）、同期操作（检同期、检无压）、定值修改（支持远方修改，同一时刻仅支持一种方式）、软压板投退（选择-返校-执行；遥信上送）、主变分接头调节。

防误闭锁分为站控层闭锁、间隔层联闭锁和机构电气闭锁三个层次。站控层闭锁宜由监控主机实现，操作应经过防误逻辑检查后方能将控制命令发至间隔层，如发现错误应闭锁该操作；间隔层联闭锁宜由测控装置实现，间隔间闭锁信息宜通过 GOOSE 方式传输；机构电气闭锁实现设备本间隔内的防误闭锁，不设置跨间隔电气闭锁回路；站控层闭锁、间隔层联闭锁和机构电气闭锁属于串联关系，站控层闭锁失效时不影响间隔层联闭锁，站控层和间隔层联闭锁均失效时不影响机构电气闭锁。

变电站内的顺序控制可以分为间隔内操作和跨间隔操作两类。顺序控制的范围包括一次设备（包括主变、母线、断路器、隔离开关、接地刀闸等）运行方式转换和保护装置定值区切换、软压板投退。

顺序控制应提供操作界面，显示操作内容、步骤及操作过程等信息，应支持开始、终止、暂停、继续等进度控制，并提供操作的全过程记录。对操作中出现的异常情况，应具有急停功能；顺序控制宜通过辅助接点状态、量测值变化等信息自动完成每步操作的检查工作，包括设备操作过程、最终状态等；顺序控制宜与视频监控联动，提供辅助的操作监视。

（3）信息综合分析及智能告警包括数据辨识、故障分析和智能告警。

（4）运行管理主要包括远端维护、权限管理、设备管理、保护定值管理和检修管理。

（5）辅助应用主要包括电源监测、安全防护、环境监测和辅助控制。

四、自动化设备的"四统一、四规范"

变电站自动化系统一直以来就存在生产厂商众多的问题，不同厂商产品个性化特征过于突出，为专业管理带来极大负担。特别是智能变电站建设启动之后，由于标准规范制修订速度滞后于新技术、新设备的应用速度，存在不同标准之间的技术和功能要求互相抵触，以及入网检测、工厂验收和现场验收不充分等一系列问题，导致自动化设备的标准化水平和运维体系建设严重滞后。

2015 年开始，国家调度控制中心自动化处组织 8 个省市调、中国电力科学研究院、南京南瑞集团公司及国内 10 多个主要自动化设备厂家，以提高变电站自动化设备与系统运行安全性、智能性和对主站的支撑作用为目标，全面推进厂站自动化设备"四统一、四规范"工作。"四统一"是指统一外观接口、信息模型、通信服务、监控图形；"四规范"是指规范参数配置、应用功能、版本管理、质量控制。在智能变电站的技术基础上，进一步细化相关标准规范要求，从不同厂商设备具备互换性的角度出发，制订或修订了测控装置、同步相量测量装置（phasor measurement unit，PMU）、同步时钟、数据通信网关机、网络记录与分析设备等 5 类自动化设备的技术规范，并组织开展了样机试制、检测和试点应用工作，在标准化水平、互换性和易用性上取得显著进步。

第二章 常规变电站自动化设备

第一节 测控装置

测控装置是变电站自动化系统间隔层中的最基本同时也是最重要的装置，它提供了具有智能集成一体化功能的面向工业测控系统的应用开发平台。现场测控系统数量多，要求各不相同，每一套单元测控系统不仅现场测控信息多，而且对系统的可靠性和实时性有很高的要求。

测控装置承担着设备输入信号采集、脉冲输入信号采集、交流量采集及处理，对断路器、隔离开关、放电回路进行控制，与总控单元或与智能设备接口进行通信等任务。变电站综自系统中的站控层的计算机监控系统或调度端通过测控装置获取现场数据信息，进行各种分析及处理，同时调度系统可通过测控装置对断路器、隔离开关、放电回路等设备进行操作。利用测控装置还可对有载调压变压器调压、同期合闸数据运算及辨别并实现其控制，当开关量变位时能够按照设定值发告警信号，向后台传送电铃提醒。测控装置是面向间隔层设计的，当通过测控装置对断路器、隔离刀闸等进行操作时，可实现面向间隔层的防误闭锁操作判断。

一、测控装置的功能原理

（一）测控装置的测控信息

变电站自动化系统所处理的现场测控信息非常多。现场测控信息指的是自动化系统所处理的变电站运行参和运行状况数据，其数量非常多，通常按照变电站自动化系统的功能来划分，可以分为遥测量、遥信量、遥控量、遥调量。

1. 遥测

遥测即远程测量（telemetering）：应用远程通信技术，传输被测变量（系统所采集的生产过程层的模拟量信息）的值。遥测信息是表征系统运行状态的连续变化量（或称模拟量），分为电量和非电量两种。主要包括以下内容：

（1）三相电流，三相保护电流；

（2）三相电压，三相相间电压；

（3）三相交流电的频率、相位；

（4）有功功率 P，无功功率 Q，功率因数 $\cos\varphi$；

（5）有功电度 W，无功电度 V；

（6）零序电流；

（7）母线分段、母联断路器电流；

（8）直流母线电压；

（9）并联补偿装置的三相交流电流；

（10）消弧线圈电流；

（11）变压器温度，环境温度等。

其中直接测量量包括：三相电流、三相电压、零序电流、变压器温度、环境温度、有功电度和无功电度可由智能电能表给出的数字电度量或者经二次计算得到。

2. 遥信

遥信即远程指示，远程信号：对诸如告警情况、断路器位置或阀门位置这样状态信息的远程监视。遥信信息是二元状态量，既是说对于每一个遥信对象而言它有两种状态，两种状态为"非"的关系。主要包括以下内容：

（1）隔离开关位置（工作/试验/拉出）信号；

（2）断路器位置（分/合）信号；

（3）保护动作信号；

（4）弹簧储能信号；

（5）控制回路断线信号；

（6）轻/重瓦斯信号；

（7）变压器温度异常信号；

（8）低频减载保护信号；

（9）TA（电流互感器）/TV（电压互感器）断线信号；

（10）系统异常/故障信号；

（11）操作机构故障信号等。

3. 遥控

遥控即远程命令（telecommand）：应用远程通信技术，完成改变运行设备状态的命令（系统对生产过程层的某些设备的输出控制信号），如对断路器的控制。主要包括以下内容：

（1）断路器（合闸/分闸）控制信号；

（2）隔离开关的遥控信号；

（3）变压器中性点、断路器两侧的接地刀闸等信号；

（4）某些设备的启动、停止、复位等信号。

4．遥调

遥调即远程调节：应用远程通信技术，完成对具有两个以上状态运行设备进行控制的远程命令（系统对生产过程层的某些设备模拟量的调节控制信号）。如变压器分头位置调节，消弧线圈的抽头位置，调节机组出力的调节，励磁电流的调节，有载调压分接头的位置调节。

事件：指的是运行设备状态的变化，如断路器所处的闭合或断开状态的变化，保护所处的正常或告警状态的变化。

事件顺序记录：是指继电保护动作时，按动作的时间先后顺序进行的记录。因此要完成事件顺序记录的功能，交流采样装置必须提供实时时钟。

事件分辨率：指能正确区分事件发生顺序的最小事件间隔。

同期：是指发电机出口电压的大小、相位、频率与电网电压的大小、相位、频率一致。电力系统中同期并列的条件：①电压大小相等；②电压的相位相同；③电压频率相等；④电压相序相同。

（二）测控装置的功能

测控装置的基本功能是指在测控装置系统硬件平台基础上，提供的具有测量、保护、监控、故障录波等软硬件系统的常规功能集。

该装置的主要功能主要有：

（1）数据采集与处理功能。能实现交流量（电压、电流、过载能力）采集和计算功能，计算的输出量是相电压、相电流、线电压、相位、有功功率、无功功率、功率因数和频率等。能实现数字量（隔离开关位置、断路器状态、储能信号、控制回路状态、其他设备状态等）的采集功能。能完成数学运算（定点数运算、浮点数运算、数制转换等），数字滤波、各种数值计算方法等。

（2）人机交互功能。具有数据显示功能、参数设置功能、调试功能等。例如：信息的显示与提示、键盘操作和信息问答等，工作状态指示（包括：工作、故障、通信、断路器状态等），系统异常告警功能（包括：控制回路断线、PT/CT断线、合闸/分闸拒动、模拟量越限等）。

（3）数据管理与存储功能、系统参数的设置和修改功能。例如：变位信息和事件顺序记录，设置或修改站址、时间、整定值、遥测死区、交流测量算法、遥控输出接点闭合时间等。

（4）电气设备的输出及就地操作控制功能。例如断路器合闸/分闸控制、隔离开关控制等。

（5）各种保护功能，故障诊断与故障定位功能。例如：各种保护算法及其组态，保护参数设置或修改。

（6）实时时钟计时功能，时钟同步功能。

（7）网络通信功能，例如 CAN 通信、RS-485 通信。

（8）系统安全功能、系统的抗干扰功能、自检功能及掉电自保护功能。

（三）测控装置工作原理

测控装置是变电站自动化系统中的关键部件，对系统的性能起着决定性的作用。测控装置的总体设计充分体现了可靠性、通用性、开放性、可扩展性以及适应性的特点。

1. 基于 80C196KC 控制 CPU 设计的测控装置

80C196KC 是 Intel 公司生产的 16 位单片机（又称为微控制器 MCU），性价比高，具有丰富的硬件资源和指令系统，运算速度快，功耗低。它有 8 通道 10 位可编程 A/D 转换器，48 个 I/O 端口，16 位监视定时器 WDT，两个优先级的 28 源/16 向量中断结构，32 位乘法功能，16 位除法功能，还具有 PTC 功能，中断程序以微码方式自动在程序间隔中插入执行，节约系统资源，大大加快中断处理速度。

线路测控装置是基于 80C196KC 控制 CPU 设计的，其原理框图如图 2-1 所示。

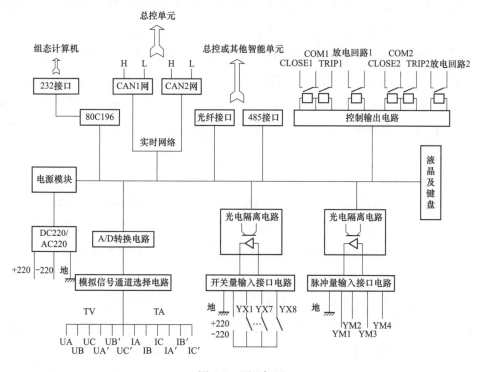

图 2-1 原理框图

（1）电源模块：电源模块的输入为直流 220V 或交流 220V，通过逆变成为＋5V，＋12V，＋24V 及独立的一组通信电源，供整机使用。

（2）CPU：16MHZ 高速 80C196 CPU 完成所有测量、控制及通信等功能。

（3）人机联系：采用 LED 指示灯表示工作状态，支持点阵带背光的液晶显示及薄膜式键盘，实现人机交互对话。

（4）电气设备输入信号采集：状态信号通过光电隔离转换成数字信息，从而获得状态信息、变位信息和事件顺序记录。信号量的采集带有滤波回路，信号量的接入采用 220V/110V/24V 直流电压。每一信号量的采集带有可整定的时限，以确保信号功能的准确性。每个信号量带有取反功能，更加符合实际现场的情况。

（5）脉冲输入信号采集：脉冲电度表发出的脉冲信号经过光电隔离转换成数字信息，经过去抖算法后由相应的脉冲计数器加 1（脉冲计数器为 16 进制 24 位循环计数器），通过脉冲计数器的差值得到电度量数值。

（6）控制功能：测控装置接收到由总控发出的或面板键盘发出的控制命令，由光电隔离驱动密封继电器完成控制输出。控制功能按选择、反校、执行的顺序进行，该装置还具有自检闭锁功能和放电回路，防止由于硬件错误或软件造成的错误控制出口。

（7）测量功能：从现场 TA、TV 来的电流及电压信号高精度的变送器转换成适合于计算机采集的小信号，再经滤波、整形后送入 A/D 变换成数字信号，经 CPU 按傅立叶算法后得到各电气量值。

（8）通信功能：本装置支持 5 路通信接口：其中 2 路为互为备用的 CAN-BUS 通信接口，此接口带光电隔离，用以支持装置与总控单元的通信；1 路为光纤通信接口，用于支持装置与总控单元的通信或与智能设备接口；1 路为带光电隔离的通信接口，用于支持装置与总控单元的通信或与智能设备接口；1 路为 RS-232 通信接口，用于支持装置的组态功能。

2. 测控装置界面

线路测控装置正面有液晶显示屏、按键、状态指示灯和接线端子。装置内有主机板一块，输入输出板一块，人机界面板一块。

（1）主机板。硬件部分：电源模块，CP 及外围部件 A/D 数模转换及接口，CAN-BUS 通信电路，RS-485 及光纤通信电路和其他辅助电路等。

（2）输入输出板。硬件部分：接线端子，CAN-BUS 接口电路，RS-485 及光纤接口电路，模拟量整形及滤波电路，遥信、遥脉输入隔离及接口电路，遥控输出接口及隔离。

该板上有 6 个继电器，RL1、RL2 用于控制继电器 RL3～6 的＋12V 直流电源，为下一步的遥控操作提供条件，提高控制操作的可靠性。RL3、RL5 为遥控的合闸继电器。RL4、RL6 为遥控的分闸继电器和放电回路。

该板上还具有两组跳线柱。JP1 为遥信有源、无源接点跳线选择。JP2 为遥脉有源、无源接点跳线选择。

（3）人机界面板。硬件部分：按键和液晶显示，调试串行接口，状态指示灯电路。

3. 测控装置的交流采样原理

电力系统自动化有三个基本的功能要求，即对电网运行状态进行监视、控制和保护。对电网的运行状态监视功能是指对电网上的状态量（如断路器状态、保护动作情况等）和相关参数（如电压、电流、功率和电度等）的运行状况进行监视。

对电网的控制功能是指在需要的时候，远方控制开关的合闸或拉闸以及有载调压设备升压或降压，以达到所期望的目的（如满足电压质量的要求、无功补偿和负荷平衡等）。对电网的保护功能是指检测和判断故障区段，并隔离故障区域，恢复正常区域的供电。

对电网的运行状态监视是电力自动化系统中最基本的要求，例如：电流、电压、有功功率、无功功率等，反映电网的运行质量，是电网中最重要的监视对象。其中电压和电流是最基本的参量，它们都是变化的交流信号。

实际上就是用微机取代传统的变送器，充分发挥微机功能强、灵活可靠、使用方便等优点，以克服因使用传统变送器而导致的一系列不良反应。交流采样的采样速率高，采样值中所含信息量大，实时性好，成为目前主要使用的采样方式。

交流采样是智能化设备中最重要的环节之一。基于交流采样的产品，可以保证变电站自动化水平的提高。交流采样装置以其性能稳定可靠，在各等级的变电站、发电厂、水电站等测量及监控或其他工业领域的实时监控系统都有使用。其电压等级已从 500kV 的大型变电站发展到 35kV 的无人值守变电站。在近几年新建和改造的变电站中，已有 90％以上使用了交流采样测量装置，电测量指针式仪表和变送器几乎完全被淘汰。

交流采样法是按照对应的规律对被测交流信号的瞬时值进行采样，再用数学算法求得被测量，用软件功能代替硬件的计算功能。它是用一条阶梯曲线代替一条光滑被测正弦信号，其原理误差主要有 2 项：

（1）用时间上离散的数据近似代替时间上连续的数据所产生的误差，这主要是由每个正弦信号周期中的采样点数决定的，实际上它取决于 A/D 转换器转换速度和 CPU 的处理时间；

（2）将连续的电压和电流进行量化而产生的量子化误差，这主要取决于 A/D 转换器的位数。

交流采样测量装置将互感器二次电流与电压分别经交流采样测量装置内隔离变换，

再次转换为弱电流及电压信号。通过采样保持器的元件采集、保存电流、电压信号，经模、数（A/D）变换，通过数据线传送给 CPU，计算出电流 I、电压 U、电网频率 f 及有功功率 P、无功功率 Q、功率因数 $\cos\phi$ 等电量并存储在记忆元件中。由于这种方法能够对被测量的瞬时值进行采样，因而实时性好，效率高相位失真小，适用于多参数测量，见图 2-2。

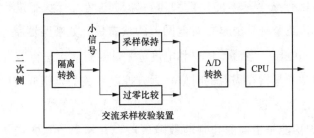

图 2-2　工作原理结构

交流采样测量装置将采集到的数据按照一定的规约方式传输到当地监控终端或调度室。常用的用交流采样测量装置数据传输的规约有：CDT（Cyclic Date Transmission）规约、101、102、103、104 规约等。目前交流采样测量装置制造厂所使用的规约较乱，即使是同一种规约，因生产厂家的不同、设备型号的不同，差异也较大有些甚至还需专用接口连线方可取数校验。

通过在电力系统中应用的实践表明，采用交流采样方法进行数据采集，通过算法运算后获得的电压、电流、有功功率、功率因数等电力参数有着较好的准确度和稳定性。

交流采样原理如图 2-3 所示，交流采样中，被测交流量直接由测量单元转化成数字量，然后再由中央通信单元进行规约转换，形成符合远动通信规约的数字量，经通信线路（光纤/数字载波/音频电缆等）传送到调度中心的主站系统中。

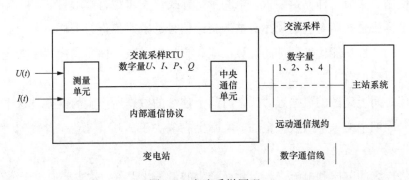

图 2-3　交流采样原理

其测量单元直接完成对交流量的采样和 A/D 转换，因此遥测准确度完全取决于其内部采样模块及数据处理模块的速率和精度；而电测量变送器＋直流采样的测试方法中遥测准确度则由电测量变送器测量准确度和直流采样中的 A/D 转换精度决定。

4. 测控装置交流采样的实现

交流采样的应用范围非常广泛，根据应用场合不同，其算法也有很多种，按照其模型函数，大致可分为正弦模型算法，非正弦周期模型算法。其中正弦模型算法主要有最大值算法、单点算法、半周期积分法、两点采样等，非正弦模型算法有均方根法、傅立叶变换法等，各种算法都有其优缺点，在电力系统中的应用也不相同。

（1）均方根法。均方根法是根据连续周期交流信号的有效值及平均功率的定义，将连续信号离散化，用数值积分代替连续积分，从而导出有效值或平均值与采样值之间的关系式的方法。

1）电压、电流计算。同步采样计算法是随着计算机的发展而出现的测量方法。当采样 N 足够大时，采用下列平均功率算法，同样可得到较高精度，平均功率计算公式

$$U=\sqrt{\frac{1}{T}\int_0^T u^2(t)\mathrm{d}t} \tag{2-1}$$

式中：$u(t)$、$i(t)$ 为电压、电流的瞬时值；T 为上一个交流电压、电流的信号周期。

采样系统进行交流采样时，首先对交流电压、电流进行均匀采样，即将一个周期 N 等分，则采样周期（间隔）$\Delta t=\frac{T}{N}$。并将其转换成离散积分公式（均分根算法），计算出相应电压、电流、平均功率的平均值，例如从电压的有效值定义可以得到

$$U=\sqrt{\frac{1}{T}\int_{t_0}^{t_0+T} u^2(t)\mathrm{d}t}=\sqrt{\frac{1}{N}\sum_{n=1}^{N}u^2(n\Delta t)\Delta t}$$
$$=\sqrt{\frac{1}{N}\sum_{n=1}^{N}u^2\left(n\frac{T}{N}\right)\frac{T}{N}}=\sqrt{\frac{1}{N}\sum_{n=1}^{N}u^2\left(n\frac{T}{N}\right)}=\sqrt{\frac{1}{N}\sum_{n=1}^{N}u^2(n)} \tag{2-2}$$

所以有电压有效值的近似计算公式为

$$U=\sqrt{\frac{1}{N}\sum_{n=1}^{N}u^2(n)} \tag{2-3}$$

同理

$$I=\sqrt{\frac{1}{N}\sum_{n=1}^{N}i^2(n)} \tag{2-4}$$

式中：记 $u\left(n\frac{T}{N}\right)=u(n)$；$N$ 为一个周期均匀采样点数；$u(n)$ 和 $i(n)$ 分别为电压、电流第 n 点的采样值。

2）功率计算。平均功率的计算方式为

$$P = \frac{1}{T}\int_{t_0}^{t_0+T} P(t)\mathrm{d}t = \frac{1}{T}\int_0^T u(t)i(t)\mathrm{d}t \tag{2-5}$$

可得离散表达式为

$$P = \frac{1}{N}\sum_{n=1}^N u(n)i(n) \tag{2-6}$$

$$Q = \frac{1}{N}\sum_{n=1}^N u\left(n+\frac{N}{4}\right)i(n) \tag{2-7}$$

以上是电压、电流及功率的基本定义，下面介绍有功功率和无功功率的计算。

在三相线路中，三相负载一个周期 T 内消耗的平均功率（即有功功率）可用下式表示（高压变电站为三相三线供电，功率采用两功率法计算）。

$$P = \frac{1}{T}\int_{t_0}^{t_0+T} U_{ab}(t)I_a(t)\mathrm{d}t + \frac{1}{t}\int_t^{t_0+T} U_{cb}(t)I_c(t)\mathrm{d}t \tag{2-8}$$

根据交流采样原理有

$$P = \frac{1}{N}\sum_{n=0}^N u_{ab}(n)i_a(n) + \frac{1}{N}\sum_{n=1}^N u_{cb}(n)i_c(n) \tag{2-9}$$

另外，在电力系统无功的测量上，由于采用了电压、电流过零检测电路，可以计算出电流与电压的相位关系，从而求出功率因数 $\cos\varphi$，这样有

$$Q = \frac{P}{\tan\phi} \tag{2-10}$$

（2）傅立叶变换。

1）设电网电压为 $u(t)$，电流为 $i(t)$，且都是周期函数，则可用傅立叶级数表示为

$$u(t) = U_0 + \sum_{k=1}^\infty U_k\sin(kwt+\alpha_k) = a_0 + \sum_{k=1}^\infty (a_k\cos kwt + b_k\sin kwt) \tag{2-11}$$

$$i(t) = I_0 + \sum_{k=1}^\infty I_k\sin(kwt+\beta_k) = C_0 + \sum_{k=1}^\infty (c_k\cos kwt + d_k\sin kwt) \tag{2-12}$$

此处 U_0，I_0 是直流分量，U_k，I_k 是 K 次谐波分量的幅值，且有

$$U_k = \sqrt{a_k^2 + b_k^2} \tag{2-13}$$

$$I_k = \sqrt{c_k^2 + d_k^2} \tag{2-14}$$

令 $u(k) = \frac{1}{2}(a_k - \mathrm{j}b_k)$，$i(k) = \frac{1}{2}(c_k - \mathrm{j}d_k)$

则有 $\alpha_k = \tan^{-1}\frac{b_k}{a_k}$，$\beta_k = \tan^{-1}\frac{d_k}{c_k}$

由傅立叶级数理论可推出

$$u(k) = \frac{1}{2}\frac{2}{T}\int_{-\frac{T}{2}}^{\frac{T}{2}} u(t)(\cos kwt - \mathrm{j}\sin kwt)\mathrm{d}t = \frac{1}{T}\int_{-\frac{T}{2}}^{\frac{T}{2}} u(t)e^{-\mathrm{j}kwt}\mathrm{d}t \tag{2-15}$$

$$i(k) = \frac{1}{2} \cdot \frac{2}{T} \int_{-\frac{T}{2}}^{\frac{T}{2}} i(t)(\cos kwt - \mathrm{j}\sin kwt)\mathrm{d}t = \frac{1}{T} \int_{-\frac{T}{2}}^{\frac{T}{2}} i(t)e^{-\mathrm{j}kwt}\mathrm{d}t \qquad (2\text{-}16)$$

从上述式中看出 $u(k)$、$i(k)$ 就是 $u(t)$、$i(t)$ 的傅立叶变换。所以由傅立叶变换求 K 次谐波分量的公式如下

$$U_k = 2\sqrt{\{\mathrm{Re}[u(k)]\}^2 + \{\mathrm{Im}[u(k)]\}^2} \qquad (2\text{-}17)$$

$$I_k = 2\sqrt{\{\mathrm{Re}[i(k)]\}^2 + \{\mathrm{Im}[i(k)]\}^2} \qquad (2\text{-}18)$$

在实际应用中，总是对离散的数值进行计算，因此在实际中所用的公式是离散傅立叶变换，其公式为

$$u(k) = \frac{1}{N} \sum_{n=0}^{N-1} [u(n)W^{kn}] \qquad (2\text{-}19)$$

$$i(k) = \frac{1}{N} \sum_{n=0}^{N-1} [i(n)W^{kn}] \qquad (2\text{-}20)$$

此处 $W^{kn} = e^{-\mathrm{j}\frac{2\pi}{N}kn}$。

2）设电网含 L 次谐波，对于所需要测量的电气参数在求得各次谐波幅值 U_k、I_k、α_k、β_k 后可由以下公式进行计算，证明电压和电流有效值的计算公式分别为：

电压有效值：
$$U = \sqrt{\frac{1}{2} \cdot \sum_{k=0}^{L} U_k^2}$$

电流有效值：
$$I = \sqrt{\frac{1}{2} \cdot \sum_{k=0}^{L} I_k^2}$$

也可证明有功功率、无功功率、功率因数的计算公式分别为：

有功功率
$$P = \sum_{k=0}^{L} P_k = \frac{1}{2} \cdot \sum_{k=0}^{L} U_k I_k \cos(\alpha_k - \beta_k)$$

无功功率
$$Q = \sum_{k=0}^{L} Q_k = \frac{1}{2} \cdot \sum_{k=0}^{L} U_k I_k \sin(\alpha_k - \beta_k)$$

功率因数
$$\cos\varphi = \frac{P}{\sqrt{P^2 + Q^2}}$$

以上为每一相各分量计算过程，得到 A、B、C 三相各自的有功功率（P_A、P_B、P_C），无功功率（Q_A、Q_B、Q_C）后，把三者相加，即得到整条线路的有功功率和无功功率。

$$P = P_\mathrm{A} + P_\mathrm{B} + P_\mathrm{C} \qquad (2\text{-}21)$$

$$Q = Q_\mathrm{A} + Q_\mathrm{B} + Q_\mathrm{C} \qquad (2\text{-}22)$$

3）电度量的计算，可以有两种方法。

a. 对电功率进行时间积分；

b. 设定一个标量，每隔一定的时间段 Δt（例如 1s），求其每时间段之内的电度值 $P\Delta t$（或者 $Q\Delta t$），最后累加即可。

5. 交流采样测量装置硬件实现

一般交流采样测量装置由若干个测控单元和 1 个通信转换模块组成，1 个交流采样测量装置完成一组三相电量采集、计算和发送，其中 A/D 一般选用 12 位高速集成 A/D 转换器，CPU 一般选用 16 位单片机或 DSP 数字信号处理器。典型硬件实现框图如图 2-4 所示。

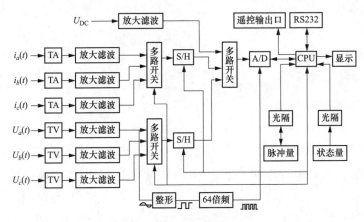

图 2-4　测控单元结构图

6. 采样频率对测量误差的影响

微机测量交流电量首先需对输入信号进行采样和模数转换变成一串离散信号，为了使连续信号的抽样过程不失掉信息，根据采样定理可知抽样频率 f_s 与信号的最高频率 f_m 之间必须满足下列关系式：

$$f_s \geqslant 2f_m \tag{2-23}$$

这是一个临界条件，实际采用的抽样频率必须大于 $2f_m$。

从理论上分析，采样频率愈高，测量的准确度愈高，但实际应用中采样频率的提高受到诸多因素限制。由于三相发电机产生的电压与正弦波有些差别，因此就包含一定的谐波分量，变压器的励磁电流也是非正弦的，也含有一定大小的 3 次谐波量，所以三相对称电路中电压、电流都可能含有高次谐波，不过电力系统只含有奇次谐波（1 次、3 次、5 次……）越是高次谐波其分量越小，9 次以上谐波分量已非常小，因此对于计算来说考虑到 9 次谐波后误差已经很小，根据采样定理可知，此时采样点数 $N \geqslant 20$，对于基 2FFT 算法，由于要求 $N=2^m$，故选 $N=20$；对于基 4FFT 算法，由于要求 $N=2^{2m}$，故 $N=64$，必须注意一点，采样点数增多，将会同时增加硬件软件费用，降低运算速度。

二、测控装置的校验

随着我国电力事业的飞速发展，电网规模的不断扩大，电网结构日趋复杂，电网运行需要传送的实时信息量成倍增多，对实时性要求越来越高，也对变电站自动化提出更高要求。

交流采样测量装置的校验，已成为电网测量数据采集准确性的关键。国家电网公司为使校验更加标准化和专业化，先后推出了 Q/GDW 140—2006《交流采样测量装置运行检验管理规程》、Q/GDW 213—2008《变电站计算机监控系统工厂验收管理规程》和 Q/GDW 214—2008《变电站计算机监控系统现场验收管理规程》针对测控装置校验和变电站计算机监控系统校验的三个规程。

Q/GDW 140—2006《交流采样测量装置运行检验管理规程》规定了用于电力系统交流采样测量装置的运行检验管理，包括：出厂前验收、投运前检验、运行中周期检验和临时检验，检验方法、技术指标、运行检验管理职责、运行管理等。在检验方法里规定了基本误差校验和交流工频输入量的影响量校验和响应时间、同期功能等测试方法。

（一）功能要求

（1）基本误差校验。电流、电压、有功、无功、频率、功率因数基本误差校验；

（2）影响量校验输入量的频率变化、波形畸变、功率因数变化、不平衡电流、三相功率测量元件相互作用引起的改变量校验等。

（二）监控系统功能和性能测试

遥信、遥控、遥测、遥调响应时间测试、遥信变位、SOE 分辨率、遥调准确度、同期功能、电能累计量的采集与显示测试。

（三）基本误差校验

基本误差校验时首先需要根据测控装置的技术要求给测控装置施加模拟量，然后在测定输入量，与交流采样装置的输出值进行比较，并计算误差。

对测控装置模拟量校验有两种不同的方法：离线校验和在线校验。

（1）在线校验是指：使用标准测量装置对现场的交流采样装置实施在运行工作状态下的实时负荷在线测量比较。

（2）离线校验是指：使用标准测量装置对现场的交流采样测量装置实施离线状态下的虚负荷校验。

在实际工作中由于在线校验的输入源在稳定性、安全性、样本多样性等都难以满足校验要求，所以大多数情况都是使用离线状态下的虚负荷校验方法。

输入值和输出值可以通过人工读取示值的方式或计算机通信方式获取，由于获取输入值与输出值方式不同，对交流采样测量装置的校验又可分为手动校验、半自动校验与全自动校验三种方式。

（1）手动校验是指：人工控制标准源输出，被检单元的输入值和输出值均通过人工读取示值的方式获取，然后再按照误差计算相应的误差的检验方式。这种方式比较原始，工作难度大，计算烦琐。随着计算机与通信技术的发展，交流采样采集的交流电量数据可以直接传输到计算机监测系统，在校验过程中应用计算机与通信技术，实现对交流采样的半自动校验与全自动测试。

（2）半自动校验是指计算机通过通信规约控制标准源输出，被检单元的输入值通过通信规约从标准表白动获取，而输出值通过人工读取被检单元示值的方法获取的校验方式。

（3）全自动校验则是指计算机通过通信规约控制标准源输出，被检单元的输入值与输出值均通过通信规约自动获取的校验方式。全自动校验方式使很多用手动测试无法完成的测试项目（如响应时间），都可以很方便地进行测试，提高了测试准确性，可靠性，为规范交流采样测试管理提供了有效手段。

三、测控装置控制与防误闭锁系统

（一）防误闭锁系统的意义

在变电站综合自动化系统中，进行各项操作的正确与否关系到电气设备及人身安全。一般而言，故障的发生原因可分为两种情况：设备因素和人为故障，设备因素指设备无防误装置；人为因素指习惯性的和非自觉性的违反《电业安全规程》，从而产生的后果。针对上述的情况，在选用性能优良的设备及提高运行人员的素质的同时，应设置防误闭锁系统。变电站的防误操作闭锁系统主要有以下几种类型：电气连锁系统、微机闭锁系统、电气闭锁和微机闭锁相结合的系统。

变电站综合自动化系统中性能优良的防误系统可减少人为的误操作、避免人身伤害或设备的损坏，而如果防误系统本身就存在较大的缺陷时，将会给部分设备乃至整个系统带来严重的后果。

目前变电站均采用变电站层监控五防和测控装置的防误闭锁相结合的方法，以变电站层监控误防误为主，由测控装置实现断路器的冗余操作判断。变电站层监控层通过网络获得开入等信息，再通过判断实现防误闭锁测控装置本身就可以获得本间隔内的开入和一些相关信息，通过网络召唤其他间隔开入等其他信息，实现监控下发命令的可执行性再校验，如果通过监控层的防误系统的命令，而在测控装置的防误系统被确认为错误命令，则被忽略而不执行，从而可以有效地避免监控系统的防误系统的缺陷或由于监控系统的通信及其他错误造成的误操作。

（二）防误闭锁系统的主要内容

1. 防误闭锁系统的主要功能

防误系统要完成的"五防"功能，指防止带负荷拉（合）隔离开关，防止误分（合）断路器，防止带电合地刀（挂地线），防止带地线合隔离开关，防止误入带电间隔。

隔离开关、接地刀闸和母线接地器的操作闭锁主要包括以下的内容：

（1）各隔离开关主刀闸的操作闭锁。闭锁的目的是防止隔离开关带负荷拉合主刀闸和防止带接地器主刀闸。

（2）各隔离开关接地刀闸的操作闭锁。闭锁的目的是防止在带电的情况下合接地刀闸。

（3）各母线接地器的操作闭锁。其目的为防止在母线带电的情况下合接地刀闸。

（4）隔离开关、刀闸和母线接地器的操作闭锁条件取决于它所在的回路电气接线。

2. 常见的防误操作闭锁方式

目前常见的防误操作闭锁方式主要有有机械防误、电气防误、微机防误和间隔层测控装置防误等。

（1）机械防误是指在相关操作部位之间采用机械机构的有机联系来实现联动操作。该方式结构简单，操作方便，但应用范围有局限性，一般用于高压开关柜内和户外同处安装的隔离开关、接地闸刀等地方，实现间隔内闭锁，不能实现间隔间联锁的功能。

（2）电气防误是一种电气联锁技术，主要通过相关设备的辅助触点连接来实现闭锁。该方式闭锁可靠，但需接入大量的二次电缆，接线方式比较复杂，运行维护较为困难。手动的操作隔离开关、接地器等的操作机构上装电磁锁。

以上两种方法属于用电缆、继电器等电器元件构成的硬闭锁方式，这种方式投资大，可靠性、灵活性较差。

（3）微机防误系统。目前常见的微机防误系统具有全面、智能化、人机界面友好等特点，因而微机防误系统得到了广泛的应用。微机式防误闭锁系统基本上有以下四种模式。

1）防误系统与监控系统通过串口进行通信，所需数据均由监控系统提供，系统对断路器、电动刀闸的遥控需经防误系统的允许。

2）防误系统与监控系统在同一台 PC 机上运行，以 DDE 动态数据交换方式进行。

3）防误系统独立，遥控命令直接由防误系统下发，并进行防误判断功能。

4）监控系统本身具有防误逻辑判断功能。

这种闭锁装置主要由三部分组成：微机模拟盘（五防主机）（在盘上有变电站的主接线及可操作的设备）、电脑钥匙、机械编码锁，如图2-5所示。能够采集间隔位置等虚遥信，配置灵活，应用最普遍。但是如果远方操作员站没有五防闭锁功能，则在变电站集控中心或调度远方操作变电站断路器和电动隔离开关时，将很容易引起误操作。

与机械防误和电气防误相比，微机型防误闭锁装置能够较好地实现操作闭锁的要求，节省大量的为实现闭锁回路敷设的控制电缆。可靠性提高，装置的维护量减小，但是操作起来较为烦琐，且需要运行人员在当地进行操作，显然不适用于无人值守的变电站的要求。

在无人值守变电站中五防闭锁的实现不再依靠电脑钥匙、机械编码锁等，而是通过前置的各种智能装置来驱动自动一次设备，实现防误闭锁，如图2-6所示。

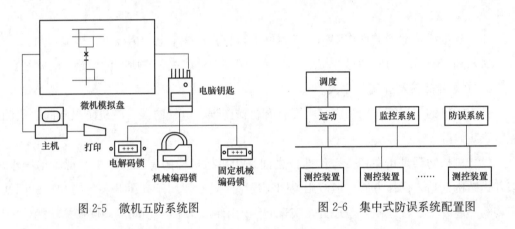

图 2-5 微机五防系统图   图 2-6 集中式防误系统配置图

操作规程如下当要对某装置进行操作，先将操作命令输入到变电站层五防机，该五防机内存储有事先按操作规程编制好的操作顺序，五防机进行逻辑判断，通过则将操作装置号反码和操作功能号反码下发到对应前置操作单元，前置单元接收到操作装置号及操作功能号反码后返送到变电站层监控装置，变电站层监控装置接收到该操作报文后，校验；校验通过后以正码的形式下发，前置单元接收到后，将正码与前面接收到的反码结合进行校验，如正确，就在前置单元中的防误系统中再次进行校验，若通过则出口。

可见以上结构实现了远方操作及控制，变电站层与前置的双重逻辑判断更进一步提高了操作正确率，有效地节约了人力、物力，节省了操作时间，提高了效率及操作系统的反应能力。

间隔层测控装置防误配置很灵活，既能实现逻辑闭锁，又能实现电气闭锁功能，既能实现间隔内闭锁，又能实现间隔间联锁，二次电缆接线方式简单，能够将遥测量加入到闭锁条件中，对远方操作员站和站内监控主机都有遥控闭锁功能。与微机防误在逻辑闭锁意义上是保持一致的，但二者均能独立完成相应的功能，可以互为备用。

因此，变电站通常在配备微机防误的同时，在户内高压开关柜和户外同处安装的隔刀、地刀等地方配备机械防误，在测控装置配备间隔层测控装置防误，从而实现多层次防误。

3.间隔层防误操作

间隔层防误操作由监控后台和测控装置配合完成，包括辑防误闭锁和硬件防误闭锁两种实现方式，实现本间隔的断路器、隔离开关和接地闸刀等的防误操作。逻辑防误闭锁是指通过测控装置进行遥控时，测控装置自动判断此操作是否满足五防闭锁条件，满足五防闭锁条件就会发出"未通过五防校核，返校失败"等提示信息并禁止遥控操作，不满足五防闭锁条件就会发出"通过五防校核，返校成功"等提示信息并允许遥控操作。硬件防误闭锁是指测控装置提供操作闭锁回路，进行操作时，测控装置自动判断此操作是否满足五防闭锁条件，满足就会断开操作回路禁止操作；不满足就会闭合操作回路允许操作。逻辑防误闭锁只能闭锁遥控操作，硬件防误闭锁既能闭锁遥控操作也能闭锁就地操作，二者可以同时使用也可以独立使用。

间隔层防误操作根据防误闭锁条件的范围又分为间隔内闭锁和间隔间联锁两种情况。对于间隔内闭，本间隔的测控装置自身或通过本间隔的智能终端就可获得所需的闭锁数据，实现五防闭锁功能，不需要和其他间隔的测控装置或智能终端通信；对于间隔间联锁，本间隔的测控装置还需要和相关间隔的测控装置或智能终端通信，获得所需的闭锁数据。

当一次设备状态不准确或者本间隔的测控装置和其他相关装置通信有问题时，测控装置不能正常实现逻辑防误闭锁和硬件防误闭锁功能，需要运行人员进行检查处理或解锁操作。

4.间隔层防误注意事项

间隔层测控装置防误操作获得了广泛的应用，在使用过程中需要注意以下几个方面：

（1）交换机组网和 VLAN 划分。

因为测控装置和保护装置没有互相通信的需求，所以为了减少干扰，建议二者分开组网。又因为本间隔的测控装置需要和相关间隔的测控装置或智能终端通信来实现间隔间的联锁功能，所以有信息交换需求的测控装置或智能终端必须划在同一个 VLAN 中。考虑到后期扩建维护的需要，同一个 VLAN 中应该预留一定数目的网口备用。

（2）交换机配套数据线的保管。

目前新建变电站使用的交换机一般都支持网口访问，维护时不需要使用专用数据线，使用普通网线即可，非常方便。但是已运行多年的变电站所使用的交换机一般不支持网口访问，维护时需要使用专用数据线和 USB 转接头。可是，在变电站运行维护过程中经常发生因一时找不到交换机配套的数据线而耽误工作的事情。因此，必须保管好交换机配套的数据线，一般在变电站内保存一套，维护人员保存一套。

（3）五防规则库的制作。

五防规则库的制作分为两个部分，一是逻辑防误闭锁的五防规则库，二是硬件防误闭锁的五防规则库。逻辑防误闭锁的五防规则库需要考虑遥控对象和每个遥控对象在测控端子排的具体接线，做到五防规则库与实际遥控对象一一对应，不能错位。硬件防误闭锁的五防规则库需要考虑操作对象和每个操作对象在测控端子排的具体接线，做到五防规则库与实际操作对象一一对应，不能错位。

断路器、隔离开关和接地闸刀一般是双位置遥信，合位遥信值为 1、分位遥信值为 0 时为合位，合位遥信值为 0、分位遥信值为 1 时为分位，合位遥信值和分位遥信值都为 1 或都为 0 时为故障状态。监控后台制作数据库时按双位置遥信考虑，能够正确反映断路器、隔离开关和接地闸刀的位置；制作五防规则库时不能偷懒采用单位置遥信，同样也要按双位置遥信进行制作，才能准确地实现五防闭锁功能。

新建变电站制作五防规则库可以全站考虑，不易遗漏。但是扩建或改造时，因为要实现间隔间的联锁功能，所以必须同时考虑到所有相关测控装置或智能终端的通信以及五防规则库的更改，不能遗漏。

（4）五防规则库的备份与下装。

变电站内使用的测控装置很多，当因某种情况需要重新下装五防规则库时就需要使用最新五防规则库的备份了。因此，每个测控装置的五防规则库都需要备份并及时更新。

五防规则库只有下装到测控装置并重启测控装置后才生效。因此，每次更改五防规则库都要考虑所有相关装置，下装五防规则库后重启装置并进行试验验证。

间隔层测控装置防误是变电站整个防误系统的重要组成部分，发挥着重要的作用，使用过程中必须严格遵守验收和操作规范的要求。

第二节 监 控 主 机

监控主机，俗称后台，是变电站自动化计算机监控系统的重要部分，是一个变电站的信息枢纽与总的人机交互界面。

监控主机实现变电站的数据采集与监视控制系统（supervisory control and data acquisition，SCADA）功能，通过与间隔层各个装置进行通信，读取间隔层装置的实时数据、写入运行实时数据库，来实现对站内一、二次设备的运行状态监视、操作与控制功能。

一般监控主机采用双台冗余配置。监控主机是用于对本站设备的数据进行采集与处理，完成监视、控制、操作、统计、分析、打印等功能的处理机。

计算机监控系统主机的主要功能有：数据采集和处理、数据库的建立与维护、控制操作（自动调节控制，人工操作控制）、防误闭锁、同期、报警处理、事件顺序记录及事故追忆、画面生成及显示、在线计算及制表、远动功能、时钟同步、人-机联系、系统自诊断和自恢复、与其他设备的通信接口及运行管理等功能。

对于 220kV 以下的电压等级的变电站，监控主机往往还兼有数据服务器和操作员工作站等功能。

一、监控主机的配置

监控系统与厂内设备及系统通信协议应采用开放式协议。

1. 监控主机的硬件配置

（1）服务器主机（CPU、内存、硬盘、主板）。

（2）人机交互（显示器、键盘、鼠标、摄像头、音箱、打印机）。

（3）视频延长器。

2. 监控主机的软件配置

（1）操作系统软件。

变电站后台要求使用具备安全功能的 UNIX 或 LINUX 的操作系统，常见的有 Red Hat 等，近年来逐渐采用了麒麟操作系统、凝思操作系统。

（2）监控系统软件。

监控系统软件是监控主机上运行的主要软件，常见的监控系统软件系统型号见表 2-1。

表 2-1　　　　　　　　　　**常见的监控系统软件系统型号**

生产厂家	系统型号
南瑞科技	NS3000、NS5000
南瑞继保	PCS9700、PCS9700G
北京四方	CSC2000（V2）、CSGC3000
国电南自	PS 6000＋
许继电气	MCS-8500、PAC-8500
长圆深瑞	RCS-9700
鲁能软件	LCS-5500
金智科技	iPACS-5000

生产厂家	系统型号
磐能科技	DMP-3000
积成电子	SL330A
思源弘瑞	Super5000
东方电子	DF1900、E3000

（3）常见的监控系统软件功能见表 2-2。

表 2-2　　　　　　　　　　　常见的监控系统软件功能

软件模块	子模块	功能
监控系统软件（运行人员）	图形浏览	图形组态主要将与间隔层的各个装置取回的实时数据渲染在相关图形上，构成一个可用于交互的图形用户界面，图形一般包括主接线图、单间隔图、光字牌总览图、网络通信链路图等。其目的是清晰明了的显示一二次设备当前状态，并提供操作员进行操作控制用。其中监控画面应满足 Q/GDW 1162—2014《变电站监控系统图形界面规范》
	实时告警	告警信息窗口主要是后台将收到的遥信量以时间顺序分门别类进行显示，供运行检修人员进行分析判断用。告警信息应按照事故信息、异常信息、变位信息、越限信息和告知信息进行分类。应设置一个检修事件窗，当相应间隔检修压板投入时，相应间隔告警信息归入检修事件窗，独立显示与记录。 告警信息窗口也将 SOE 报文、COS 报文分类进行显示，以便在变电站发生故障时进行记录
	历史库	监控主机应能准确将报文带时标的方式记录下来，并至少保存两年，提供软件工具能对历史库进行搜索
监控系统软件（工程师）	图形组态工具	图形编辑工具主要用于厂站自动化人员、自动化厂家工程人员对图形组态进行绘图、修改、调整等
	实时库编辑工具	实时数据库编辑主要用于厂站自动化人员、自动化厂家工程人员对实时数据库进行架构编辑、数据管理等
	管理配置工具	管理工具包括后台一些常用设置、用户管理、备份还原等工具
前置通信		主要作用是与间隔层设备进行通信，对报文进行解析，并写入实时数据库
五防		监控主机自带的防误模块
一键顺控		用于一键顺控
Agent		监视监控主机上的通信、输入输出接口、执行命令程序等，用于对监控主机进行网络安全监控管理
联闭锁逻辑可视化		用于显示站内的联闭锁逻辑
一键重命名		用于一键重命名
一键顺控		用于一键顺控

3. 监控主机应有的功能

(1) 图形显示功能（遥信、遥测）。

(2) 遥控功能。

(3) 小电流接地选线。

(4) 无功电压优化控制（VQC）。

二、监控主机的主要通信

（一）与测控装置通信

随着 IEC 61850 的推广与智能变电站的投产，各个厂家的后台与测控装置等间隔层智能设备的通信逐渐转变为 MMS 通信协议，使得只需要模型即可接入保护设备、一体化电源设备。

MMS 协议，也叫做制造报文规范（Manufacturing Message Specification）是在 DL/T 860.8-1 中定义，MMS 协议是一种报文格式，用于描述设备的生产过程，包括设备的生产过程、设备的状态、设备的控制、设备的报警、设备的设置等。

（二）与保护装置通信

监控系统主机与继电保护装置的通信规约一般为 DL/T 667（103）规约或 DL/T 860（IEC 61850）。

（三）与防误主机通信

变电站后台的重要功能是与防误主机通信，共同完成站控层的防误闭锁。主要是由变电站后台发送当前设备的一次状态给五防主机，在后台机进行操作前，会读取防误主机发送过来的允许信号，达到站控层防误功能。

（四）与时间同步装置通信

时间同步装置对时主要采用 SNTP 协议对监控后台进行授时，对时精度能达到1ms。

（五）与站内其他智能设备装置通信

部分变电站监控主机采用 RS-485 串口与站内其他智能设备（主要包括直流系统、UPS 系统、火灾报警及主要设备在线监测系统等设备）。

三、监控主机常规运维检修

（一）后台新增间隔作业

后台新增间隔作业指导卡见表 2-3。

表 2-3 后台新增间隔作业指导卡

项目	具体实施		执行
工作地点：	工作时间： 年 月 日		
工作间隔：	工作票编号：		
工作危险点	画面元素关联错误 网安告警 违规外联		
工作前核对准备	主要工具检查	□ 调试专用笔记本 □专用 U 盘 □ 测控校验仪	
	文件准备	□ 工作联系单	
	拍照确认工作范围内的设备		
	确认厂家已参加安规考试合格，准入证在有效期内		
	确认工作许可手续已完成		
	厂家教育卡已填写并签字确认，已告知教育卡中保密声明内容		
	确认调试专用笔记本电脑未连接外网，关闭无线功能		
	确认新增的间隔一次状态为检修		
	后台机的 USB 口及备用网口应用工具封堵		
工作安措	通知自动化主站，网安挂检修牌		
	工作开始前应先备份数据库，备份文件名为变电站名＋日期		
	需要进行 U 盘备份数据的，临时解封后台机 USB 口物理封锁		
工作内容	新增的测控、保护装置 IP、参数设置正确，网安白名单已添加		
	测控装置参数按参数单整定，整定前核对装置型号、版本号及参数项设置与整定单一致		
	新增画面时可采用复制已有间隔的方式，保证画面上每个元素原始关联信息删除，三遥关联修改正确		
	数据库修改过程应有人监护，防止更改表内其他数据		
	确保遥控画面唯一性，在主画面上取消间隔遥控功能，画面遥控功能只置于间隔分画面		
	核实新增间隔事故总是否需要合并到全站事故总信号		
	工作过程中禁止通过后台登录工作范围外的设备		
	后台数据库及画面修改完成，检查无缺项、漏项		
	后台修改后确认双机同步正确		
	遥控对点工作开始前，将全站除工作间隔（和无功间隔）外的其余间隔测控装置远方/就地把手打至就地位置；遥控预置时确认在对应测控装置上看到预置报文后再遥控执行；画面遥控操作应由值班员进行		
	遥信信号核对，保证新增遥信点关联正确；采用源端模拟方式；确实无法模拟的，在核对图纸的情况下，一人操作，一人监护，进行端子短接		
	使用测控校验仪加入遥测量，分别加入不同大小额定值的电压电流以及不同的电压电流角度，观察后台显示一次电流、电压、有功、无功、功率因素值正确。验证后台关联、变比设置正确		

续表

工作内容	加入 100％额参数的电压电流，电流超前电压 45 度，有功无功值相等	
	加入 50％额参数的电压电流，电流电压同相位，无功值为零	
安措恢复	备份修改后的后台数据，备份名为变电站名＋日期＋新增××间隔	
	恢复后台机 USB 口物理封锁	
	通知自动化主站，网安取检修牌	
工作结束	确认装置及监控后台无异常信号	
	与值班员移交状态	
执行人：	监护人：	

（二）后台新增遥信信号接入（见表 2-4）

表 2-4　　　　　　　　　　后台新增遥信信号接入作业指导卡

工作地点：		工作时间：　　　年　　　月　　　日	
工作间隔：		工作票编号：	
项目	具体实施		执行
工作危险点	模拟遥信信号时误短遥控端子或使直流接地外联、网安告警、违规		
工作前核对准备	主要工具检查	□调试专用笔记本□专用 U 盘	
	文件准备	□信号接入联系单或设计图纸	
	拍照确认工作范围内的设备，后台，测控装置		
	确认厂家已参加安规考试合格，准入证在有效期内		
	确认工作许可手续已完成		
	厂家教育卡已填写并签字确认，已告知教育卡中保密声明内容		
	确认调试专用笔记本电脑未连接外网，关闭无线功能		
	后台机的 USB 口及备用网口应用工具封堵		
	智能站确认测控装置与智能终端有备用的虚端子订阅		
工作安措	通知自动化主站，网安挂检修牌		
	工作开始前应先备份数据库，备份文件名为变电站名＋日期		
	需要进行 U 盘备份数据的，临时解封后台机 USB 口物理封锁		
	做好遥信信号核对的安全措施，设备状态类信号确认设备状态可变；需短接端子模拟的，测控装置其他端子用黄布幔隔离，并做好同屏其他运行设备的遮盖		
工作内容	通过图纸、端子排确认新接入的硬节点遥信信号在测控装置（或智能终端）上的开入位置		
	修改数据库中新上送的硬接点遥信或软报文遥信的命名		
	将硬接点遥信添加到对应间隔的光字牌中		
	确认新增遥信信号是否转发 SOE		
	工作过程中禁止通过后台登录工作范围外的设备		
	后台修改后确认双机同步正确		

续表

工作内容	遥信信号核对，保证新增遥信点关联正确；确认报文上送和光字牌命名正确	
	采用源端模拟方式，确实无法模拟的，在核对图纸的情况下，一人操作，一人监护，进行端子短接	
安措恢复	备份修改后的后台数据，备份名为变电站名＋日期	
	恢复后台机 USB 口物理封锁	
	通知自动化主站，网安取检修牌	
工作结束	确认装置及监控后台无异常信号	
	与值班员移交状态	

执行人：		监护人：	

（三）智能站后台新增遥信信号接入（见表 2-5）

表 2-5 　　　　　　　　　智能站后台新增遥信信号接入作业指导卡

工作地点：		工作时间：　　　年　　　月　　　日	
工作间隔：		工作票编号：	
项目	具体实施		执行
工作危险点	模拟遥信信号时误短出口端子或使直流接地网安告警		
工作前核对准备	主要工具检查	□调试专用笔记本 □专用 U 盘	
	文件准备	□SCD 迁出图纸□信号接入联系单或设计	
	拍照确认工作范围内的设备，后台，测控装置，智能终端		
	确认厂家已参加安规考试合格，准入证在有效期内		
	确认工作许可手续已完成		
	厂家教育卡已填写并签字确认，已告知教育卡中保密声明内容		
	确认调试专用笔记本电脑未连接外网，关闭无线功能		
	后台机的 USB 口及备用网口应用工具封堵		
	确认测控装置与智能终端无备用虚端子订阅		
工作安措	通知自动化主站，获得工作许可，封锁对应间隔数据，网安挂检修牌		
	工作开始前应先备份数据库，备份文件名为变电站名＋日期		
	需要进行 U 盘备份数据的，临时解封后台机 USB 口物理封锁		
	做好遥信信号核对的安全措施，设备状态类信号确认设备状态可变；需短端子模拟的，智能终端其他端子用布幔隔离，并做好同屏其他运行设备的遮盖		
工作内容	通过图纸、端子排、SCD 已有订阅数据集确认新接入的硬节点遥信信号在智能终端上开入点		
	增加 SCD 中测控装置订阅 GOOSE 虚端子		
	根据遥信的现场实际功能修改 SCD 中该虚端子功能命名		
	放上测控装置检修硬压板		
	将 SCD 实例化后配置文件下装到测控装置		

工作内容	断电重启测控装置，测控装置无异常告警，无过程层通信中断	
	修改数据库中新上送的硬接点遥信和软报文遥信的命名	
	将硬接点遥信添加到对应间隔的光字牌中	
	工作过程中禁止通过后台登录工作范围外的设备	
	后台修改后确认双机同步正确	
	取下测控装置检修硬压板	
	遥信信号核对，保证新增遥信点关联正确；确认报文上送和光字牌命名正确	
	采用源端模拟方式，确实无法模拟的，在核对图纸的情况下，一人操作，一人监护，进行端子短接	
安措恢复	工作结束，检查后台无异常光字及信号	
	按照安措卡的内容逐一恢复信号端子、解开的光纤、临时短接线，执行后打勾，防止漏恢复	
	备份修改后的后台数据，备份名为变电站名＋日期	
	恢复后台机 USB 口物理封锁	
	通知自动化主站工作结束，解除对应间隔测控数据封锁，核对间隔遥信、遥测数据正常，网安取检修牌	
工作结束	确认装置及监控后台无异常信号	
	与值班员移交状态	
	SCD 迁入系统	
执行人：		监护人：

（四）后台新增遥测信号作业（见表 2-6）

表 2-6　　　　　　　　　　后台新增遥测信号作业指导卡

工作地点：		工作时间：　　　年　　　月　　　日	
工作间隔：		工作票编号：	
项目	具体实施		执行
工作危险点	直流短路或接地，误碰运行交流电压、电流端子 网安告警		
工作前核对准备	主要工具检查	□调试专用笔记本 □专用 U 盘□测控校验仪	
	文件准备	□遥测接入联系单或设计图纸	
	确认工作范围内的设备，后台，测控装置		
	确认厂家已参加安规考试合格，准入证在有效期内		
	确认工作许可手续已完成		
	厂家教育卡已填写并签字确认，已告知教育卡中保密声明内容		
	确认调试专用笔记本电脑未连接外网，关闭无线功能		
	后台机的 USB 口及备用网口应用工具封堵		

续表

工作安措	通知自动化主站，获得工作许可，封锁对应间隔数据，网安挂检修牌		
	工作开始前应先备份数据库，备份文件名为变电站名＋日期		
	需要进行 U 盘备份数据的，临时解封后台机 USB 口物理封锁		
	测控装置其他端子用黄布幔隔离，并做好同屏其他运行设备的遮盖		
工作内容	通过图纸、端子排确认新接入的遥测量在测控装置上的遥测点号		
	修改数据库中新上送的遥测通道命名		
	将遥测量数值加入到后台对应间隔画面中，并做好信号关联		
	工作过程中禁止通过后台登录工作范围外的设备		
	后台修改后确认双机同步正确		
	使用测控校验仪加入模拟交流量，测试测控装置该通道的测量精度符合要求（工频电压、电流量绝对误差小于 0.2%）		
	遥测信号核对，保证后台新增遥测点关联正确		
安措恢复	工作结束，检查后台无异常光字及信号		
	备份修改后的后台数据，备份名为变电站名＋日期＋新增××间隔		
	恢复后台机 USB 口物理封锁		
	通知自动化主站工作结束，解除对应间隔测控数据封锁，核对间隔遥信、遥测数据正常，网安取检修牌		
工作结束	确认装置及监控后台无异常信号		
	与值班员移交状态		
执行人：		监护人：	

（五）后台间隔改命名及调度编号（非一键改命名）（见表 2-7）

表 2-7　　　　　　　　　　后台间隔改命名及调度编号作业指导卡

工作地点：		工作时间：　　　年　　月　　日	
工作间隔：		工作票编号：	
项目	具体实施		执行
工作危险点	漏改数据，导致新老命名共存引起混乱		
工作前核对准备	主要工具检查	□专用 U 盘	
	备品备件准备	□改命名工作联系单	
	确认工作范围后台		
	确认工作许可手续已完成		
	确认改命名间隔断路器具备遥控条件（冷备用或检修）		
	后台机的 USB 口及备用网口应用工具封堵		
	仔细阅读工作联系单，确认改命名的间隔及修改后的命名，有多个间隔同时改命名时，确认修改顺序		

续表

工作安措	工作开始前备份数据库，备份文件名为变电站名＋日期	
	需要进行 U 盘备份数据的，临时解封后台机 USB 口物理封锁	
工作内容	修改数据库内所有包含需修改间隔的命名	
	修改间隔画面、主画面、光字索引、AVC、电压棒图等所有画面的命名	
	修改顺控票相关间隔命名	
	仔细核对，查看后台所有分画面中包含需修改间隔的命名修改完毕	
	工作过程中禁止通过后台登录工作范围外的设备	
	后台数据库及画面修改完成，检查无缺项、漏项	
	修改后确认双机同步正确	
	间隔的断路器用新调度编号，从后台对间隔断路器进行遥控试验。画面遥控操作应由值班员进行	
	通知值班员进行工作验收，检查画面、报文无老间隔命名内容	
	告知值班员做好独立五防改命名工作	
安措恢复	工作结束，检查后台无异常光字及信号	
	备份修改后的后台数据，备份名为变电站名＋日期＋××间隔改名	
	恢复后台机 USB 口物理封锁	
工作结束	确认装置及监控后台无异常信号	
	与值班员移交状态	
执行人：		监护人：

（六）后台两间隔互换命名（非一键改命名）（见表 2-8）

表 2-8　　　　　　　　　　后台两间隔互换命名作业指导卡

工作地点：		工作时间：　　　年　　　月　　　日	
工作间隔：		工作票编号：	
项目	具体实施		执行
工作危险点	漏改数据，导致两个间隔命名混乱		
工作前核对准备	主要工具检查	□专用 U 盘	
	备品备件准备	□改命名工作联系单	
	确认工作范围后台		
	确认工作许可手续已完成		
	确认改命名间隔断路器具备遥控条件（冷备用或检修）		
	仔细阅读工作联系单，确认改命名的间隔及修改后的命名，确认修改顺序，间隔 A 变更为间隔 C，间隔 B 变更为间隔 A，间隔 C 变更为间隔 B		
	后台机的 USB 口及备用网口应用工具封堵		
工作安措	工作开始前备份数据库，备份文件名为变电站名＋日期		
	需要进行 U 盘备份数据的，临时解封后台机 USB 口物理封锁		

续表

工作内容	修改数据库内所有包含间隔 A 的命名变更为间隔 C	
	修改间隔画面、主画面、光字索引、AVC、电压棒图等所有画面的命名	
	仔细核对，查看后台所有分画面中包含间隔 A 的命名修改完毕	
	修改数据库内所有包含间隔 B 的命名变更为间隔 A	
	修改间隔画面、主画面、光字索引、AVC、电压棒图等所有画面的命名	
	仔细核对，查看后台所有分画面中包含间隔 B 的命名修改完毕	
	修改数据库内所有包含间隔 C 的命名变更为间隔 B	
	修改间隔画面、主画面、光字索引、AVC、电压棒图等所有画面的命名	
	仔细核对，查看后台所有分画面中包含间隔 C 的命名修改完毕	
	后台数据库及画面修改完成，检查无缺项、漏项	
	修改后确认双机同步正确	
	间隔的断路器用新调度编号，从后台对间隔断路器进行遥控试验。画面遥控操作应由值班员进行	
	通知值班员进行工作验收，检查画面、报文无老间隔命名内容	
	告知值班员做好独立五防改命名工作	
安措恢复	工作结束，检查后台无异常光字及信号	
	备份修改后的后台数据，备份名为变电站名＋日期＋××间隔改名	
	恢复后台机 USB 口物理封锁	
工作结束	确认装置及监控后台无异常信号	
	与值班员移交状态	
执行人：		监护人：

（七）后台机更换（升级）（见表 2-9）

表 2-9   **后台机更换（升级）作业指导卡**

工作地点：		工作时间： 年 月 日	
工作间隔：		工作票编号：	
项目	具体实施		执行
工作危险点	直流短路或接地，误碰运行交流电压、电流端子 网安告警		
工作前核对准备	主要工具检查	□调试专用笔记本 □专用 U 盘□测控校验仪	
	文件准备	□遥测接入联系单或设计图纸	
	确认工作范围内的设备，后台		
	确认厂家已参加安规考试合格，准入证在有效期内		
	确认工作许可手续已完成		
	厂家教育卡已填写并签字确认，已告知教育卡中保密声明内容		
	确认调试专用笔记本电脑未连接外网，关闭无线功能		
	后台机的 USB 口及备用网口应用工具封堵		

续表

工作安措	通知自动化主站，获得工作许可，封锁对应间隔数据，网安挂检修牌	
	工作开始前备份后台数据库，备份文件名为变电站名＋日期	
	备份后台的通信参数等设置	
	需要进行 U 盘备份数据的，临时解封后台机 USB 口物理封锁	
工作内容	离线进行新后台的安装，数据库导入	
	配置后台的通信参数等设置	
	确认老后台已离线，防止新老后台数据冲突	
	将新后台接入站控层网络，确认网安无告警	
	工作过程中禁止通过后台登录工作范围外的设备	
	确认后台通信正常，后台主画面、间隔画面的遥测、遥信正常刷新，与后台更换（重装）前基本一致	
	选择具备遥控条件的设备进行遥控试验	
	遥控试验前，将全站除工作间隔（和无功间隔）外的其余间隔测控装置远方/就地把手打至就地位置	
	对不具备遥控条件的间隔进行抽对遥控预置，预置成功后即取消操作，通过查看测控装置遥控报告确认遥控对应正确；遥控预置操作应有值班员进行	
安措恢复	检查后台无异常光字及信号	
	备份修改后的后台数据，备份名为变电站名＋日期	
	恢复后台机 USB 口物理封锁	
	通知自动化主站工作结束，解除对应间隔测控数据封锁，核对间隔遥信、遥测数据正常，网安取检修牌	
工作结束	确认装置及监控后台无异常信号	
	与值班员移交状态	
执行人：		监护人：

四、监控主机运维检修的危险点与预控措施

（一）周期检修

（1）监控系统双机不同步，引起控制异常。

1）检修工作前应进行两台监控主机上画面、数据库同步性检查，并要厂家实现双机同步状态画面显示；

2）检修工作结束后应开展双机同步功能检查；

3）监控主机加固后应检查双机同步功能检查；

4）涉及参数修改等工作结束后均开展双机同步核查。

（2）监控主机遥控校验确认不全，引起检修工作误遥控。

1）在监控主机上操作，应先经五防机模拟开票预演并发出遥控允许；

2）遥控操作应在检修分图操作，主接线图禁止操作；

3）应由运维人员输入正确口令并执行操作，检修人员负责检查遥控参数与遥控结果是否一致；

4）遥控过程中应提示输入设备遥控编码；

5）检修现场安全措施正确布置后方可遥控。

（3）统一设备存在多个画面可遥控。

1）开展遥控排查，一次设备遥控点应具唯一性；

2）遥控操作应具备遥控编码双确认的验证措施。

（4）监控主机上涉及修改数据库、画面定义的工作，导致相关数据无法恢复。

1）监控主机工作前后，做好数据库、画面等参数的备份；

2）参数修改后应核查双机同步正确。

（二）改扩建工作

（1）监控画面制作不规范，引起监控异常。

1）工作前做好数据库备份工作；

2）画面修改时，禁止采用拷贝方式修改；

3）画面制作应符合图形界面规范的要求；

4）检查遥控画面唯一性；

5）检查双机画面的同步功能正常；

6）与运行人员共同完成画面验收工作，并签字留底。

（2）改扩建设备参数修改时，误修改运行设备参数。

1）工作前，做好数据库、画面等运行参数的备份，明确站内设备运行情况；

2）参数修改后应针对非工作范围开展核查，包括画面、遥控编码等；

3）工作结束应进行双机同步确认。

（3）涉及五防、顺控逻辑修改时，影响运行间隔的正常操作。

1）修改五防、顺控逻辑时，五防逻辑和顺控逻辑应经过审查完整后，方可实施，不得随意变动运行间隔的逻辑；

2）改扩建涉及修改的联闭锁逻辑应经过模拟验证；

3）未实际试验的顺控操作票应告知运行人员，并做好相应警示标注。

（4）监控主机与远动采用一体化数据库，从监控主机下装远动引起转发信息表错误，导致误控。

1）在此类监控系统（如南瑞科技）工作前应确认监控主机双机数据库一致；

2）下装前应根据最新信息表核对监控主机中得遥控转发表。

（5）间隔层设备更换时，原设备参数未清除完整，导致相关参数存在新、旧设备共用。原设备参数应清楚完整，不得影响新设备的运行。

（6）间隔层、站控层设备改造时，新设备通信地址、方式错误，导致与运行设备冲突。新设备的相关通信参数，应防止与运行设备参数冲突。

（三）消缺

（1）监控主机重装缺陷处理时，引起监控异常。

1）工作前，应电话通知自动化运维班；

2）使用最新的数据库备份导入重装，也可利用并列运行的后台库导入，注意修改相关 IP 地址，系统参数；

3）开展监控画面排查，遥测遥信数据对比正确，特别是画面唯一性；

4）开展监控权限检查，权限配置合理；

5）开展该监控主机遥控功能不停电联调工作；

6）与运行人员共同完成监控主机验收工作（包括遥控、与五防交互等功能），并签字留底；

7）双机同步确认。

（2）画面定义、数据库定义等修改时控制功能变更未完成相关试验，引起控制异常。

1）工作前做好数据库、画面参数等备份工作；

2）涉及控制功能有变更的，应执行间隔层设备的安全措施后，开展调试工作；

3）参数修改后应进行双机同步确认。

（3）与五防通信处理时，信息点变动后，未开展相关试验，引起控制异常。五防信息点存在变动的，应及时与独立五防开展信息验证，并与运行人员共同验收。

五、监控主机验收

（一）硬件配置检查

服务器应配置冗余电源，硬件性能配置满足要求。主机的电源模块应由同一逆变电源供电。冗余配置的主机应由不同逆变电源供电。空开满足容量和级差要求。

（二）软件版本验收

软件版本信息正确显示，与自动化设备软件版本发布库一致。

（三）调试内容检查

1. 站控层通信检查

检查监控主机与测控装置、保护装置、一体化电源系统等各类智能设备是否通信正常，与独立五防主机通信是否正常。

2. 冗余互备检查

双机切换检查：①手动切换验证：先确认后台机均运行正常，将监控主机人工切换为监控备机，查看系统是否运行正常；再切换为监控主机，查看系统是否运行正常；②自动切换验证：先确认后台机均运行正常，关闭监控主机，系统应能自动切换到监控备机，并正常运行；启动监控主机，当监控主机运行正常后，关闭监控备机，系统应自动切换到监控主机，并运行正常。

双网切换检查：当站控层采用双网设置时，中断其中一路网络，系统通信不应受到影响，数据不应丢失，监控主机产生相应告警信息。

3. 通信状态监视功能

检查主机界面具有 MMS、GOOSE 和 SV 通信状态监视画面。

4. 告警信息功能

检查告警信息按事故信息、异常信息、变位信息、越限信息和告知信息进行分类。检查间隔检修压板投入时，相应间隔告警信息归入检修事件窗，独立显示及记录。

5. 遥控关联检查

检查监控后台中，一个遥控对象仅允许关联于一个间隔分图。

（四）监控图形界面

监控画面应满足 Q/GDW 11162—2014《变电站监控系统图形界面规范》要求。

（五）用户账号规范性

检查监控主机配置系统管理员、运行管理员和检修管理员三类用户，主机应删除调试账户。登录口令强壮性应满足安全防护要求，大小写、数字、字符。

（六）遥信功能

检查遥信信号变位时间，变化响应时间应不大于 1s。

（七）遥测功能

选择线路、主变等典型间隔测控装置进行遥测信号正确性测试，测控装置模拟加量，监控后台显示正确，变化响应时间不大于 2s。

（八）遥控功能

检查单点、双点遥控全站配置，双点遥控操作应按选择、返校、执行方式；单点遥控应按选择、执行方式进行。选择典型间隔进行实际传动测试。

（九）远方程序化控制功能

选择典型间隔操作票，联系调度部门开展远方程序化控制功能验证。

（十）时间同步

采用 SNTP 对时，装置时钟正确。

（十一）网络安全加固检查

采用漏洞扫描工具对主机进行检测，满足网络安全加固要求。

（十二）网线工艺检查

网线应采用带屏蔽的网络线和水晶头；屏蔽层应与水晶头的金属壳接触良好。

（十三）监控主机实用性功能检查

1. 一键重命名

（1）监控主机应具备一键重命名工具，能实现间隔名称、调度命名及信息描述序列化改名。

（2）一键重命名工具应具备用户权限和身份认证。

（3）序列化改名过程中每步应给出操作提示，经人工确认后方可进行后续操作。

（4）修改完成后，应生成完整的修改记录及日志文件。

（5）工具启动后第一次进行重命名操作和工具退出时应自动进行监控后台数据文件备份。

2. 联闭锁逻辑可视化

（1）监控主机应支持一次设备联闭锁逻辑可视化展示功能和校验功能。

（2）可视化展示的联闭锁状态应采用实时数据进行逻辑计算和展示。

（3）联闭锁逻辑的校验应采用模拟库，不应影响实时监控，进入校验获取实时库数据断面后，实时库不应同步模拟库。

（4）校验应进行用户权限验证。

（5）装置通信中断、设备不定态及检修时，对应的联闭锁逻辑条件应判定为条件不满足，红色显示。

（6）可视化展示画面为非模态置顶对话框。

3. 一键顺控不停电校核

（1）监控主机应具备一键顺控不停电检核功能。

（2）校核工具应具备用户权限验证。

（3）操作票编辑工具打开操作票修改保存或一键重命名后，操作票状态应变为未校核票。

（4）模拟校核成功后应生成校核记录文件。

（5）支持将全站操作票导出为一个文本文件。

（十四）远方工况监视

监控主机正确显示监控系统工况信息，包含以下内容：监控主机的 CPU 利用率、内存利用率、硬盘利用率；测控装置的工作电压、装置温度、光功率；网关机的 CPU

利用率、内存利用率、硬盘利用率，对时服务状态；交换机的 CPU 负载率、工作电压、板卡温度、CPU 温度、对时服务状态。

第三节　微机防误系统

微机防误闭锁系统是通过计算机和网络通信等技术，将电气设备的闭锁条件结合其倒闸操作规则编辑成计算机程序，并通过现场防误锁具来实现防误闭锁功能的一种方法。微机防误系统将各个设备的闭锁条件和倒闸规则作为其内部的逻辑判断条件，形成系统内部的规则库，当需要操作时可先根据微机防误系统进行预演操作票，操作结束后记录更新设备状态，能够可靠地实现防止误操作的发生。举个例子，对于完整的电气闭锁，如果仅靠二次接线的硬件方式来完成，不但现场布线复杂，需要大量的二次电缆，而且维护不便。如果利用微机防误闭锁规则，通过软件分析来完成，就相当方便。因此，微机闭锁系统也是当前最先进的防误装置，在变电站经常被采用。

在电力系统中被采用较多的微机防误闭锁装置，根据设计原理的不同可分为离线式、在线式和综合式微机防误闭锁装置。下面我们对这几种微机防误闭锁装置的特点进行一下探讨。

（一）离线式微机防误闭锁系统

离线式微机闭锁系统是一种不直接采集现场设备的辅助触点，而是利用电脑钥匙间接地把现场设备的状态回传到防误主机的微机闭锁方式。离线式微机防误闭锁系统，在核心部分防误主机上可以实现操作票的预演等多种功能，电脑钥匙、监控机以及多种锁具也是防误系统的关键部件。

微机闭锁系统工作的流程：当需要倒闸操作时，首先必须采用防误主机进行模拟操作票预演，根据其内部设定的防止误操作的规则库，能针对不同的设备位置状态，判断操作人员是否操作正确，当操作预演结束后生成对应的现场操作流程，防误主机将这些数据下传到电脑钥匙中，供操作人员根据提示的操作信息，找到对应的设备根据提示信息进行操作，在对本设备操作时会反馈是否可以进行下一步操作的命令。完成电脑钥匙提示的所有操作步骤，操作后的设备状态信息需要回馈到防误主机上，以保证防误主机上的数据与现场设备保持相同，避免下一次操作时造成错误。将设备的状态信息反馈到防误主机的过程是通过电脑钥匙实现的。

防误主机在这种离线式的闭锁系统里面，并不与现场的一次设备有直接的电气或网络上的关联，其内部的设备状态主要来自两个方面，一种是由临控机的通信接口将部分受监控的设备状态实时地发送给防误主机，另外一种是根据上一次操作时由电脑钥匙在现场执行结束后将改变的设备状态反馈到防误主机上，这些来自电脑钥匙的状态信息一致保留在防误主机内部以待下次操作使用。

防误闭锁逻辑是由微机防误系统独立完成，这种离线式的防误系统在设计上能够适用于不同电压等级的变电站，可扩展型好，容易接入变电站内部，制造费用也较低，具有性价比高的特点，对于操作人员而言，在操作和维护的过程中也相对简单。缺点是这种防误模式不是真正意义上的在线采集，操作较为烦琐。

针对监控系统的远方操作，在正常运行下离线式微机系统能够实现对应的防误闭锁，但是如果当监控系统的软硬件出现故障时，并不能完善地实现防误闭锁因为在监控系统故障时电气设备可能出现误动，会导致离线式微机闭锁系统生成错误的指令。正常运行时，微机闭锁系统是监控系统的上次控制，具有决策优先权，当监控系统需要执行动作时，只有当微机系统经过逻辑判断，允许其操作的指令发出后，监控系统才能够获得操作的权限，然后再由测控单元对被控设备进行对应的倒闸操作。

离线式微机防误闭锁系统无法实现全站所有设备实时对位，因此它在一定程度上并不是完备的防误闭锁系统。

（二）在线式微机防误闭锁系统

在线式与离线式的微机防误闭锁装置不同，包括多个分布式的控制器，在分布式的控制器上层有主控机负责与防误主机之间的信息交互。

在线式微机闭锁系统的防误主机一般通过两种方式实现与现场的电控锁具实时的控制，一种是由分布的网络控制器接受操作指令来对电控锁具进行操作，另一种是采用电缆实现与电控锁具电气的链接，两种方式通过电控锁具提供的设备状态信息，反馈给防误主机做出操作逻辑的判断，保证微机防误系统能够实时地达到闭锁的效果。

在线式微机闭锁系统的工作流程是：防误主机在操作票预演结束时，将操作指令传输到对应的分布式控制器上，由分布式控制器发出指令对操作的设备进行解锁，操作人员只需到已经处于解锁状态的设备上进行对应的操作，电控锁具备的状态信息采集功能能够保证在操作人员操作结束后将设备状态反馈到防误主机上，及时更新防误主机上的设备状态，保证下一个需要操作的设备被解锁运行操作人员完成进一步的操作。与离线式的微机闭锁系统相对比，在线式微机系统取消了电脑钥匙的环节，解锁指令通过防误主机来直接完成。

从理论上分析，在线式微机闭锁系统可以对设备进行在线对位，通过网络电缆可以将操作指令在线传输到电控锁具上，这能够符合《国家电网公司防误闭锁安全管理规定》中防误闭锁的对应要求。

实际运行中，与离线式微机闭锁系统不同，在线式的特点使得系统需要很多的电缆实现防误主机与电控锁具的通信，这就让变电站改造的费用变得很高，同时工程实施的周期也会很长。而且，高精度且结构原理复杂的电控锁具对于操作人员而言，初期培训及日常的维护都具有一定的难度。因此，在线式微机闭锁系统在实际运行的推广具有一定的劣势。

（三）综合式微机防误闭锁系统

综合式的微机防误闭锁系统吸取离线式和在线式两种微机闭锁系统的优势，防误主机有微机模拟屏和 PC 计算机两种，综合式微机系统同时有分布式控制器和电脑钥匙这两种在线式和离线式系统的部件。

综合式微机闭锁系统通过吸收在线式和离线式的优点来弱化各自的缺点，它能够大大地减少电缆线和电控锁，但却可以实现在线式系统的所有功能。综合式微机闭锁系统分别对三种设备进行不同的处理：引入遥控闭锁继电器达到闭锁可遥控设备的目的；采用在线式电控锁达到就地操作的闭锁，电控锁反馈操作设备的状态信息到防误主机，解决监控机无法采集此类设备状态的问题；由普通编码锁对那些监控机可以采集状态信息的设备进行就地操作的闭锁。

1. 完善的遥控操作防误功能

综合式微机闭锁系统对可遥控设备的闭锁是通过遥控闭锁继电器实现的，可遥控闭锁的设备如隔离开关、断路器等，待操作的设备需要闭锁继电器通过闭合闭锁接点来实现该设备的解锁，允许监控机在解锁后对它进行操作。

对可遥控的设备的操作流程为：在防误主机结束操作票预演后，生成对应的操作票，按照生成的操作流程对需要动作的设备进行操作，首先遥控闭锁继电器接收到防误主机的解锁信号，对待动作的设备进行解锁。然后，运行人员即可在监控机上对待操作的设备进行操作。该设备操作动作完成以后，反馈变化后的状态位置给监控机，再由监控机把这数据传输给防误主机，只有在上一步的被控设备状态信息反馈以后，防误主机才能接着进行下一步操作流程。

对可控设备进行操作时，五防主机生成倒闸操作票后，遥控闭锁继电器得到被控设备的解锁信号，被控设备动作后又将状态信息反馈给监控机，这个过程是由程序控制以自动化的方式完成的，无需人工的操作，这样既能够减少人为操作的失误，又能够减少运行人员的工作量。

遥控防误闭锁功能的出现，使得监控站和受控站之间的远方操作来实现闭锁的要求得到实现，这有助于减少误操作的产生，保证监控机出现故障时不会对操作产生很大的影响。

2. 实时在线对位

由于隔离开关、断路器等部分设备的状态信息可以通过监控系统采集得到，因此防误主机要得到此类设备的状态信息只需要与监控系统进行数据的交互，即可得到设备的状态信息，另外，有其他的设备状态无法被监控系统通过网络通信捕获，此时，可以采用电控锁来捕获状态信息将其反馈给防误主机。这样就可以对整个变电站的设备进行灵活地实时地对位。这既能够实现状态信息传输的自动化操作，也可以减少人工操作可以发生的误操作，保证防误主机与实际设备的状态信息高度一致。

实时在线对位能够保证受控设备的状态信息进行全自动化的捕获，状态信息不会出现延迟，有利于防误主机得到的数据与实际设备的状态不会出现偏差。

3. 实时监控倒闸操作全过程

对于那些监控系统无法采集位置状态的设备，通常采用离线式的电脑钥匙来实现闭锁操作。当防误主机一系列操作完成后生成对应倒闸操作票，将这些对应的流程通过串口的形式发送给电脑钥匙，根据电脑钥匙提供的信息，操作人员需要找到对应的设备打开编码锁进行操作，只要设备位置正确时，才能解锁对设备进行操作，通过电脑钥匙操作的设备，在动作结束后将设备的状态信息反馈给防误主机，而其他可遥控设备或者监控机实时监控的设备，则通过可遥控闭锁继电器和电控锁来实现与监控机的信息交瓦，再出监控机将状态信息发送给防误主机。这样整个变电站的被控设备都能够通过不同的方式将状态位置及时反馈给防误主机，使得下一步的操作得以被允许进行。

现场倒闸的操作情况都可以在主控室实时监控，这能够防止"走空程"现象的发生，同时现场操作时可以出单人执行即可，通过主控室达到监护的作用，避免误操作的发生。

4. 实时防误逻辑判断及闭锁

防误系统能够捕获设备的状态信息，防误主机内部设定的操作规则库能够对实际操作进行逻辑判断，防止误操作的发生。当操作与防误规则库条例相违背时，这个操作就被禁止，正确的操作才能完成整个倒闸操作流程。在执行操作动作过程中，如果操作动作执行而设备的状态并没有根据操作动作正确变化，防误主机根据"五防规定"对此设备进行强制闭锁。

该系统设计合理，功能齐全，性能达到国内领先水平。综合式微机防误闭锁系统的实际制造费用介于离线式和在线式之间，在实际安装过程中并不会有很大的工作量，执行周期相较于在线式微机闭锁系统要短，能够满足新老变电站的要求，具有很高的性价比，并且适用范围广泛。

第四节 远 动 装 置

一、远动装置基本情况

（一）远动装置简介

远动装置是指厂站端的远动终端（以前称作 RTU），其主要功能则是实时采集变电站（发电厂）内各种开关量（一、二次设备状态信号等）的状态、电气量（电压、电流有无功、温湿度等）的数据并上送调度端，同时能执行由调度端发来的各种操作命令等。

远动装置是数据采集控制层的管理单元，支持多个以太网、标准 RS485 和 RS232 等通信接口，实现电网调度系统和站端保护、测控装置间的信号和控制命令等数据交互。一般应用于变电站、调度站，通过控制台下行的通信接口，实现遥信、遥控等信息的采集，并将数据传回调度中心，实现远程输出调度命令的目的，是调控主站与变电站信息交互及协同的纽带。

远动装置的数据采集技术包括变送器技术和 A/D 技术等。远动系统处理的信号大部分是 0～5V 的 TTL 电平信号，而电力系统实际运行参数都是大功率的参数，为了能够在远动装置中处理这些信号，将电力系统的电压、电流和有功无功线性地转化为 TTL 电平信号。A/D 技术则是将模拟信号转换为数字信号，完成遥测信息的采集和遥信信息的编码任务。

远动装置的信道编码技术包括信道的编码和译码，信息传输协议（规约）等。远动装置采集的信息必须通过通信信道传输到调度控制中心才能使用。在信道编码译码前，必须建立一种预先约定的通信方式和数据格式，这就是通信协议或规约。日常系统中常用的规约主要分为三类：CDT 规约；IEC 60870-5-101 规约；IEC 60870-5-104 规约。CDT 规约是一种典型的循环式传输规约，而 101 规约是问答式规约，104 则是 101 的网络版本。

（二）远动装置遵循的基本原则

（1）应遵循监控系统体系架构一体化设计原则，实现应用配置一体化和运行维护一体化；

（2）应遵循"直采直送"原则，实现全站数据的统一采集和传输；

（3）应独立运行，站控层其他装置的任何故障或异常不影响其正常运行；

（4）应根据变电站信息安全分区方案配置，满足电力二次系统安全防护总体方案要求；

（5）应支持 DL/T 634.5104、DL/T 860、DL/T 476、Q/GDW 273、Q/GDW 11068 等通信协议。

（三）远动装置的基本功能

1. 安全分区

远动装置作为站内Ⅰ区设备，负责采集调控实时数据、保护信息、告警直传、远程浏览等信息。

2. 数据采集

数据采集应满足如下要求：数据处理应支持逻辑运算与算术运算功能，支持时标和品质的运算处理、通信中断品质处理功能，应满足以下要求。

（1）支持遥信信号的与、或、非等运算；

（2）支持遥测信号的加、减、乘、除等运算；

（3）计算模式支持周期和触发两种方式；

（4）运算的数据源可重复使用，运算结果可作为其他运算的数据源；

（5）合成信号的时标为触发变化的信息点所带的时标；

（6）断路器、隔离开关位置类双点遥信参与合成计算时，参与量有不定态（00 或 11）则合成结果为不定态；

（7）合成信号的品质按照输入信号品质进行处理；

（8）初始化阶段间隔层装置通信中断，应将该装置直采的数据点品质置为 invalid（无效）；

（9）当与间隔层装置通信由正常到中断后，该间隔层装置直采数据的品质应在中断前品质基础上置上 questionable（可疑）位，通信恢复后，应对该装置进行全总召；

（10）事故总触发采用"或"逻辑，支持自动延时复归与触发复归两种方式，自动延时复归时间可配置；

（11）支持远动配置描述信息导入/导出功能；

（12）装置开机/重启时，应在完成站内数据初始化后，方可响应主站链接请求，应能正确判断并处理间隔层设备的通信中断或异常。

3. 数据远传

数据远传要求如下：

（1）应支持向主站传输站内调控实时数据、保护信息、一/二次设备状态监测信息、图模信息、转发点表等各类数据；

（2）应支持周期、突变或者响应总召的方式上送主站；

（3）应支持同一网口同时建立不少于 32 个主站通信链接，支持多通道分别状态监视；

（4）应支持与不同主站通信时实时转发库的独立性；

（5）对未配置的主站 IP 地址发来的链路请求应拒绝响应；

（6）应支持断路器、隔离开关等位置信息的单点遥信和双点遥信上送，双点遥信上送时应能正确反映位置不定状态；

（7）数据通信网关机重启后，不上送间隔层设备缓存的历史信息。

4. 远方控制

远方控制功能要求如下：

（1）应支持主站遥控、遥调和设点、定值操作等远方控制，实现断路器和隔离开关分合闸、保护信号复归、软压板投退、变压器档位调节等功能；

（2）应支持单点遥控、双点遥控等遥控类型，支持直接遥控、选择遥控等遥控方式；

（3）同一时间应只支持一个遥控操作任务，对另外的操作指令应作失败应答；

（4）装置重启、复归和切换时，不应重发、误发控制命令；

（5）对于来自调控主站遥控操作，应将其下发的遥控选择命令转发至相应间装置隔层设备，返回确认信息源应来自该间隔层装置；

（6）应具备远方控制操作全过程的日志记录功能；

（7）应具备远方控制报文全过程记录功能。

5. 时间同步

时间同步功能包括对时功能与时间同步状态在线监测功能要求如下：

（1）应能够接受主站端和变电站内的授时信号；

（2）应支持 IRIG-B 码或 SNTP 对时方式；

（3）对时方式应能设置优先级，优先采用站内时钟源；

（4）应具备守时功能；

（5）应能正确处理闰秒时间；

（6）应支持时间同步在线监测功能，支持基于 NTP 协议实现时间同步管理功能；

（7）应支持时间同步管理状态自检信息输出功能，自检信息应包括对时信号状态、对时服务状态和时间跳变侦测状态。

6. 冗余管理

两台数据通信网关机与主站通信连接时，冗余管理要求如下：

（1）应支持双主机工作模式和主备机热备工作模式；

（2）主备机热备工作模式运行时应具备双机数据同步措施，保证上送主站数据不漏发，主站已确认的数据不重发。

7. 运行维护

运行维护功能要求如下：

（1）应具备自诊断功能，至少包括进程异常、通信异常、硬件异常、CPU 占用率过高、存储空间剩余容量过低、内存占用率过高等，检测到异常时应提示告警，并将诊断结果按标准格式记录日志；

（2）应具备日志功能，日志类型至少包括运行日志、操作日志、维护日志等；

（3）应具备用户管理功能，可对不同的角色分配不同的权限。

二、远动装置配置

远动装置在智能变电站中，拥有了新的名字—数据通信网关机。根据电力系统二次安全防护的要求，变电站设备按照不同业务要求分为安全Ⅰ区和安全Ⅱ区，因此数据通信网关机也分成Ⅰ区数据通信网关机、Ⅱ区数据通信网关机和Ⅲ/Ⅳ区数据通信网关机。Ⅰ区数据通信网关机用于为调度（调控）中心的 SCADA 和 EMS 提供电网实时数据，同时接收调度（调控）中心的操作与控制命令，相当于常规变电站中的远动装置。Ⅱ区数据通信网关机用于为调度（调控）中心的保信主站、状态监测主站等系统提供数据，一般不支持远程操作，相当于常规变电站中的保信子站、ERTU 等设备。Ⅲ/Ⅳ区数据通信网关机主要用于与生产管理主站、输变电设备状态监测主站等Ⅲ/Ⅳ区主站系统的信息通信。无论处于哪个安全区，数据通信网关机与主站之间的通信都需要经过安全隔离装置进行隔离。

数据通信网关机一般为嵌入式，无机械硬盘和风扇，采用分布式多 CPU 结构，可配置多块 CPU 板及通信接口板，每个 CPU 并行处理任务，支持同时与多个不同的主站系统进行通信。为了确保通信链路的可靠性，数据通信网关机往往采用双机主备工作模式或双主机工作模式。主备模式下，主机处于运行状态，备机为热备用状态，当主机故障时，备机才投入运行。双主模式下，两台网关机同时处于运行状态，通信连接在双机之间平均分配，资源利用率更高，但其实现也更为复杂。以浙江省为例，地市供电公司220kV 变电站一般配置双台数据通信网关机，一台命名为省调接入网远动，另一台命名为地调接入网远动。省调接入网远动接入数据网双平面中的省调接入网（二平面），地调接入网远动接入数据网双平面中的地调接入网（一平面），两台远动同时和调度主站进行数据通信，确保一台远动故障时，站端数据正常上送，不会出现通道全部中断的状况。

数据通信网关机一般不配置独立的液晶显示屏，而是通过远程终端查看实时数据值、系统运行状态和参数。数据通信网关机的配置由独立的组态工具完成，也有采用与监控主机共享配置信息的方式。如南瑞科技最新的 NS5000 监控系统便是采用远动与监控共享数据库配置信息的方式。

三、远动装置的日常运维及巡视

远动装置的日常运维及巡视包含远动装置的巡视、运行维护项目和内容。

（一）远动装置的巡视检查项目

（1）检查远动装置及二次回路各元件应接线紧固，无过热、异味、冒烟现象，标识清晰准确，接点无抖动，内部无异常声响。

（2）检查交直流切换装置工作正常。

（3）检查远动装置的运行状态、运行监视（包括液晶显示及各种信号灯指示）正确，无异常信号，是否有异常发热现象。

（4）检查远动装置屏上空气开关、切换把手的位置正确。

（5）检查远动装置的压板投退情况符合要求，压接牢固，长期不用的压板应取下。

（6）检查远动装置对时方式和对时是否正常。

（7）检查远动装置背板电缆及网线连接紧密牢靠。

（8）检查远动装置屏下电缆孔洞封堵严密。

（二）远动装置的运行维护

（1）应定期对远动装置进行装置运行状态检查、对上对下通道运行状态检查、可查询的开入量状态检查和时钟校对，检查周期般不超过一个月，并应做好记录。

（2）加强对自动化机房（保护室）空调、通风等装置的管理，自动化机房（保护室）内相对湿度不超过75%，环境温度应在5～30℃范围内。

（三）远动装置缺陷分类

发现缺陷后，运行人员应对缺陷进行初步分类，根据现场规程进行应急处理，并立即报告值班调度及上级管理部门。设备缺陷按严重程度和对安全运行造成的威胁大小，分为紧急、重要、一般三类。

1. 紧急缺陷

紧急缺陷是指严重程度以使设备不能继续安全运行，随时可能导致发生事故或危及人身安全的缺陷，必须尽快消除或采取必要的安全技术措施进行临时处理。

以下缺陷属于紧急缺陷：

（1）远动装置故障，导致全站工况退出。

（2）远动装置故障，导致全站遥信为0。

（3）远动装置故障，导致全站遥测不刷新。

（4）远动装置故障，导致某个重要间隔信息不上送。

（5）远动装置故障，导致遥控误出口。

（6）其他威胁安全运行的情况。

2. 重要缺陷

重要缺陷是指缺陷比较严重，但设备仍可短期继续安全运行，该缺陷应在短期内消除，消除前应加强巡视。

以下缺陷属于重要缺陷：

（1）远动装置异常，导致某个通道退出。

（2）远动装置异常，导致某个通道频繁投退。

（3）远动装置异常，导致某个间隔的重要遥信上送错误。

（4）远动装置异常，导致某个间隔遥测不刷新。

（5）远动装置异常，导致某个间隔遥控不成功。

（6）频繁出现又能自动复归的缺陷。

（7）其他可能影响主站监控的情况。

3. 一般缺陷

一般缺陷是指对近期安全运行影响不大的缺陷，可列入年、季检修计划或日常维护工作中去消除。

以下缺陷属于一般缺陷：

（1）个别遥测数据上送与实际误差偏大。

（2）个别遥信上送与实际不符。

（3）101通道遥控成功率不高。

（4）能自动复归的偶然缺陷。

（5）其他对安全运行影响不大的缺陷。

（四）远动装置及二次回路巡检信息采集表

远动装置及二次回路巡检信息采集见表2-10。

表 2-10　　　　　　　　　远动装置及二次回路巡检信息采集表

变电站名称			间隔名称		
巡检时间			天气情况		
巡检人员					
采集内容及记录					
序号	采集内容	采集数据		结果	说明
1	装置面板及外观检查	运行指示灯正常			
		液晶显示屏正常			

续表

序号	采集内容	采集数据	结果	说明
2	屏内设备检查	各功能空气开关及方式开关符合实际运行情况		
		电源空气开关符合要求		
		功能硬压板投入符合要求		
3	二次回路检查	端子排（箱）锈蚀		
		电缆支架锈蚀		
		交直流及强弱电电缆分离		
		接地、屏蔽、接地网符合要求		
4	红外测温	装置最高温度：℃ 二次回路最高温度：℃		
5	装置通信状态检查	装置通信状态检查符合运行状况		
6	开入量检查	开入量检查符合运行状况		
7	反措检查	执行最新反措要求		

四、远动装置的定期校验（以 NSC300 为例）

（一）前期准备

准备工作如下：

（1）根据工作任务，分析设备现状，明确检验项目，编制检验工作安全措施及作业指导书，熟悉图纸资料及上一次的定检报告，确定重点检验项目。图纸资料：与实际状况一致的图纸、装置资料及说明书、上次检验报告、作业指导书、检验规程。

（2）检查并落实检验所需材料、工器具、劳动防护用品等是否齐全合格，检验所需设备材料齐全完备。检验工器具及材料：专用调试笔记本、堡垒机、万用表、电源盘（带漏电保护器）等；电源插件、通信插件、绝缘胶布。

（3）班长根据工作需要和人员精神状态确定工作负责人和工作班成员，组织学习《电业安全工作规程》、现场安全措施和本标准作业指导书，全体人员应明确工作目标及安全措施。

（4）根据现场工作时间和工作内容落实工作票（第一种工作票应在开工前一天交值班员）。工作票应填写正确，并按《电业安全工作规程》执行。

（二）运行安措（状态交接卡）

（1）误走错间隔，误碰运行设备检查在数据通信网关机屏前后应有"在此工作"标示牌，相邻运行屏悬挂红布幔。

（2）同屏运行设备和检修设备应相互隔离，用红布幔包住运行设备（包括端子排、压板、把手、空气开关等）。

（3）对安全距离不满足要求的为停电设备，应装设临时遮拦，严禁跨越围栏，越过围栏，易发生人员触电事故现场设专人监护。

（4）涉及远动装置的工作前应告知自动化主站值班人员进行网安装置挂检修牌的操作，工作全部结束后再告知自动化主站值班人员进行摘牌，并与其确认无异常网络安全告警信息后，方可结束工作。

（5）涉及远动装置的工作过程中，必须使用专用调试笔记本，通过堡垒机连接站内网络或直连远动装置进行配置和调试。

（6）修改远动转发表后，需与调度信息表逐一核对正确后方可下装至远动。

（7）主站通过远动装置做遥控试验前，必须将全站运行间隔远方/就地切换开关切至就地位置，防止遥控误出口。

（8）工作不慎引起交、直流回路故障工作中应使用带绝缘手柄的工具。拆动二次线时应作绝缘处理并固定，防止直流接地或短路。

（9）检修中的临时改动，忘记恢复二次回路、远动参数配置及定值、远动功能压板的临时改动要做好记录，坚持"谁拆除谁恢复"的原则。

（三）调试

1. 试验注意事项

（1）进入工作现场，必须正确穿戴和使用劳动保护用品。

（2）按工作票所列检查一次设备运行情况和措施、被试数据通信网关机屏上的运行设备。

（3）工作时应加强监护，防止误入运行间隔。

（4）检查运行人员所作安全措施是否正确、足够。

（5）检查所有把手及空气开关位置，并作好记录。

（6）拆除信号回路公共端外接线并用绝缘胶布封好。

（7）检查实际接线与图纸是否一致，如发现不一致，应以实际接线为准，并及时向专业技术人员汇报。

2. 总控参数配置

（1）前期准备。总控的配置需安装调试工具 nsctools31a 或者 nsctools31b，分别适用于 88 结点和 192 结点，具体适用那个版本，视具体站而言（可以询问调试人员）。安装软件至 C 盘下，启动 NSC tools 软件，在密码处直接回车进入。

（2）总控参数申请。使用总控 31a 或 31b 去连接总控，点击左上角的"通信设置"按钮后设置需连接总控的 IP，连接上后先点击"申请版本"按钮，确定总控版本，如果是 88 结点，则关掉目前所用软件用 31a 程序去申请参数，如果是 192 结点则关掉目前所用版本采用 31b 去申请参数。如图 2-7 所示，点击"组态申请"，在 IP 地址上填写需申请总控的 IP 地址，参数目录里填写参数上载后存放目录。点击"浏览"寻找或者直接填写。

图 2-7　总控组态申请

申请完后将申请的参数备份后再进行修改。备份 D 盘下的 192.9.200.17 目录即可。

（3）增加一个节点（一个间隔测控单元）。点击左侧的"组态设置"按钮，进入参数配置界面，点击右上角的"打开"按钮，打开参数所放目录，点击确定后如图 2-8 所示。

图 2-8　总控参数设置（本机设置）

点击左侧目录树中"单元参数"→"节点设置"在最后一条记录上点击右键，点击追加记录新增一条记录，如图 2-9 所示，将扩建间隔的 IP 地址、间隔号等填写后点击"保存"。

图 2-9　总控参数设置（增加测控结点）

（4）增加一个保护节点（一个保护装置）。与测控单元增加类似，点击左侧目录树中"单元参数"→"节点设置"在最后一条记录上点击右键，点击追加记录新增一条记录，将新增保护所接串口，保护地址填入相应位置，IP 处填写本 NSC200 的 IP，类型处选中保护单元，然后点击"保存"。

（5）增加调度转发表。串口通道的信息查询及增加：

点击左侧目录树中"通信参数"→"串口设置"可以看到相应串口配置的规约，转发表号等参数，例如：如图 2-10 所示，串口 1 为调度类华东 IEC 101 规约，检查外部接线是到市调的，则市调的转发表为 0 号转发表，则到 0 号转发表下，按调度下发的转发表，将新增的遥信，遥测添加进"0 号转发设置"的"状态量"及"模拟量"中，方法同增加结点的方法，使用追加记录，如图 2-11 和图 2-12 所示。

（6）网络 104 通道的信息查询及增加。调度 104 规约配置可在"通信参数"→"网络设置"中看到，如图 2-13 所示。点击右侧 IEC 104＿1 组态设置，可看到与调度通信的 IP 地址，转发表号等设置。如图 2-14 所示，转发表号为 01，到 1 号转发表中，将扩建间隔信息，按调度下发的转发表添加进去即可，添加方法与串口通道转发表的修改方法一样。如果串口通道与 104 通道采用同一张转发表，则只需修改一次。

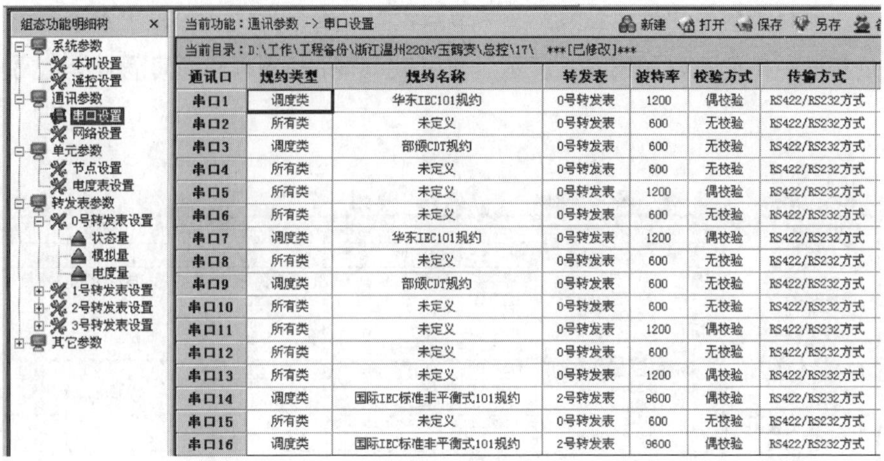

通讯口	规约类型	规约名称	转发表	波特率	校验方式	传输方式
串口1	调度类	华东IEC101规约	0号转发表	1200	偶校验	RS422/RS232方式
串口2	所有类	未定义	0号转发表	600	无校验	RS422/RS232方式
串口3	调度类	部颁CDT规约	0号转发表	600	无校验	RS422/RS232方式
串口4	所有类	未定义	0号转发表	600	无校验	RS422/RS232方式
串口5	所有类	未定义	0号转发表	1200	偶校验	RS422/RS232方式
串口6	所有类	未定义	0号转发表	600	无校验	RS422/RS232方式
串口7	调度类	华东IEC101规约	0号转发表	1200	偶校验	RS422/RS232方式
串口8	所有类	未定义	0号转发表	600	无校验	RS422/RS232方式
串口9	调度类	部颁CDT规约	0号转发表	600	无校验	RS422/RS232方式
串口10	所有类	未定义	0号转发表	600	无校验	RS422/RS232方式
串口11	所有类	未定义	0号转发表	1200	偶校验	RS422/RS232方式
串口12	所有类	未定义	0号转发表	600	无校验	RS422/RS232方式
串口13	所有类	未定义	0号转发表	1200	偶校验	RS422/RS232方式
串口14	调度类	国际IEC标准非平衡式101规约	2号转发表	9600	偶校验	RS422/RS232方式
串口15	所有类	未定义	0号转发表	600	无校验	RS422/RS232方式
串口16	调度类	国际IEC标准非平衡式101规约	2号转发表	9600	偶校验	RS422/RS232方式

图 2-10　总控串口设置

纪录	索引	遥信号	数据描述
305	32	12	32号节点_合并遥信_[0]_[0]_[以太网2]_节点地址[100]_第[12]点遥信
306	32	13	32号节点_合并遥信_[0]_[0]_[以太网2]_节点地址[100]_第[13]点遥信
307	32	14	32号节点_合并遥信_[0]_[0]_[以太网2]_节点地址[100]_第[14]点遥信
308	32	15	32号节点_合并遥信_[0]_[0]_[以太网2]_节点地址[100]_第[15]点遥信
309	32	16	32号节点_合并遥信_[0]_[0]_[以太网2]_节点地址[100]_第[16]点遥信
310	32	17	32号节点_合并遥信_[0]_[0]_[以太网2]_节点地址[100]_第[17]点遥信
311	32	18	32号节点_合并遥信_[0]_[0]_[以太网2]_节点地址[100]_第[18]点遥信
312	32	19	32号节点_合并遥信_[0]_[0]_[以太网2]_节点地址[100]_第[19]点遥信
313	32	20	32号节点_合并遥信_[0]_[0]_[以太网2]_节点地址[100]_第[20]点遥信
314	32	21	32号节点_合并遥信_[0]_[0]_[以太网2]_节点地址[100]_第[21]点遥信
315	32	22	32号节点_合并遥信_[0]_[0]_[以太网2]_节点地址[100]_第[22]点遥信
316	32	23	32号节点_合并遥信_[0]_[0]_[以太网2]_节点地址[100]_第[23]点遥信
317	32	24	32号节点_合并遥信_[0]_[0]_[以太网2]_节点地址[100]_第[24]点遥信
318	32	25	32号节点_合并遥信_[0]_[0]_[以太网2]_节点地址[100]_第[25]点遥信
319	32	26	32号节点_合并遥信_[0]_[0]_[以太网2]_节点地址[100]_第[26]点遥信
320	32	27	32号节点_合并遥信_[0]_[0]_[以太网2]_节点地址[100]_第[27]点遥信
321	32	28	32号节点_合并遥信_[0]_[0]_[以太网2]_节点地址[100]_第[28]点遥信

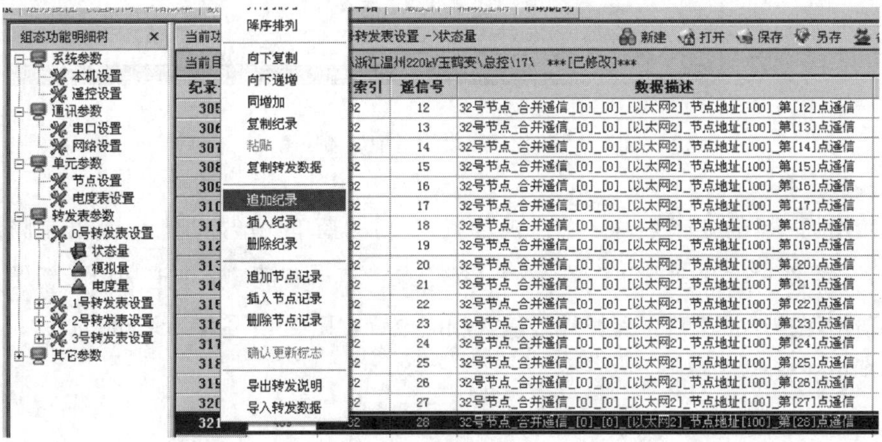

图 2-11　转发表中遥信量的增加

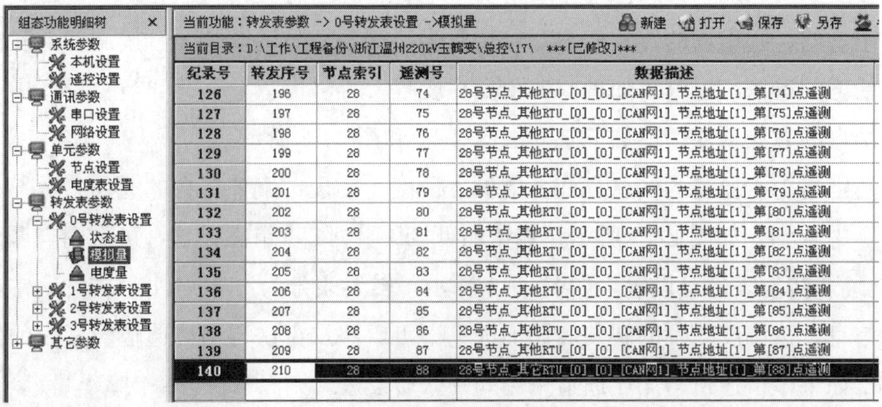

纪录号	转发序号	节点索引	遥测号	数据描述
126	196	28	74	28号节点_其他RTU_[0]_[0]_[CAN网1]_节点地址[1]_第[74]点遥测
127	197	28	75	28号节点_其他RTU_[0]_[0]_[CAN网1]_节点地址[1]_第[75]点遥测
128	198	28	76	28号节点_其他RTU_[0]_[0]_[CAN网1]_节点地址[1]_第[76]点遥测
129	199	28	77	28号节点_其他RTU_[0]_[0]_[CAN网1]_节点地址[1]_第[77]点遥测
130	200	28	78	28号节点_其他RTU_[0]_[0]_[CAN网1]_节点地址[1]_第[78]点遥测
131	201	28	79	28号节点_其他RTU_[0]_[0]_[CAN网1]_节点地址[1]_第[79]点遥测
132	202	28	80	28号节点_其他RTU_[0]_[0]_[CAN网1]_节点地址[1]_第[80]点遥测
133	203	28	81	28号节点_其他RTU_[0]_[0]_[CAN网1]_节点地址[1]_第[81]点遥测
134	204	28	82	28号节点_其他RTU_[0]_[0]_[CAN网1]_节点地址[1]_第[82]点遥测
135	205	28	83	28号节点_其他RTU_[0]_[0]_[CAN网1]_节点地址[1]_第[83]点遥测
136	206	28	84	28号节点_其他RTU_[0]_[0]_[CAN网1]_节点地址[1]_第[84]点遥测
137	207	28	85	28号节点_其他RTU_[0]_[0]_[CAN网1]_节点地址[1]_第[85]点遥测
138	208	28	86	28号节点_其他RTU_[0]_[0]_[CAN网1]_节点地址[1]_第[86]点遥测
139	209	28	87	28号节点_其他RTU_[0]_[0]_[CAN网1]_节点地址[1]_第[87]点遥测
140	210	28	88	28号节点_其它RTU_[0]_[0]_[CAN网1]_节点地址[1]_第[88]点遥测

图 2-12　转发表中模拟量的增加

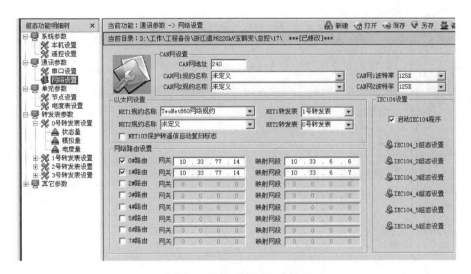

图 2-13　网络 104 的路由参数设置

序号	变量名称	变量类型	变量长度	变量当
0001	主站前置机IP1	短整数	4	[10], [33], [6], [6]
0002	主站前置机IP2	短整数	4	[0], [0], [0], [0]
0003	数据转发表号	字节类型	1	01H
0004	传送原因字节数（1或者2）	字节类型	1	02H
0005	ASDU公用地址字节数(1或者2)	字节类型	1	02H
0006	信息对象地址字节数（1，2或者3）	字节类型	1	03H
0007	遥信信息对象地址起始	字类型	1	0001H
0008	遥测信息对象地址起始	字类型	1	0701H
0009	遥控信息对象地址起始	字类型	1	0b01H
0010	遥脉信息对象地址起始	字类型	1	0c01H
0011	ASDU公用地址	字节类型	1	01H
0012	遥控命令类型（单点=0；双点=1）	字节类型	1	00H
0013	是否接受主站对时（不接受=0；接受=1）	字节类型	1	00H
0014	主站遥测满值是否32767(否=0；是=1)	字节类型	1	00H
0015	变化遥测阀值（对应2次值，建议小于10）	字类型	1	0001H
0016	遥控超时时间（单位：秒）	短整数	1	[30]
0017	ASDU公用地址是否有效	布尔值	1	TRUE
0018	遥测是否带品质字节	布尔值	1	TRUE

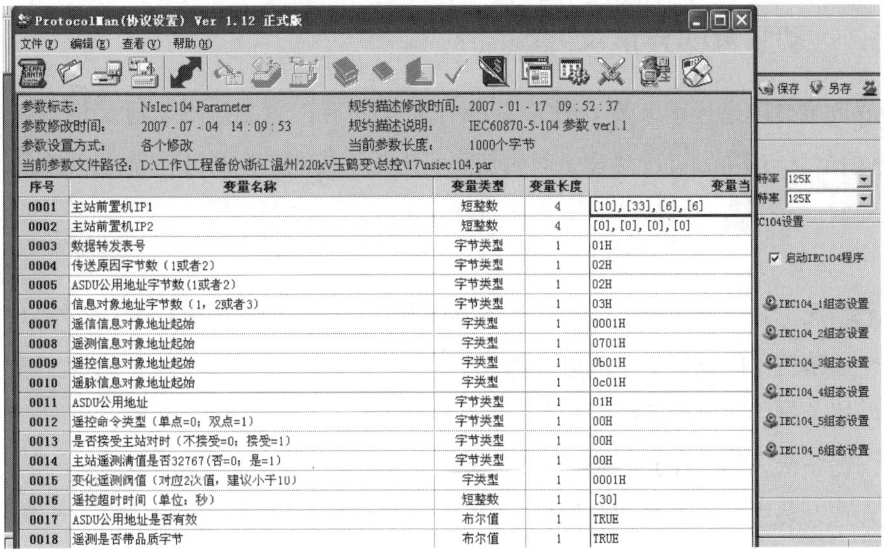

图 2-14　网络 104 的转发表设置主站地址设置

（7）总控参数下装。扩建间隔，新增点，修改点完成后点击“保存”按钮。将修改后的参数配置下载到总控中去，在 NSC tools 工具中点击组态下装。弹出的窗口中填写需下装的总控的 IP 地址及修改后参数所保存的目录，如图 2-15 所示。然后点击启动传输，待传送完毕后点击“退出”按钮。重启下装后的总控单元。待此总控单元重启完毕后，与调度核对数据正确后，再修改另外一台总控单元。（危险点注意：远动装置配置切不可 2 台同时修改，一定要保证在核对数据正确前至少有一台未被改动，如有一台故障，修复后再工作。）

图 2-15　总控参数下装、组态下装

五、远动装置的异常及处理

本章节主要讨论远动装置几种常见的异常及处理，主要包括"遥信信息与实际不符""遥测信息与实际不符""某一间隔信息不上送""遥控不成功""通道中断"等几个常见的异常。

（一）遥信信息与实际不符

一般情况下，可能引起"遥信信息与实际不符"的主要原因有：

（1）遥信所属间隔信号直流电源消失；

（2）遥信接入的电缆芯松脱；

（3）遥信接入的测控开入板件故障；

（4）远动装置配置未接入该信号；

（5）远动装置配置中将该信号取反。

当发生"遥信信息与实际不符"异常告警时，变电运检人员应即刻赶赴现场开展检查。迅速查明出现异常的间隔，检查异常产生的原因，分析判断是否存在误发信的可能。运检人员在开展现场检查时，一应结合监控告警信息分析引起异常的可能原因及范围；二应结合对告警信息的分析，开展有针对性地现场检查；三应对现场检查情况进行详细记录；四应在现场检查发现异常原因后，根据规程要求，开展允许范围的自行处置工作；五应将现场检查及处置情况及时向相关调度及上级管理部门汇报。

"遥信信息与实际不符"异常出现时，到现场首先应检查出现异常的间隔测控遥信电源是否正常；若正常则再对信号的电缆芯及端子排接线进行检查，是否有松动现象；

若均正常，则再查看现场实际信号与测控、后台、远动是否对应，若只与远动相反，则可确认为远动配置转发错误。

（二）遥测信息与实际不符

通常而言，可能引起"遥测信息与实际不符"的主要原因有：

（1）测控接入的遥测线序错误；

（2）远动配置转发的遥测顺序错误；

（3）远动配置转发的遥测系数错误。

"遥测信息与实际不符"异常出现时，到现场首先应检查出现异常的间隔测控装置上显示的遥测值是否与实际一致（可与保护、计量比较）；若一致则观察测控、后台、远动三者数据是否一致，远动数据错误则可判断为远动配置转发问题，再进一步查看远动配置参数可确认异常原因。

（三）某一间隔信息不上送

若某一间隔遥测、遥信信息均不上送，可能的主要原因为：

间隔测控装置通信中断；

间隔层交换机网口故障；

远动装置配置中对该间隔通信参数配置错误。

出现上述某一间隔信息不上送的情况时，首先到现场判断测控装置运行是否正常；若正常则再观察后台上间隔数据上送是否正常，若后台也无数据则可从后台 ping 间隔测控判断通信链路是否正常，不正常则要查看交换机运行工况；若后台数据正常，则判断为远动配置问题。

（四）遥控不成功

造成"遥控不成功"的原因有很多，主要有：

（1）控制回路断线、断路器分合闸闭锁等异常信号动作；

（2）把手远方/就地在就地位置；

（3）测控面板远方/就地在就地位置；

（4）测控装置通信中断；

（5）远动配置错误。

若遥控不成功，则需在现场先排查是否有"控制回路断线""断路器分合闸闭锁""弹簧未储能"等异常信号动作，若有则需检查异常信号产生的原因；若间隔无异常信号，仍然遥控不成功，则检查三级远方/就地状态（现场断路器机构、测控屏切换把手、测控面板），三者若有一级为就地状态，则闭锁遥控；若远方/就地状态均为远方，遥控仍然不成功，则需判断远动与装置通信状况（双网配置的变电站，部分厂家遥控报文只在 A 网传输，若 A 网故障而 B 网正常，装置信息仍能正常上送，但遥控报文无法下发）；若网络通信也正常，则需检查远动转发配置点位是否正确，是否存在漏配、误配的情况。

（五）通道中断

造成"通道中断"的原因主要有：

（1）串口/网络通信线缆故障；

（2）数据网设备故障；

（3）远动网络插件网口故障；

（4）远动运行异常。

某变电站 104 通道中断，现场首先应判断该远动装置运行是否正常，若异常则可能是远动进程异常；若装置正常，则需进一步判断其他 104 通道或 101 通道运行是否正常，若 104 通道全部中断，而 101 通道正常，则极有可能是远动装置 104 网线松动或网络插件网口故障；若仅仅有一路 104 通道中断，也不能排除是主站配置或者数据网设备的问题，需做深入检查处理。

六、远动装置的验收

（一）资料验收

出厂试验报告、合格证、图纸资料、技术说明书、装箱记录、开箱记录等齐全正确。

（二）装置外观及接线验收

（1）装置硬件配置检查：检查设备型号、外观、数量，核对是否满足项目合同所列的设备清单。

（2）装置安装质量检查：检查紧固螺丝与承重板是否牢固可靠。

（3）装置外观、按键、显示检查：外观清洁无破损，按键操作灵活正确，液晶显示清晰。

（4）装置外部接线及沿电缆敷设路径上的电缆标号检查：端子排的螺丝应紧固可靠，无严重积灰，无放电痕迹；接线应与图纸资料吻合，电缆标识应正确完整清晰。

（5）双通道硬件配置检查：检查双通道是否按要求接于不同设备。

（三）接地验收

（1）绝缘铜排所接设备检查：逻辑地（逻辑地、通信信号地）应接于绝缘铜排。

（2）非绝缘铜排所接设备检查：常规地（设备外壳、屏蔽层、电源接地等）应接于非绝缘铜排。

（四）工作电源验收

（1）供电电源检查：直流供电时两台远动分别来自直流屏的不同段母线；交流供电时，两台远动分别来自 UPS 屏的不同段母线；各路电源配置独立空开。

（2）供电回路检查：电源电缆带屏蔽层，电缆芯线截面积不小于 $2.5m^2$，无寄生回路，标识清晰，各回路对地及回路之间的绝缘阻值应不小于 $10M\Omega$。

（五）程序、软件验收

（1）程序版本检查：查看装置程序版本是否符合技术协议要求。

（2）看门狗软件检查：人工停止关键进程，进程能够自动恢复，并记录相关信息。

（3）配置维护软件检查：有专用维护软件，能正确上装、下装远动装置的配置程序，能查看各通道的实时数据及上下行报文。

（六）装置地址验收

装置地址检查：检查装置对下、对上地址设置是否正确，所设地址在网络白名单内。

（七）对时功能验收

对时功能检查：通过人工修改装置时间，装置能快速正确地更正时间，对时误差应小于 1ms。

（八）运行工况验收

装置面板及运行指示灯检查：面板与各指示灯显示正常，与说明书保持一致，符合技术协议要求。

（九）远动规约验收

（1）远动通信规约检查：检查远动支持的规约种类，并与标准技术协议比对，满足现场设备的接入要求。

（2）远动通信规约版本检查：检查远动支持的各种规约版本，并满足国网规定的相关要求。

（十）装置重启验收

（1）装置重启检查：重启远动装置，在数据接收完整前，远动暂时屏蔽上送各级调度，重启过程中无异常信号上送。

（2）远动自恢复检查：重启远动装置，能够自恢复，且恢复时间小于 5min。

（十一）装置缓存验收

缓存能力检查：最大缓存条目数大于 1000，应能查询最近发生的 300 条遥信变位（SOE）、20 条遥控记录。

（十二）数据传输验收

（1）遥测数据传送越死区功能检查：模拟遥测在死区内及死区外的变化，按调度要求合理设置死区值，遥测数据越死区功能正常。

（2）遥测数据过载能力检查：模拟传送超过正、负满度值的试验遥测量，过载数据能正常反映，无归零、无翻转且品质因数应为无效，并置溢出标志位。

（十三）远动数据品质验收

远动数据品质检查：关闭任一台测控装置，检查上送调度的该测控装置采集信息的品质位，远动传送主站的数据保留原值且带无效标志位。

（十四）各级主站通信验收

（1）与各级主站通道运行情况检查：与各级调度核对数据，检查通信报文，确认通道运行正常。

（2）与各级主站通信配置检查：登录远动装置，检查与各级主站通信配置参数正确。

（3）与各级主站转发表检查：与各级调度核对数据，校核转发表配置是否正确。

（4）通道切换功能检查：切换通道过程中，主通道故障时能够自动切换至备通道，通道切换时间小于30s；通道切换前和通道切换过程中，发生的变化遥信上送调度不漏发、不多发。

（5）远方遥控功能切换检查：远方遥控退出时能正确屏蔽远方遥控命令。

（十五）装置异常告警验收

（1）装置失电告警检查：轮流关闭装置电源，检查各级监控的远动装置失电告警信号响应是否正确及时。

（2）装置异常告警检查：模拟装置异常现象，检查各级监控的远动装置异常告警信号响应是否正确及时。

（3）装置通信告警检查：人工中断远动装置与站控层设备的网络连接，网络故障后，主站端3min内响应通信中断告警信息。

第五节　网络安全监测装置

一、电力系统网络安全简介

当前，网络安全事件频发网络安全形势日益严峻，针对电力监控系统（电力二次系统）的网络攻击行为时有发生，工业控制系统网络安全已成为全球各国政府、企业关注的焦点，电力系统也已成为敌对势力渗透攻击的重要目标。

加快电力系统网络安全管理体系建设，电力监控系统网络安全监测装置是其中重要的组成部分。装置主要应用于变电站和电厂侧，实现对网络安全事件的监视与管理，对厂站涉网部分主机设备、网络设备、通用及专用安防设备的监视与告警。能够实时掌握厂站内部涉网主机的外设接入、网络设备接入、人员登录等安全事件。将电力监控系统安全防护体系由边界防护向纵深防御发展，实现对主机设备、网络设备、安防设备等的实时告警与运行状态在线监测。

各级调控机构、厂站运维单位和发电企业在管理和技术层面存在大量亟待解决的问题，主要表现在：调控机构存在内网安全监视范围未实现网络空间的全覆盖、现场运维安全管理不到位、移动介质和设备接入管理不严格等问题；变电站存在网络设备管理不严、安全防护策略配置不当等问题。为了有效支撑电力监控系统网络安全建设，针对电力监控系统网络安全监管技术进行深入研究，进一步提升系统安全防护水平，保障电网安全稳定运行。

通过研究电力监控系统网络安全态势感知技术，提升对电力监控系统网络安全事件的监视、分析、审计以及态势感知能力，构建一体化网络安全监管体系；通过研究电力监控系统的安全事件全采集与实时监视技术，实现对各类安全事件的实时发现；通过研究电力监控系统网络安全主动探测技术，增强安全监管的深度和广度；利用电力监控系统威胁模型构建及态势感知技术，实现对安全事件的精确定位和攻击溯源，并形成适用于电力监控系统的态势感知方案。本项目的研究成果有助于电力监控系统安全防护体系由边界防护向纵深防御发展，实现对主机设备、网络设备、安防设备等的实时告警与运行状态的在线监测，以达到从静态布防向实时管控的转变，实现外部侵入有效阻断、外力干扰有效隔离、内部介入有效遏制、安全风险有效管控。研究成果将应用于电网调度控制系统、厂站监控系统、配电自动化系统和负荷控制系统等电力监控系统网络安全事件的集中监视，并进一步建立核查、监视、分析、审计等网络安全综合管控功能，形成一套完整的系统即"网络安全管理平台"，来保障电力监控系统网络安全。

通过现有安全防护体系的资源利用、网络安全监测装置的数据采集、网络安全管理平台的协同布防，提升了电力监控系统的安全防护水平，使得对电力监控系统安全防护事件的阻断更加高效、可靠、可审计、可追溯，为电力监控系统的后续发展提供了安全保障。网络安全管理平台与网络安全监测装置通过在主站部署网络安全管理平台，并在厂站部署网络安全监测装置，实时监测调度主站及厂站电力监控系统服务器、工作站、网络设备、安全防护设备等各类设备的网络安全状况，严格管控外部网络访问、外部设备接入、用户登录、人员操作等各类事件，实现了网络空间安全的实时监控和有效管理。

二、变电站端网络安全监测设备具体配置

（一）变电站端网络安全监测装置网络拓扑

如图 2-16 所示，ISG3000 网络安全监测装置部署于厂站端，当厂站Ⅰ、Ⅱ区有防火墙时（即Ⅰ、Ⅱ区连通），只在Ⅱ区部署一台；当Ⅰ、Ⅱ区不通时，Ⅰ、Ⅱ区各部署一台。

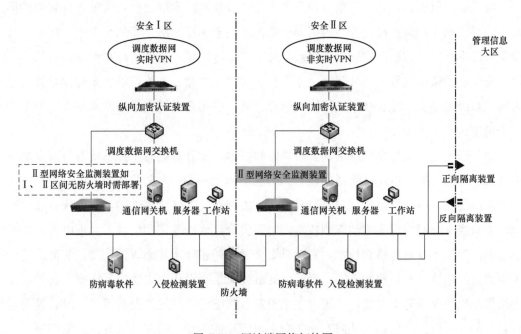

图 2-16　厂站端网络拓扑图

ISG3000 网络安全监测装置需同时接入站控层 A、B 网内，保证与 A、B 网内所有设备互联互通。

（二）变电站端网络安全监测装置版本查看与升级

查看版本方法：cd /usr/local/isg3000/bin 执行. /version。

生产日期在 2018 年 12 月份之后，且备件箱中有 3 个 UKEY。

设备拆箱后备件盒中有 3 个 UKEY，分别为 sysadm，logadm，空白 UKEY。若 UKEY 丢失设备无法调试。

浙江地区网安装置出厂都非浙江要求版本需升级，浙江地区网安 2019 年出厂基本上为 Cenos 系统内核，升级按 Cenos 方法升级。进入后台查看系统版本来区分升级方法升级包。

后台用户名 secadm 密码 Nari. 6712。

（三）初始化系统管理员和日志审计员账户

1. 初次登入运行 ISG3000 客户端程序

初次运行客户端会弹出初始化化选
项→点击→初始化选项，见图 2-17。

2. 初始化系统管理员

将 sysadm UKEY 插入装置正面接
口→点击→系统管理员选项，见图 2-18。

图 2-17 初次运行客户端的提示界面

点击确定之后界面要求输入账户名、密码和 PING 码，见图 2-19。

图 2-18 选择系统管理员

图 2-19 选择确认

例子：用户名：sysadm 密码：Nari6702 PING 码：Nari6702。

操作完成后拔掉 sysadm UKEY。

3. 初始化日志审计员

将 logadm UKEY 插入装置正面接口→点击→日志审计员选项，见图 2-20 和图 2-21。

点击确定之后界面是要求输入账户名、密码和 PING 码，见图 2-22。

图 2-20 选择日志审核员（1）

图 2-21 选择日志审核员（2）

图 2-22 选择日志审核员（3）

例：用户名：logadm 密码：Nari6702 PING 码：Nari6702。

操作完成后拔掉 sysadm UKEY。

（四）运维账户创建及添加对上网络白名单

登入运行 ISG3000 客户端程序（将 sysadm UKEY 插入装置正面接口），见图 2-23。

图 2-23 运维账户创建（1）

输入账户密码登入会要求修改密码，新旧密码还是 Nari6702，见图 2-24。

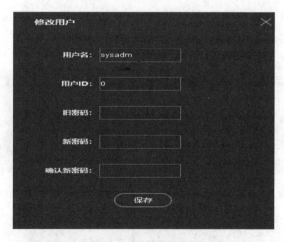

图 2-24 运维账户创建（2）

重新登入客户端：

进入登录界面：系统管理员（角色：系统管理员、用户名：sysadm、密码：Nari6702、ping 码：Nari6702），见图 2-25。

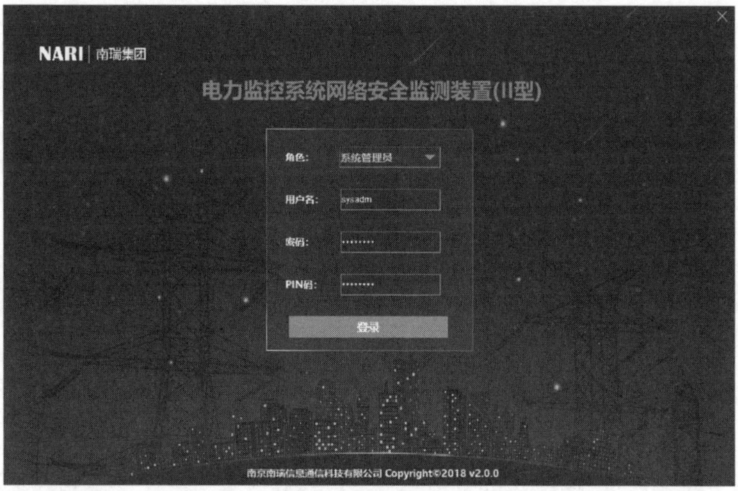

图 2-25 运维账户创建（3）

若上述生成的用户及密码 ukey 插入错误，生成错误，需要重新做如下操作：

cd /usr/local/isg3000/etc

Cd conf/

Rm-rf account. txt

Rm-rf . pwd. old

setenforce 0

Rm-rf . account. txt

reboot

白名单添加，在白名单管理中将主站平台地址加入。注：此处白名单为主站远程白名单，未添加主站不能远程。

生成运维用户证书请求（运维用户证书与装置证书是两种不同的概念并有不同的作用，运维用户证书是用来配合空白 UKEY，新增运维用户账号的。可以自己签发也可以由主站签发。装置证书是用来与主站通信的并且必须由主站签发）点击生成证书请求前，先将 sysadm UKEY 拔出，将空白 UKEY 插入点击生成证书请求→输入信息→保存证书请求（此处空白 UKEY 不需要拔出），将生成的证书请求用证书签发工具签发，见图 2-26。

新增运维用户（角色：运维、用户名：opadm、密码 Nari6702、ping 码：Nari6702）（注：用户类型选择运维用户）

至此新增运维用户完成，空白 UEKY 为 opadm 运维用户 UKEY。

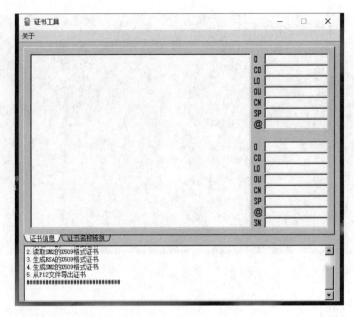

图 2-26 证书签发

（五）装置配置

（1）运维用户＋运维 UKEY 登入客户端。

装置管理-证书管理：

生成装置证书请求（该步骤可在运维用户登入后马上操作，将证书请求发送至主站签发），生成页面如下除了 pin 码以外其他填写不影响证书生成，生成的证书格式如下。

国家名：GD

本地名：LS

企业名：QK

组织名：GDD

PING 码：将主站签发好的装置导入装置-证书向导-装置证书-数字证书-完成。

导入平台证书：需先导入 CA 证书，再导入平台证书。

主站有 CA 证书，用主站 CA 证书。

主站不提供 CA 证书请用我发的 CA 证书。

例如主站两个平台地址，需平台证书复制成两个，分别命名为两个平台地址，两个证书导入装置，几个平台地址就几个证书一一对应。

500kV 接入省调和华东地区的，要先导入 CA 证书，然后导入省调证书。然后删除 CA 证书，然后再把华东地区证书用 CA 证书方式导入。

装置管理-装置监视-装置 Agent 配置-本机信息-配置中修改装置 IP、名称、对下网络白名单，服务白名单（在本机信息配置界面中有时间戳开关，根据现场如无对时装置请设关闭，如图 2-27 所示）。

注：所有与网安连接的 IP 都需要在此处添加白名单（后台地址段，主站平台地址，调试地址，网安要添加 127.0.0.1 白名单）。

每条记录格式为"协议号（tcp/udp），远端 IP 地址（0 表示不限），远端端口（0 表示不限）"，可多条；

远端 IP 地址和远端端口均可以是单个值，也可以是一个范围，当设置成范围时，采用"-"隔开，如 192.168.0.1-192.168.0.110；

如果段地址不生效，需要单独写白名单地址。

白名单格式如：tcp，192.168.0.1，0。

端口白名单例如：6702，sshctl 4433，mgmt. 4434，datamgmt 514，syslog。

时间戳关闭配置：220kV 变电站必须对时；110kV 及以下变电站不用对时，同时关闭时间戳校验功能。

装置名称统一改为"××变监测装置"，设置装置厂商如"南瑞信通"。

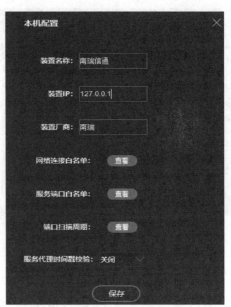

图 2-27　本机配置

装置管理-网络管理网口参数添加分配的数据网 IP 地址，站控层 IP 地址，路由参数添加主站平台至网安路由。

装置管理-参数管理（一般不用改）：

装置管理-资产管理　添加防火墙，监控主机，交换机 IP 地址等信息，交换机需要问交换机厂家读写团体名，一般读：public 写：private 南瑞继保读写都是 public。

点击"装置管理→资产管理"，进入页面。该配置界面完成交换机、服务器与工作站、防火墙、隔离装置和监测装置等采集对象接入配置，Mac 地址可自动获取，以实现设备信息采集。

监测装置要采集的设备对象，应符合国家电网公司《电力监控系统网络安全监测装置技术规范》要求，不符合规范要求的信息将无法被监测装置采集并上报平台。

注意：监控后台主机应装载网络安全监测装置证书。

（2）交换机。交换机信息采用 SNMP 和 SNMP TRAP 两种方式：

1）被动接收交换机 SNMP TRAP 日志信息；

2）主动使用 SNMP 读取交换机信息。

如图 2-28 所示，交换机应按照《电力监控系统网络安全监测装置技术规范》要求，重新制定 MIB 库内容。在现场调试时，请确认交换机应配置 TRAP 地址为监测装置地址，并保证监测装置内交换机资产的 SNMP V2C/V3 相关配置均无问题。

（3）安防设备，见图 2-29。

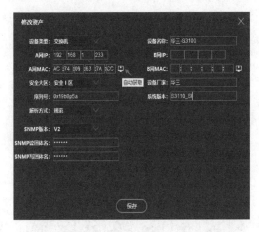

图 2-28　交换机资产配置界面

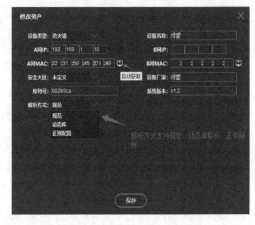

图 2-29　安防设备资产配置界面

防火墙、网络安全隔离装置、纵向加密装置和入侵防御/检测装置采用标准：SYSLOG 协议，日志内容格式应符合《电力监控系统网络安全监测装置技术规范》。

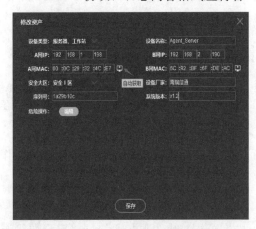

图 2-30　主机资产配置界面

（4）主机。服务器和工作站部署 agent 代理程序，通过私有规范进行信息采集。

点击主机资产配置中的配置按钮，配置主机的危险操作信息，如图 2-30 所示。

服务器、工作站设备和监测装置可以配置危险操作。

添加/修改资产：

点击"新增/修改"按钮，添加或修改一条资产信息，如图 2-31 所示。

设备名称、MAC 地址、序列号、设备厂家和版本信息为标识性数据，装置不做合法性校验。解析方式默认为规范，如图 2-32 所示。

图 2-31　资产添加配置界面

（主机和防火墙配置界面一致）

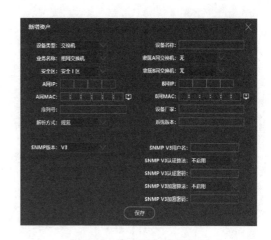

图 2-32　资产添加配置界面

注意：网络安全监测装置本身应作为设备资产添加，IP 地址应配置为 127.0.0.1 也可设为后台厂家分配的站控层 IP。

（5）删除资产。选择待删除的资产，点击"删除"按钮删除资产信息。

（6）资产导入/导出。点击"导入/导出"按钮，恢复和备份资产信息。

（7）资产信息筛选。点击确定按钮，可根据安全大区、设备类型、关键字进行筛选。

（8）MAC 自动更新。点击 MAC 更新按钮，更新资产中的 MAC 地址。

以添加一个交换机资产作为范例，设备类型选择交换机、设备名称写该设备承担的作用（如：A 网汇聚实时交换机），A 网地址写该交换机的 A 网地址、若有 B 网地址写 B 网地址（没有 B 网地址可不填）、A 网 MAC 写该交换机的 MAC 地址（若综合自动化厂家/工程服务人员无法查看或无法得知可自动获取）、B 网 MAC 类似。

资产所在安全大区、序列号、系统版本、SNMP 版本及认证密码、加密密码，请协调交换机厂家/工程服务人员提供。图 2-33 所示为参考、点击保存后完成资产添加。

（9）通信参数管理。装置管理，通信管理（一般不用改）。

配置事件参数：

工作站服务器采集端口：8080；

网络设备 snmp trap 端口：162；

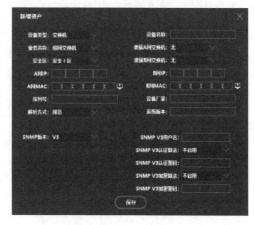

图 2-33　新增交换机资产界面

安防设备数据采集端口：514；

服务代理端口：8801。

NTP、通信参数设置：装置管理→参数管理。

配置 NTP 参数：

NTP 时钟地址：现场后台厂家提供；

NTP 端口号：123；

NTP 对时周期：30；

对时模式：广播（建议广播）。

平台参数设置：装置管理→参数管理。

配置平台参数：

省调平台地址（事件上传端口 8800、权限 15、组 1，保留 0）；

地调第一接入网地址（事件上传端口 8800、权限 15、组 1，保留 0）；

地调第二接入网地址（事件上传端口 8800、权限 15、组 1，保留 0）。

注：110kV 根据主站要求接入 2 个平台但只需要 1 个平台接收告警，2 个平台分为同组部分优选级，若分 2 个不同组代表主站两个平台同时接收告警（图例为两个平台同时接收告警）。

装置监视平台地址通信异常原因分析：

平台 IP 地址未与证书一一对应，因各地区不同，若省略路由不在线，改为明细路由。反之亦然。

场站加密配置问题：如卫士通加密的策略主站与场站顺序需一样才生效装置白名单未添加 8800 端口。

装置管理-规则管理：规则管理中 6 种类型设备，根据现场客户需求将一些不需要上传的告警信息，在上传选项中选择否。

（10）完成装置基本配置。服务器工作站规则需将主机存在光驱告警改为不上传；若现场无法对时，在监测装置规则中将对时异常改为不上传。

（11）监测装置调试。特别说明：主站签发好的证书要拷贝给后台厂家，后台厂家导入至 Agent 中，关闭时间戳校验开关具备上述条件后主站才能远程添加后台主机白名单。（有些厂家 agent 不支持此项功能）

三、网络安全监测装置的验收

网络安全监测相关设备版本及现场作业指导书验收见表 2-11。

表 2-11　　　　　　　网络安全监测相关设备版本及现场作业指导书验收

序号	验收主要项目（含基本数据抄录）		验收标准或要求
1	Agent 及操作系统	操作系统版本号：Windows Agent 版本号：	必须与省公司发布的版本号完全一致，如不符合版本管理要求，现场工作负责人拒绝施工
2	网络安全监测装置	型号：CSD-1371 版本号：V1.2	必须与省公司发布的型号及版本号完全一致，如不符合版本管理要求，现场工作负责人拒绝施工
3	交换机	型号：CSC-187Z 版本号：V2.37	必须与省公司发布的型号及版本号完全一致，如不符合版本管理要求，现场工作负责人拒绝施工
4	防火墙	型号：NFNX3-G2100M 版本号：6.03.23.51	必须与省公司发布的型号及版本号完全一致，如不符合版本管理要求，现场工作负责人拒绝施工
5	监控系统 Agent 作业指导书		施工现场必须有经过审核的施工作业指导书，作业指导书必须规范化、标准化
6	网络安全监测装置作业指导书		施工现场必须有经过审核的施工作业指导书，作业指导书必须规范化、标准化
7	交换机作业指导书		施工现场必须有经过审核的施工作业指导书，作业指导书必须规范化、标准化
8	防火墙作业指导书		施工现场必须有经过审核的施工作业指导书，作业指导书必须规范化、标准化

网络安全监测相关设备现场工艺验收表见表 2-12。

表 2-12　　　　　　　网络安全监测相关设备现场工艺验收表

序号	验收主要项目	验收标准或要求
1	装置接口检查（网络安全监测装置、交换机、防火墙）	电源接线、网线等连接应牢固、可靠、无松动，接线正确
		电缆标牌制作美观，标识齐全、清晰
		通信网络接头制作工艺符合要求
		通信网线标牌正确、清晰
2	装置接地检查	装置外壳可靠接地，接地线和接地点符合规范要求
		电缆屏蔽层可靠接地
3	电源回路检查	电源空开与主机实际接入要求一致
		双电源应接自不同的直流电源设备
		电源空开级差符合要求
		双电源切换检查
4	对时检查	同步时钟对时检查，220kV 变电站必须按要求均接入 B 码对时；110kV 变电站根据现场 GPS 装置的实际情况接入

网络安全监测装置（简称"装置"）功能验收表见表 2-13。

表 2-13   网络安全监测装置（简称"装置"）功能验收表

序号	验收主要项目	验收标准或要求
1	登陆成功	登录装置，通过管理平台能够查看登录信息
2	退出登录	退出装置，通过管理平台能够查看退出信息
3	登录失败	输入错误登录信息，通过管理平台能够查看登录失败事件
4	装置电源故障	装置单电源运行，通过管理平台能够查看到设备单电源故障事件记录
5	USB 设备插入（U 盘）	插入 U 盘，在装置人机界面及管理平台查看是否有装置 USB 接入告警产生
6	USB 设备拔出	拔出 U 盘和无线网卡设备，在装置人机界面及管理平台查看是否有装置 USB 拔出告警产生

Agent 功能验收见表 2-14。

表 2-14   Agent 功能验收

序号	验收主要项目	验收标准或要求
1	Agent 网络白名单设置	1. 监控系统按网段设置白名单； 2. 监控系统双网须同时设置 AB 网白名单
2	登录失败	主机类设备输入错误登录密码达到规定次数，装置人机界面记录及主站端管理平台告警均正确
3	USB 设备插入（U 盘）	插入 U 盘，在装置人机界面及管理平台查看是否有装置 USB 接入（U 盘）告警记录
4	USB 设备拔出	拔出 U 盘在装置人机界面及管理平台查看是否有装置 USB 拔出告警产生
5	网络外联事件	业务主机以任意方式外联 IP 地址不在外联白名单内的设备，在装置人机界面及管理平台查看是否有网络外联告警产生
6	开放非法端口	通过给端口白名单添加网段或通过告警抑制的方式，在产生开放非法端口告警时，不应在装置查看到业务主机开放非法端口告警
7	导入装置证书	应检查调试时，主机上是否导入装置，并开启验签功能（或者没有配置项，默认强制验签）

交换机功能验收见表 2-15。

表 2-15   交换机功能验收

序号	验收主要项目	验收标准或要求
1	配置变更	修改交换机配置，装置人机界面记录及主站端管理平台告警均正确
2	修改用户名密码	修改交换机用户名密码，装置人机界面记录及主站端管理平台告警均正确
3	登录失败	以任意方式登录失败，在装置人机界面及管理平台查看是否有交换机登录失败告警产生
4	网口 down	拔出交换机除互联装置外的其他网口，到网口灯灭，在装置人机界面及管理平台查看是否有交换机网口 down 告警产生
5	交换机离线	拔出交换机与装置采集互联网口，在装置人机界面及管理平台查看是否有交换机离线告警产生

序号	验收主要项目	验收标准或要求
6	交换机上线	重新连接交换机与装置采集网口，在装置人机界面及管理平台查看是否有交换机上线告警产生

防火墙功能验收见表 2-16。

表 2-16 防火墙功能验收

序号	验收主要项目	验收标准或要求
1	修改策略	修改防火墙策略，装置人机界面记录及主站端管理平台告警均正确
2	攻击告警	触发防火墙攻击告警，在装置人机界面及管理平台查看是否有防火墙攻击告警产生
3	防火墙上线	连接防火墙与装置采集网口，1分钟内在装置人机界面及管理平台查看是否有防火墙上线告警产生
4	防火墙下线	拔出防火墙与装置采集网口，在防火墙离线判定时间内（由各家装置而定）在装置人机界面及管理平台查看是否有防火墙离线告警产生
5	UDP 控制策略	修改防火墙配置策略，允许 UDP 协议报文列入白名单，正常的 UDP 协议报文不告警

平台双平面告警上送与远程管控功能验收见表 2-17。

表 2-17 平台双平面告警上送与远程管控功能验收

序号	验收主要项目	验收标准或要求
1	双平面告警接收	1. 装置上线后，通过平台查看是否双平面均建立并维护连接； 2. 通过交换机或防火墙产生告警事件，通过平台查看装置是否只由单个平面上传； 3. 拔出活跃平面网线，并触发告警，通过平台查看是否能顺利接收告警； 4. 插入网线，并触发告警，通过平台查看装置是否不会切换平面发送告警（正常情况下，联络恢复后不做通道切换）
2	告警级别更改	更改装置自身非法外联告警级别为"重要"，在装置测触发非法外联告警，在平台界面查看告警级别是否已被修改
3	远程调阅装置	平台分别从第一平面和第二平面分别调阅装置告警数据和装置配置信息
4	远程修改监测配置	平台分别从第一平面和第二平面分别修改装置配置的白名单 IP 和端口
5	远程修改装置的平台 IP 分组和增加通信 IP	平台分别从第一平面和第二平面分别修改装置的平台 IP 分组
6	远程修改装置的外联白名单	平台分别从第一平面和第二平面分别修改装置的外联白名单
7	远程修改装置的服务端口白名单	以添加段的方式修改装置的服务端口白名单
8	远程修改业务主机的外联白名单	通过平台开展增、删、改、查业务主机的外联白名单测试
9	远程修改业务主机的服务端口白名单	通过平台开展增、删、改、查业务主机服务端口白名单

第六节 其他自动化设备

一、监控系统 UPS 装置

220kV 变电站在高压输电网系统中起着重要的作用，其运行的可靠性关系到所属区域电网的供电安全。220kV 变电站的 UPS 系统为变电站的监控、信号、计量、继电保护、自动装置及火灾报警系统等提供可靠稳定、不间断的高质量电源，是变电站的关键电源设备。220kV 变电站 UPS 系统配置充分考虑了正常及事故运行方式，为变电站重要负载提供了可靠、稳定的电源。变电站运维人员需要全面掌握其工作原理，严格按照设备运行规定的要求做好其维护工作，尤其在异常事故发生时，应该采取正确的处理方案解决问题，确保变电站 UPS 系统运行稳定，为 220kV 变电站的安全运行提供有力支撑。

（一）UPS 系统配置

220kV 变电站 UPS 电源系统包括 UPS 电源、外部电源输入、交流电源输出、数字计量、装置屏柜及安装辅助设施等。UPS 电源由整流器、逆变器、输入/输出隔离变压器、旁路隔离变压器、手动维修旁路开关、内置避雷器、监控器、通信接口、保护电器等元器件组成。由于 220kV 变电站均配置独立的直流电源系统，配套直流蓄电池组，因此 UPS 电源的直流输入取自变电站内的直流系统，UPS 电源系统无需配置专用的直流蓄电池组。通常情况下 220kV 变电站设有两套 UPS 电源，分别对变电站内重要负载提供不间断交流电源。UPS 交直流逆变电源柜包括两套逆变电源装置，每套装置都有两个独立的空开，分别作为逆变电源装置的直流 220V 电源和交流 220V 电源输入。直流电源由变电站内直流主屏提供，交流电源由所用电低压配电屏提供，其交流输入电源和直流输入电源应分别取自不同的站用变电源和不同的蓄电池组，而且一套逆变电源的交流输入电源取自 A 相，则另一套逆变电源的交流输入电源取自 C 相。从而确保两套电源的独立性，起到互为备用的作用，提高 UPS 电源的可靠性。

（二）UPS 系统日常运维和巡视

220kV 变电站 UPS 电源系统采用交直流互为备用的运行方式，该运行方式下站用交流电和逆变电源输出的交流电互为备用，即当站用电断电时，系统将自动迅速由直流经过逆变器。

逆变后给变电站综自系统或集控系统等负载供电；若直流 220V 电源断电或者逆变器自身故障时，将自动切换由站用电给变电站综自系统或集控系统等负载供电，这种互为热备用供电方式大大提高了供电的可靠性。为了防止变电站交流电源串入直流系统，正常运行时由直流经过逆变器逆变后给变电站重要负载供电；逆变器交流输入空气开关断开。

对 UPS 电源系统的日常运行维护工作中，需要检查以下设备情况：①UPS 主机是否正常工作，运行指示灯是否正常点亮，液晶屏显示是否正常；②检查 UPS 屏上的馈线空开位置是否正常投入，各空开指示灯是否正常点亮；③检查 UPS 屏内设备温度，定期进行红外测温，排查设备发热问题等。

（三）UPS 系统的异常及处理

根据实际运行经验，UPS 电源系统在运行中可能出现的故障有输出过载、输出短路、交流电压畸变严重或电压不稳、直流输入欠压、直流输入过压、逆变器故障等。日常巡视中若发现逆变电源不是处在逆变工作状态时，应及时采取措施，恢复正常的逆变工作状态。

（1）输出过载。UPS 系统在运行中出现过载或由于站用电失压导致 UPS 自动切换出现过载时，过载指示灯亮，逆变器输出过载保护动作关闭输出，中断对负载供电；此时应切除过载 UPS 系统的综自系统全部或部分负载，并关闭 UPS 复位过载指示灯后，重启 UPS 后逐一恢复综自系统负载运行。运行中 UPS 总负载不得超过综自系统的总容量，由于计算机、工控机为非线性负载，启动时有较大的冲击负荷，UPS 运行中应降额使用。严禁在满载时突然切断所有负载，否则容易造成过电压、过载而无法启动 UPS。

（2）输出短路。UPS 系统在运行中出现输出回路短路时，输出短路故障指示灯亮，逆变器输出短路保护动作关闭输出；此时应对综自系统负载回路进行检查，隔离故障点后关闭 UPS 复位输出短路保护，重启 UPS 后逐一恢复综自系统负载运行。在综自系统负载回路上进行工作，应严防造成短路；运行中应定期清扫综自系统负载回路，加强防尘防潮工作。

（3）交流电压畸变严重或电压不稳。在交直流互备运行方式下，若站用电因故障出现电压畸变严重或电压不稳，出现"旁路""逆变"指示灯来回跳动现象时，应断开交流输入空气开关，将 UPS 切至由直流经过逆变器逆变后给变电站综自系统或集控系统负载供电，以免影响负载的不间断供电。同时查明用电故障原因，尽快恢复所用电运行。严禁将柴油发电机作为交流旁路输入使用。

（4）直流输入欠压。运行中 UPS 系统具备直流输入欠压保护功能，当输入直流电压低于 180V 时逆变电源将自动关闭，同时电池电压异常指示灯常亮（或欠压指示灯常亮），当直流输入电压恢复至 200V 或以上时，UPS 自行启动，自动恢复输出。运行中 UPS 出现直流输入欠压时，应检查 UPS 是否自动切换至旁路运行，若未切换应手动切换至旁路运行，确保 UPS 不中断综自系统负载供电，同时查明欠压原因，是否由于 UPS 直流输入空开跳闸或直流母线电压是否过低，尽快恢复 UPS 直流输入电压。

（5）直流输入过压。运行中 UPS 系统具备直流输入过压保护功能，当直流电压高于 280V 时，逆变电源将过压保护，此时直流电压异常指示灯闪烁（或过压指示灯常亮），同时交流输出将关闭。当直流输入电压恢复正常时，UPS 自行启动，自动恢复输出。运行中 UPS 出现直流输入过压时，应检查 UPS 是否自动切换至旁路运行，若未切换应手动切换至旁路运行，确保 UPS 不中断综自系统负载供电，同时调整直流母线电压。

（6）逆变器故障。运行中 UPS 逆变器故障有可能是由于过热或本身元件故障引起。逆变器具有过热保护功能，当 UPS 机箱内温度超过 75℃时，输出将自动关闭，机箱内温度恢复正常时输出将自动恢复；当机内温度超过 50℃时风扇不运转，表明风扇故障，需立即处理。UPS 逆变器故障发生时，应检查 UPS 是否自动切换至旁路运行，若未切换应手动切换至旁路运行，确保 UPS 不中断对重要负载供电，之后再处理 UPS 装置故障。故障处理完成后，再恢复 UPS 系统的正常运行方式。

二、电力系统同步相量测量单元（PMU）应用和维护

通常电网的稳定按性质可分为三种：功角稳定、电压稳定和频率稳定。其中功角稳定是最直接的判断方式和重要参数。其中母线电压相量及发电机功角状况是系统运行的主要状态变量，是监视整个电网及其电气设备稳定运行的主要判据，而为了将相量测量系统子站测量到的实时数据传送到主站，以供分析、监测等功能。同步相量测量单元 PMU 是电力调度通信实现在线监控与调度的重要测量部件。然而，回顾 PMU 装置运行情况，却不容乐观，严重影响了电网可靠运行，给电网安全带来了极大风险。切实提升 PMU 装置的稳定性和可靠性，提高电网的动态监视水平，保证电网安全稳定运行。

广域测量系统（WAMS）是一种新型的电网监控系统，主要用于监测电力系统动态运行情况。相较于传统的 SCADA 系统，WAMS 通过 GPS 统一授时，为电网内不同测量点提供同步参考时标并进行相量数据的同步采集，从而实现电网运行动态监视。同步相量测量装置 PMU 是 WAMS 的基本单元，是用于进行同步相量的测量和输出以及进行动态记录的装置，利用 PMU 可改善对系统稳态情况的监测性能和进行状态估计。PMU 的核心特征包括基于标准时钟信号的同步相量测量、失去标准时钟的守时能力、PMU 与主站之间能够实时通信并遵循有关通信协议。

（一）同步相量测量装置配置

PMU 通过传感器采集电力信号，经滤波器滤除谐波干扰，GPS 模块产生秒/脉冲

（PPS，即每秒 1 个脉冲），和频率跟踪与测量环节合成异地同步采样脉冲序列，AD 转换器接收到采用脉冲后触发模数转换，在微处理器中进行数据计算处理并设定时钟标刻，发送至数据中心。

提升同步相量测量单元装置的稳定性和可靠性，提高电网的动态监视水平，保证电网安全稳定运行。总体而言同步相量测量单元 PMU 装置对电网安全监测具有重要意义：

（1）同步相量测量单元 PMU 是电网广域功角与相量测量系统 WAMS 系统的基础；

（2）同步相量测量单元 PMU 可为电网的安全提供丰富的数据源；

（3）正常运行的实时监测数据；

（4）小扰动情况下的离线数据记录；

（5）大扰动情况下的录波数据记录。

我们可以充分利用同步相量测量单元 PMU 动态数据的特点，发挥同步相量测量单元 PMU 的作用：

（1）进行快速的故障分析。在同步相量测量单元 PMU 系统实施以前，对广域范围内的故障事故分析，由于不同地区的时标问题，进行故障分析时，迅速地寻找故障点分析事故原因比较困难，需要投入较大的人力物力。通过 PMU 实时记录的带有精确时标的波形数据对事故的分析提供有力的保障。同时通过其实时信息，可实现在线判断电网中发生的各种故障以及复杂故障的起源和发生过程，辅助调度员处理故障；给出引起大量报警的根本原因，实现智能告警。

（2）对电网的低频振荡进行捕捉。同步测量系统中的 PMU 设备有一个重要功能便是低频振荡的捕捉功能。传统的系统中具备 SCADA 分析功能，但是它只能捕捉秒级的低频振荡，很难稳定的捕捉到系统的总振荡状况。但是 PMU 具备高速获取信息的功能，可以达到每秒发送 100Hz 的通信速度。

（3）对发电机攻角进行测量。发电机功角是发电机转子内电势与定子端电压或电网参考点母线电压正序相量之间的夹角，是表征电力系统安全稳定运行的重要状态变量之一，是电网扰动、振荡和失稳轨迹的重要记录数据。

（4）分析发电机组的动态特性及安全裕度分析。通过 PMU 装置高速采集的发电机组励磁电压、励磁电流、气门开度信号、AGC 控制信号、PSS 控制信号等，可分析出发电机组的动态调频特性，进行发电机的安全裕度分析，为分析发电机的动态过程提供依据。监测发电机进相、欠励、过励等运行工况，异常时报警。绘制发电机运行极限图，根据实时测量数据确定发电机的运行点，实时计算发电机运行裕度，在异常运行时告警。

（5）构建广域保护系统。

（二）PMU 装置日常运维和巡视

1. 同步相量装置的日常巡视

为规范相量测量装置（PMU）管理，提高电网动态监测水平，我们有必要对相量测量装置（PMU）进行日常巡视，本文将以北京四方的同步相量测量单元 PMU 装置巡视为例，提出故障现象关键点和简单的检查处理方法。其他厂家的故障现象关键点和简单的检查测试方法都类似，日常巡视可以参照执行。北京四方的相量测量装置巡视关键点：

（1）同步相量测量单元监测点；

（2）装置面板指示灯状态；

（3）运行监视界面显示状态；

（4）接入量信息确认；

（5）通信、对时状态；

（6）时钟同步系统的维护。

同步相量是一段时间段内的把所有的信号当做采样时的标准，经过把采样的数字进行运算得到的相量叫做同步相量。所以，每个点上的相量相互之间有着固定的一致的相位存在。这就让异地的信号能够在一样的时间上进行对比。我们可以计算出在 50Hz 的信号，时间误差增加 $1\mu s$，相位误差增加 0.018 度，时间误差增加 1ms，相位误差增加 18 度。所以时标的准确性非常重要。我们需要认真维护好同步相量测量单元（子站）PMU 的时钟设备，保证同步精度，使异地信号可以在相同的时间坐标下比较。同步时间信号没有或者出现状况的时候，装备可以维系日常的工作。规则需要在丢失同步时间信号一小时之内装备的相交的测算的错误必须在一度之内。装备的时间锁定水平必须要达到下面几点：①低温开启（停止供电 4 小时之上、达到半年时间的 GPS 的主机启动）的时间控制在一分钟之内；②高温启动（停止供电 4 小时之内的 GPS 的主机启动）的时间在半分钟之内；③重新捕获的时间在一到二秒之内。时间在一个位置上的体系，维护天线是极为关键的。在南方雨和雷电出现的几率比较大，恶劣的气候时常发生，时间同步体系受到雷电击打的几率就会很大，在我们的日常的维修的工作里发觉 GPS 时间天线出现问题的机会很大。这一情况出现的具体的原因是由于变电站的 GPS 的天线组装的不按要求。包括 GPS 的天线在组装的时候俺的太高，靠近建筑物的防雷装备，没有作对应的防雷保护装置，所以时常会发生雷电破坏 GPS 的情况，从而致使时间同步体系的性能失败。具体的安装的需要：

（1）GPS 接收信号的天线的组装的地方是可以日常接收。信号易于以后的使用和修理。一些变电站放在大厦的顶端，进行维修的时候要求爬高，没有栏杆保护，这对于维修工来说是很危险的。

（2）GPS接收天线的组装应该使用金属架子进行稳固，支架也要和地面相连。不可以随便地放在别的物体上，特别是不能安放在避雷设备上，不能使用绷带、电线、胶带进行巩固不好的状况。当机器进行验收时一定要关注这些问题，立即进行改正。

（3）接收天线安装位置应充分考虑雷击对接收系统的影响：当天线安装位置位于建筑物防雷带内部时，与建筑物防雷带的水平距离应大于2m；当安装位置位于建筑物防雷带外部时，应低于建筑物防雷带2m。

（4）在天线和主干线之间安装防雷设施，禁止雷电经过天线传给主时钟。GPS时钟天线放在大厦的顶端，风吹日晒，使用的环境很差，经过较长的时间的运作毁坏的地方会比较多，因此我们要加快对天线的更换的速度。目前的所有的天线都是一个完整的整体，它的使用的电缆都是依据天线的长度来精心规划的，不能进行改装，不可以随意的安装别的零部件，要不然就会制约信号的接收效果。想使天线的修理工更加迅速、快捷地对其进行维修，保持日常工作需求，希望在规则内要详细的规定：

1）采用线缆和天线头分别来连接的方式，这样做的效果是单把天线头换掉，就可以延长使用寿命。

2）一般企业在GPS的安装过程中，应该保证按照一定的要求进行，保障正确的安装顺序和线缆位置。

3）一般会在变电站的安装空间内安装专用的各种附属装备，管道、平台等，同时应该需要考虑使多种程序共用管道的可能。

2. 对时间同步系统进行维护和检修

GPS的同步系统维护是非常重要的，要经常对GPS的时间同步系统进行维护和检修，隔一段时间就要对它的GPS的时钟系统进行校准，以及误差的校正，依据校准的结果对系统中不能再进行校准的或者是坏掉的进行更换，一般应用在系统中的检测会用两种方法：

（1）第一种方法。对具有记录性能的装置的同步精度进行检测装置会带有RTU和记录性能，可以对空接点进行不同的动作进行时刻的不同记录。在测试时，首先在仪器上输出个时间检测分脉冲（这个脉冲的时间和仪器的时间是一致的），接着启动被测仪器（被测仪器的时刻是以脉冲作为起始和终止为信号的），对两个时间进行记录，对这个时间进行比较，就能够知道被测仪器的内部时刻同步系统是否精确。

（2）第二种方法。测试同步测量单元的同步时间精确性一般会让同步测量单元中的仪器模拟发生故障，保护装置得以启动，同步装置对时间的精确进行记录，进而与保护仪器的时刻进行比较，就可以得出同步单元中的内部时钟装置是否准确。通过这两种应用方式，加强变电站电力系统时间同步系统GPS的检查，测试仪可以对现场安装的

GPS时钟进行精度测试，通过测试可对整个网络的时钟同步性给出总体评价和故障定位。

3. 电流互感器CT变比和线路调度双称号的修改维护

在日常的变电站维护中，经常会涉及修改电流互感器CT变比和线路调度双称号，这些数据的修改都必须考虑到同步相量测量单元PMU装置系统的维护，不能遗漏。

（1）子站数据命名规则关系到主站、子站对同一信息对象表示方法的一致性，维护人员熟悉PMU系统的"信息对象名的命名规则"，正确地修改。

（2）同步相量测量单元采集电压幅值、电压相角、电流幅值、电流相角、有功功率、无功功率、开关量状态、发电机内电势、发电机功角等。特别对电流回路的日常维护需要注意电流互感器CT变比。在工程验收的时候必须明确同步相量测量单元电流回路的前级和后级。

（三）PMU装置异常及处理

如图2-34所示，同步相量测量单元PMU装置的异常处理，提出故障现象关键点和简单的检查处理方法。其他厂家的故障现象关键点和简单的检查测试方法都类似。

序号	告警类型	故障现象	检查处理方法
1	监视界面对时告警	(1)监视界面GPS_SOC栏显示所有装置红色状态。 (2)监视界面报文窗口显示所有采集装置GPS告警。 (3)采集装置时钟同步/装置告警亮红色。 (4)告警开出监控系统显示PMU装置告警。 (5)主站监测的同步异常	(1)检查采集装置对时连接光纤跳线情况，异常更换。 (2)检查对时装置GPS输出工作是否正常，异常更换。 (3)检查外接GPS天线安装是否正常，天线头和电缆是否正常
2	采集装置通信告警	(1)监视界面IP栏显示采集装置红色状态。 (2)监视界面报文窗口显示采集装置通信中断。 (3)采集装置面板以太网装置告警亮红色。 (4)告警开出监控系统显示PMU装置告警。 (5)主站监测的同步异常	(1)检查采集装置通信光/电以太网连接情况。 (2)Ping命令测试物理连接状态。 (3)检查以太网交换机工作状态
3	主子站通信告警	(1)监视界面对外通信状态显示红色(ERR)状态。 (2)告警开出监控系统显示PMU装置告警。 (3)主站监测的通信异常	(1)Ping命令测试主子站物理连接状态。 (2)查看数据网工作状态。 (3)重启建立连接
4	TV/TA告警断线	(1)监视界面装置内部状态中采集装置TV/E与TA/U栏红色告警。 (2)监视界面显示采集单元接入量中告警间隔名称。 (3)告警开出监控系统显示PMU装置告警	(1)测量接入量实际值。 (2)查看端子接入位置是否存在接入问题

图 2-34　同步相量测量单元 PMU 装置常见故障现象及处理方法

三、变电站对时系统

实时掌握电网信息，是精确计算电网数据，判断其发展态势的必要条件，也是准确排查、消除电网安全隐患的重要保证。而这一切的基础就是统一的时间基准，因此建立高精度、低成本的时钟同步系统是变电站乃至电力系统必须解决的课题。

时钟同步是通过 GPS、原子钟等标准时钟源产生的高精度时间标记信号（信息），通过同轴电缆、RS-232、RS-485 等类型接口与被授时设备进行连接，具备纠正被授时设备错误时标的功能，实现被授时设备与标准时钟源时间信息保持一致的过程，称之为时钟同步。

110kV 枢纽变电站和 220kV 及以上变电站要求系统具有对时功能，要求对变电站设备和间隔层 IED 设备（包括智能电能表等）均实现对时，并具有时钟同步网络传输校正措施。110kV 终端站 35kV 变电站不要求对时功能，但要求具有一定精度的站内系统对时功能。高精度的时间同步系统可确保电力系统实时数据采集的一致性，可提高电网运行效率和可靠性，提高电网事故分析和稳定控制的水平，提高线路故障测距、相量和功角动态监测、机组和电网参数校验的准确性。

（一）对时技术介绍

1. 编码对时方式

编码对时是采用国际通用的时间格式码，把脉冲对时的准时沿和串口报文对时的时间数据结合在一起构成脉冲串，被授时设备从此脉冲串中解析出准时沿和时间数据！目前，国内变电站自动化系统普遍采用的编码对时信号为 IRIG-B 时间码，简称 B 码。IRIG-B 码是每秒输出 1 帧的时间串码，每个码元宽度为 10ms，每帧有 100 个代码，包含了天、时、分、秒等时间信息，为脉宽编码。采用 RS-485 总线方式进行 IRIG-B 码信号的发送，需要铺设单独的对时网络装置和传输装置，必须额外提供 RS-485 接口用来发送和接收 IRIG-B 码对时信号优点是分辨率高，携带信息量大、对时精度高，缺点是产生和接收 B 码的电路比较复杂，特别是其中的正弦调制输出电路，实现尤为复杂。

2. 脉冲对时方式

脉冲对时方式多使用空接点接入方式，又称硬对时，主要分为秒脉冲（PPS）、分脉冲（PPM）和时脉冲（PPH）三种对时方式，通过脉冲的上升沿或下降沿来校准被授时设备。秒脉冲是利用 GPS 所输出的每秒一个脉冲方式进行时间同步校准，获得与世界标准时（UTC）同步的时间，上升沿时刻的误差小于 $1\mu s$，准确度较高。分脉冲和时脉冲可以通过累计秒脉冲来获得。常用的对时方式为分脉冲对时方式。脉冲对时的优点是对时接收电路简单、适应性强，同步精度高（可达微秒级）；缺点是需要敷设大量的对时电缆，这种对时方式无法校正分钟以上的误差。

3. 网络对时方式

网络对时方式通过串口将时钟源的时钟信号接入服务器，时钟源主要是以监控时钟或 GPS 为主，利用变电站自动化系统的数据网络提供的通信通道，由服务器通过网络采用广播方式将时钟信号以数据帧的形式发送给每个被授时装置，对其进行对时。网络对时方式符合数字化电站的发展趋势，目前比较常用的网络对时协议有两种，分别为简单网络时间协议 SNTP 和精确时间协议 IEEE 1588PTP。

SNTP 对时方式简化了网络传输协议，采用了补偿机制。SNTP 协议支持 Server/Clientmode（服务器/客户端模式）、MultlCast/Broadcastmode（广播模式）两种工作模式。Server/Clientmode 可以满足不同级别要求的客户端，根据对对时精度要求不同的客户端网络，采用此模式可以节省网络开销；Multl-Cast/Broadcastmode 提供简单的广播对时报文，同时完成多个客户端的对时服务。

IEEE 1588 是测量和应用工业控制领域的具有亚微秒级同步功能的精确时钟同步协议（precise time protocol，PTP）。IEEE 1588 采用分层的主从式模式进行时钟同步。该过程分两步实现：主从时钟之间通信路径的延迟量测量和主从时钟之间的偏移量测量。

（二）变电站 GPS/北斗卫星双对时系统配置

1. GPS 北斗卫星双对时系统的功能特点

变电站时间同步系统常规是由主站 GPS 通过网络广播对时，对网络通道具有较强的依赖性，对时响应慢、间隔时间长，并且存在地域性毫秒级误差。这对继电保护及二次设备，尤其是跨地域地区联网线路的保护装置的影响较大，可能会导致两侧保护的不同步。新建综自变电站及智能数字化变电站对时系统将原有的 GPS 单套主站网络广播对时系统变更为 GPS 和北斗双对时点对点系统。一方面减弱了对 GPS 系统的依赖性，为北斗系统的上线运行奠定了物质基础；另一方面，降低了对网络通道的依赖性，使各个变电站各自具有对时功能，并且快速点对点传输缩短了对时的时间响应。提高时间同步的可靠性，从而消除地域性毫秒级的误差，保证了跨地区互联线路保护及测控装置的同步性。

GPS 北斗双钟时间同步系统采用全模块化即插即用结构设计，支持板卡热插拔，配置灵活，维护方便．开放式规约，包含大多数国内知名企业的电力设备的规约，不必经过多方的协调就可轻松实现全厂系统时钟同步。常规主时钟将安装在机柜室，该系统包括 2 台标准的 GPS 北斗主时钟、1 台时钟扩展装置构成。两台主时钟，互为热备，主时钟 1 作为"常用"主时钟，主时钟 2 作为"备用"主时钟。当"常用"主时钟（主时钟 1）的 GPS/北斗信号接收单元发生故障时，自动切换至"备用"主时钟（主时钟 2）的 GPS/北斗信号接收单元接收到的时间基准信号，从而保证系统的可靠性。当"常用"主时钟（主时钟 1）的 GPS 信号接收单元恢复正常后，该主时钟自动切换回正常工作状态。

GPS 北斗卫星双对时系统的功能特点：

（1）时钟系统使整个单元机组的各种设备获得一个统一的时间，最大可以输出 120 路信号，15 种不同接口信号（1PPS、1PPM、RS-232、RS-485、RJ-45、IRIG-B、空接点等）有足够的接口满足各分系统的要求。采用北斗和 GPS 卫星双系统互为备份，同时接收北斗和 GPS 系统卫星信号，提供高精度的脉冲信号♯时间码信号、串行时间信息和网络授时服务，较好地满足电力时间同步系统高精度、高可靠性的需要。

（2）通过时钟系统使各系统包括 DCS 的分系统、基于 MPCS 的 PLC、CEMS、SCADA 等系统的各种数字系统的时间同步。

（3）有用于小时、分钟和秒的分频器。不同的频率/时间显示器，可以在控制盘上自动或者手动调节。

（4）有用于 GPS 时间和主时钟自动调整的天线。

（5）有与 DCS 以及该单元机组中的所有其他数字控制和监测系统同步的功能。

（6）主时钟应至少有 10 个信号通道与扩展装置通信，每个通道上可以至少允许有 5 个扩展装置同时工作和自动对时。

（7）采用双电源冗余供电，并选用高性能♯宽范围开关电源，工作稳定可靠，装置电源供电自适应。

（8）装置采用全模块化即插即用结构设计，支持板卡热插拔，配置灵活，维护方便

2. 时钟同步存在的问题

目前时钟同步主要采用脉冲、串口、B 码对时三种主要方式。这里主要论述脉冲、串口、B 码三种对时方式的优缺点。脉冲对时方式没有标准时钟信息，只提供秒、分、时的时间基准信号，对时精度能够达到 1s，如果在时钟偏差太大的情况下，无法对时钟进行纠正。交流 B 码由于对时精度约 30s，对于站内装设 PMU（相量测量终端）等对时钟精度要求高的设备是无法满足要求的，直流 B 码对时精度可以达到 1s，且 B 码脉冲串中包含时标信息，是当前应用的对时技术中比较理想的一种类型，且直流 B 码对时端口支持广播方式对时，一个直流 B 码端口可以同时对 8 台设备进行对时，对时精度能够满足 1s 的技术指标。串口对时、NTP 网络对时方式由于其对时精度只能达到 10～100ms 等级，无法满足变电站内保护、测控、PMU 等智能装置的时钟精度要求，但由于计算机设备、早期的智能接口设备由于技术发展水平的限制和自身可编程能力强、通信端口丰富等特点，对于这部分设备的时钟精度要求不高，因此采用了这两种对时方式。

3. 时钟同步系统在电力系统中的应用现状

目前电力系统调度自动化主站、变电站综合自动化系统、微机保护装置等设备的时钟同步主要采用上述三类对时方式。调度自动化主站大量使用服务器、工作站等计算机

设备，一般采用网络 NTP 对时方式和串口对时方式，时钟同步的精度相对较差；变电站自动化系统中测控、远动工作站以及装置型智能设备一般采用脉冲对时方式，后期随着 B 码对时技术的成熟应用以及卫星对时系统提供 B 码对时端口后才逐步推广应用直流 B 码对时技术，当然，无论采用脉冲还是直流 B 码对时，站内主要设备采用的时钟精度是能够得到保障的。而站内自动化系统使用的服务器等计算机设备也与主站系统类似采用了串口或网络对时的方式，这些设备的时钟精度稍差。随着站内 PMU 设备的装备，变电站内对时钟精度的最低等级达到了 1s，因此卫星对时系统只能采用 IRIG-B 码对时方式向 PMU 装置授时。从当前各类自动化系统应用现状分析，直流 B 码对时技术在时钟精度和信息完整性两个方面都具明显的优势。

4. 智能电网模式下时钟同步的应用

随着国家电网公司智能化变电站系列标准的陆续出台，时钟同步技术和标准也得到了空前的发展，一些前沿技术也通过国内专家进行大量实验、科学论证后引入到国内应用，国家电网公司为了规范智能化变电站建设发布了一系列行业标准，其中 IEE 1588 (PTP) 协议标准纳入了标准之中。

(1) PTP 对时（IEE 1588 协议）优点。数据传输和时钟同步两种任务可以使用同一物理介质，即同一网络连接的设备之间既可以传输采集、计算的信息，也可以传输时标信息，明显地减少了对时端口和线缆的数量，既节约了资源又加快了工程实施进度，减轻了工作强度。站内自动化系统构成的局域网对时精度可以达到 300~400ms 等级，对于当前无论是 PMU 装置、保护装置、测控装置以及计算机设备等都能够满足要求。对时接口符合当前应用的所有设备的要求，只是原有在用的网卡暂不支持 PTP 协议。目前有两种解决方案可供选择：①换装支持 PTP 协议的网卡；②加装支持 PTP 协议的网卡设备。这两种方法应因地制宜的选用，对于装置型设备，由于其空间受限，一般应采用更换支持 PTP 协议的网卡设备，而对于计算机类设备而言，由于硬件可扩展性能较强，一般应采用增加支持 PTP 协议网卡的模式。时钟同步具备校验条件。以往的时钟同步模式，无论是脉冲、B 码对时等精度较高的对时模式，对时流程模式是单向进行的，没有形成有效的信息反馈，从而导致个别设备因自身原因导致时标对时不成功，形成的 SOE 等事件信息所携带的时标是错误的。而采用串口、网络等通信模式进行对时由于自身精度就存在问题，双向通信功能虽然从理论上说具备反馈时钟信息的可能，但由于精度偏差太大，已经不具备实际应用的价值。支持 PTP 协议的网络同时具备了高精度时钟对时和双向通信的特点，理论上讲这是目前为止最为经济、实用和高效的全系统时钟同步（监控）子系统，通俗说就是被授时设备在接受时钟同步信息之后对自身时钟进行校正后，还能够将纠正后的时钟信息传输到时钟同步监控子系统，监控子系统通过比对标准时钟与各被授时设备的时钟信息偏差，超过偏差范围时形成事件（遥信或 SOE）上送到厂站和主站自动化系统进行告警，通知相关维护人员进站处理。主站自动化系统和厂站自动化系统的时钟同步系统也可采用此类模式进行时钟信息实时监控，从而实现自动化系统各级设备时钟的在线监控和同步。

（2）PTP 对时（IEE 1588 协议）缺点。PTP 协议引入国内的时间较晚，理论上具有可行性。投入实际应用的实例目前还不多，还需要开展大量的实验考证，从中发现更多可能存在的技术问题，从而为实际应用扫清技术障碍。PTP 协议目前在技术上更多的还是按照单向对时（包括多主钟优化切换也不例外），它们都是由主时钟向从时钟采用 PTP 方式进行对时，能够确保时钟精度。但是如果将从钟的时钟标记取回到主钟进行比对可能有两种途径，一种是主时钟访问从钟提取时钟标记；另一种是从时钟主动向主钟发送时钟标记，两种方式的优劣需要进行更多的技术验证。经过上述技术、实际应用等验证后，应完善 PTP 协议的技术标准，各制造厂商生产的所有类型设备必须经过权威部门检测通过后准予投入实际应用。

（三）对时系统的运维巡视

时间在一个位置上的体系，维护天线是极为关键的。在南方雨和雷电出现的几率比较大，恶劣的气候时常发生，时间同步体系受到雷电击打的几率就会很大，在我们的日常的维修的工作里发觉 GPS 时间天线出现问题的机会很大。这一情况出现的具体的原因是由于变电站的 GPS 的天线组装的不按要求。包括 GPS 的天线在组装的时候俺的太高，靠近建筑物的防雷装备，没有作对应的防雷保护装置，所以时常会发生雷电破坏 GPS 的情况，从而致使时间同步体系的性能失败。具体的安装的需要：

（1）GPS/北斗接收信号的天线的组装的地方是可以日常接收信号易于以后的使用和修理。一些变电站放在大厦的顶端，进行维修的时候要求爬高，没有栏杆保护，这对于维修工来说是很危险的。

（2）GPS/北斗的接收的天线的组装应该使用金属的架子进行稳固，支架也要和地面相连。不可以随便的放在别的物体上，特别是不能安放在避雷设备上，不能使用绷带、电线、胶带进行巩固的不好的状况。当机器进行验收时一定要关注这些问题，立即进行改正。

（3）接收天线安装位置应充分考虑雷击对接收系统的影响：当天线安装位置位于建筑物防雷带内部时，与建筑物防雷带的水平距离应大于 2m；当安装位置位于建筑物防雷带外部时，应低于建筑物防雷带 2m。

（4）在天线和主干线之间安装防雷设施，禁止雷电经过天线传给主时钟。GPS 时钟天线放在大厦的顶端，风吹日晒，使用的环境很差，经过较长的时间的运作毁坏的地方会比较多，因此要加快对天线的更换的速度。目前的所有的天线都是一个完整的整体，它的使用的电缆都是依据天线的长度来精心规划的，不能进行改装，不可以随意的安装别的零部件，要不然就会制约信号的接收效果。想使天线的修理工更加迅速、快捷的对其进行维修，保持日常工作需求，希望在规则内要详细的规定：

1）采用线缆和天线头分别来连接的方式，这样做的效果是单单把天线头换掉，就可以延长使用寿命。

2）一般企业在 GPS/北斗的安装过程中，应该保证按照一定的要求进行，保障正确的安装顺序和线缆位置。

3）一般会在变电站的安装空间内安装专用的各种附属装备，管道、平台等，同时应该需要考虑使多种程序共用管道的可能。

（四）对时系统的异常处理

对于时钟同步系统，其主要应用北斗卫星系统以及系统作为主要的网络时钟源。在变电系统中，相对于保护以及控制设备，其通常是对这些交流量信息进行有效的采集。除此之外，变电站当中相关的事故分析以及事故监视和实际的控制都需要能够在同时期的断面实现数据的传输。

变电站中同步时钟的数据传递有以下环节：主时钟卫星信号、时钟信号扩展装置、装置同步信号连接。

对时异常一般都会向后台发光字，并且对时异常的装置也会有自己的标识。若是小室中某个保护、测控、故录等装置出现对时异常，应先检查同步时钟扩展装置到对时异常装置的连接线有无松动、虚接、错接端子，测量电压检查是否正负接反。若无问题，装置端电缆换接到正常装置上检查是否是装置问题，再将同步时钟扩展装置端更换备用节点检查是否是扩展装置问题。若为装置问题可尝试更换对时板插件。检查小室中同步时钟扩展装置信源是否正常，若信源消失，先检查光纤是否良好，有无弯折，是否正确连接。若光纤有弯折现象则应更换光纤，将光纤放于槽盒之外，用软缠绕管缠好，防止再次弯折。若无问题，检查分光装置是否故障，在进光侧打光，在分光侧检查有无光源。若无问题，检查光纤光源是否正常，有无持续红光。若无光源，检查计算机房主时钟卫星信号扩展装置是否正常。若正常，则为光纤通道损坏，可更换备用通道。

第三章　智能变电站自动化设备

第 一 节　智 能 变 电 站 概 述

智能变电站是智能电网的重要组成部分，其采用先进、可靠、集成、低碳、环保的智能设备，以全站信息数字化、通信平台网络化、信息共享标准化为基本要求，自动完成信息采集、测量、控制、保护、计量和监测等基本功能，并可根据需要支持电网实时自动控制、智能调节、在线分析决策、协同互动等高级功能，实现与相邻变电站、电网调度等互动的变电站。

一、智能变电站的内涵

智能变电站是比数字化变电站更先进的应用，智能变电站的重要特征体现为"智能性"，即设备智能化与高级智能应用的综合。

作为智能电网的一个重要节点，智能变电站以变电站一、二次设备为数字化对象，以高速网络通信平台为基础，通过对数字信息进行标准化，实现站内外信息共享和互操作，实现测量监视、控制保护、信息管理、智能状态监测等功能的变电站。具有"一次设备智能化、全站信息数字化、信息共享标准化、高级应用互动化"等重要特征。

二、智能电体系结构及要求

智能变电站分为过程层、间隔层和站控层。过程层包括变压器、断路器、隔离开关、电流/电压互感器等一次设备及其所属的智能组件以及独立的智能电子装置。间隔层设备一般指继电保护装置、系统测控装置、监测功能组主 IED 等二次设备，实现使用一个间隔的数据并且作用于该间隔一次设备的功能，即与各种远方输入/输出、传感器和控制器通信。站控层包括自动化站级监视控制系统、站域控制、通信系统、对时系统等，实现面向全站设备的监视、控制、告警及信息交互功能，完成数据采集和监视控制

（SCADA）、操作闭锁以及同步相量采集、电能量采集、保护信息管理等相关功能。

站控层功能宜高度集成，可在一台计算机或嵌入式装置中实现，也可分布在多台计算机或嵌入式装置中。智能变电站数据源应统一、标准化，实现网络共享。智能设备之间应实现进一步的互联互通，支持采用系统级的运行控制策略。智能变电站自动化系统采用的网络架构应合理，可采用以太网、环形网络，网络冗余方式宜符合 IEC 61499《分布式工业过程测量与控制系统功能块标准》及 IEC 62439《工业通信网络与高可靠性自动控制网络标准》的要求。

三、高压设备智能化

高压设备是电网的基本单元。高压设备智能化（简称智能设备）是智能电网的重要组成部分，也是区别传统电网的主要标志之一。智能化的高压设备是附加了智能组件的高压设备，智能组件通过状态感知和指令执行元件，实现状态的可视化、控制的网络化和自动化。智能化的高压设备是一次设备和智能组件的有机结合体，具有测量数字化、控制网络化、状态可视化、功能一体化和信息互动化等特征。

随着一次设备智能化技术的不断发展，未来智能一次设备将逐步走向功能集成化和结构一体化，传统意义上一、二次设备的融合将更加紧密，界限也将更加模糊。通过在一次设备内嵌入智能传感单元和安装智能组件，使得一次设备本身具有测量、控制、保护、监测、自诊断等功能，其将成为智能电力功能元件。通过数字化、网络化实现在智能变电站中的信息共享，每个设备采集的信息及其本身的状态信息都可以被网络上的其他设备获取。

总的来说，一次设备智能化技术不仅是测量技术与控制技术的革新，对变电站设计、电网运行乃至一次设备本身的发展都有重大影响。智能一次设备的应用，将使整个变电站向着更加简约、可靠和智能的方向发展。

四、二次设备网络化

智能变电站可以通过网络机制实现二次设备网络化信息交互，为变电站网络化二次系统各种应用功能的实现提供根本的技术支撑。

变电站内常规的二次设备，如继电保护装置、防误闭锁装置、测量控制装置、远动装置、故障录波装置、电压无功控制、同期操作装置以及正在发展中的在线状态检测装置等全部基于标准化、模块化的微处理机设计制造，设备之间的连接全部采用高速的网络通信，二次设备不再出现常规功能装置重复的 I/O 现场接口，通过网络真正实现数据共享、资源共享，常规的功能装置在这里变成了逻辑的功能模块。

五、智能设备与顺序控制

为能实现高压设备的智能化操作，宜采用顺序控制方式。所谓顺序控制，是指通过监控中心的计算机监控系统下达操作任务，由计算机系统独立地按顺序分步骤地实现操作任务。全站所有隔离开关、接地开关防误操作方式为：远、近控均采用逻辑防误加本间隔电气节点防误，其中逻辑防误通过 GOOSE 传输机制实现，取消常规 HGIS 和 GIS 跨间隔电气节点闭锁回路，通过 GOOSE 信息实现跨间隔操作的闭锁。顺序化控制操作方式可以满足区域监控中心站管理模式和无人值班的要求，也能满足可接收执行调度中心、监控中心和当地后台系统发出的控制指令，经安全校核正确后自动完成符合相关运行方式变化要求的设备控制，即应能自动生成不同的主接线和不同的运行方式下的典型操作票；自动投退保护软连接片；当设备出现紧急缺陷时，具备急停功能；配备直观的图形图像界面，可以实现在站内和远端的可视化操作。

顺序控制可以极大地缩短变电站倒闸操作时间，解决人工操作效率低、易出错等问题，提高供电的安全可靠性。

六、智能变电站的高级功能

（一）设备状态监测

智能变电站设备广泛实现在线监测，让设备检修变得更加科学。在智能变电站中，能有效获取电网的运行状态数据以及各个智能电子设备的故障动作信息和信号回路状态，二次设备状态特征量的采集也减少了盲区。但就现在的在线监测水平来看，还不具备实现所有设备的全面的在线监测可能性，对变电站的一次设备可采取有针对性的在线监测技术，这样可以取得较好的投资收益。

信息融合又称数据融合，是对多种信息的获取、表示及其内在联系进行综合处理和优化的技术。多信息融合技术从多信息的视角进行处理及综合得到各种信息的内在联系和规律，从而剔除无用的和错误的信息，保留正确的和有用的成分，最终实现信息的优化。它也为智能信息处理技术的研究提供了新的观念。

状态检测和诊断系统是一套智能变电站设备的综合故障诊断系统，它能依据获得的被检测设备的状态信息，采用多信息融合技术的综合故障诊断模型，结合被监测设备的结构特性和参数、运行历史状态记录以及环境因素，对被监测设备工作状态和剩余寿命做出评估。

（二）智能告警及分析决策

智能告警及分析决策的提出是为了从根本上解决异常及设备故障发生时变电站信息

过于繁杂的问题。在对全站设备对象信息建模的情况下，研究全站异常及设备故障情况下告警信息的分类、筛选、过滤，研究信号的过滤及报警显示方案，研究告警信号之间的逻辑关联，基于多事件关联筛选机制，利用推理机技术对"短时间"内事件进行关联推理，得出该时段内综合异常或设备故障模型信息，从而实现智能告警及分析决策。

智能告警及分析决策对变电站内异常及设备故障告警信息进行分类，对信号进行过滤，实时分析站内运行状态，如收到异常或设备故障信息则自动进行推理，生成智能告警信息，提供分析决策，并可根据主站需求为调度主站提供分层分类的异常或设备故障告警信息。该功能为智能变电站典型特征之一。

智能告警实现变电站正常及事故情况下告警信息分类，并建立信息上送的优先级标准，经过自动分级筛选过滤并分类存放，在异常及事故情况下实现信息分级上送，便于运行人员快速调用，为运行人员提供辅助决策，提高了运行值班的异常处理效率。

（三）故障信息综合分析决策

故障信息综合分析决策功能可以自动为值班运行人员提供事故分析报告并给出事故处理预案，便于迅速确定事故原因并确定应采取的措施，还可以为事后相关部门分析事故原因提供相关数据信息。

该功能通过对故障录波、保护装置、事件顺序记录（SOE）等相关事件信息进行综合分析和处理，得出事故分析结果，为电网运行提供辅助决策，并在后台以简明的可视化界面综合展示。分析决策及事故处理信息上传主站并定向发布，实现变电站故障分析结果的远传。通过对开关信息、保护、录波、设备运行状态等进行在线实时分析，实现事故及异常处理指导意见及辅助决策，并梳理各种告警信号之间的逻辑关联，确定变电站故障情况下的最终告警和显示方案，为上级系统提供事故分析决策支持等。即通过各类实测信息、自动分析、逻辑推理自动给出故障处理决策，指导和帮助上级调度（或集控中心监控人员）快速处理故障。

（四）站域控制

站域控制建立在全站信息数字化和信息共享的基础上，在通信和数据处理速度满足功能要求的基础上实时采集全站数据，包括全变电站各母线电压各线路电流和各开关的实时位置以及各保护的动作闭锁信号，从而完成全站各电压等级的备用装置投入（简称备投）、过负荷联切和过负荷闭锁动作、低频低压减负荷功能。

站域控制的各电压等级的备投、过负荷联切、过负荷闭锁和低频低压减负荷均相互独立，互相没有影响，既可单独使用又可集中组合使用，以实现个变电站灵活多样的备投和联切、减载控制功能。

站域控制通常适用于110kV及以下电压等级的智能变电站，可实现多个电压等级的桥备投、进线备投、分段备投、主变压器备投等备投功能，可实现多个电压等级的过负荷闭锁备自投功能。另外，还可实现普通轮次（5 轮）和特殊轮次（2 轮）的低频低压减负荷功能，以及共 6 个轮次的过负荷联切功能。

通过监控系统可实时对站域控制进行运行状态监视、保护定值设置、出口连接片和断路器检修连接片设置，以及动作过程的详细记录，从而完成站域控制的全过程在线控制和分析及故障再现。

七、智能变电站系统测试技术

智能变电站继电保护装置与常规站相比，主要区别在于装置的输入、输出形式发生了巨大改变。常规站继电保护装置接入 TV、TA 二次模拟量和间隔位置等物理开关量，跳合闸输出为触点形式，接入一次设备操作回路，实现故障跳闸和重合闸。而智能变电站继电保护装置所需要的通道采样值、开关量均以过程层网络数据的形式进行网络化传输，保护装置动作后输出信息也以数字帧的形式发送到过程层网络上，智能一次设备接收该命令后执行相应的跳合闸操作。

正是由于二次设备输入、输出形式的改变，导致目前基于模拟信号、物理开入开出的微机型继电保护测试方法不能满足智能变电站的测试需要。目前尚无相关的智能站二次设备检验规程，迫切需要研究新的、适用于智能变电站二次设备的测试方法，以支持智能变电站继电保护装置的生产调试和现场验收测试。因此，本节拟结合传统二次设备的测试特点，形成对应于智能变电站的验收测试方法，解决目前智能变电站二次设备测试方法不成熟的问题，以提高测试效率，保证智能变电站的顺利投运和安全运行。

（一）智能变电站对测试技术的新要求

随着 IEC 61850 标准在智能变电站的应用，继电保护、测控及其他二次装置的输入、输出信号不再是传统的模拟量信号，而是从过程层网络提取的通道采样值、开关量等数字量信号，保护装置动作信息及测控、遥控、遥调信息等输出信号也以数字帧的形式发送到过程层网络上，智能一次设备接收该命令后执行相应的跳合闸操作。

伴随着电子式互感器、智能组件、数字化保护测控、变电站以太网等新技术的发展和应用，给智能变电站测试技术提出了新的要求。智能变电站新技术、新设备的应用，使其调试项目有所增加，包括各 IED 设备的 DL/T 860 建模及通信规范型测试、变电站通信网络的网路性能及网络安全性能测试、智能变电站工程组态设计及配置、状态监测 IED 及状态系统测试、高级应用功能测试等。

（二）智能变电站测试内容

智能变电站的调试分为出厂集成联调和现场调试。智能变电站的调试环节前移，大部分的调试工作转移到出厂集成联调阶段，可以说，出厂集成联调的成效决定了调试的整体效果。

（1）出厂集成联调测试内容。智能变电站出厂集成联调测试主要包括模型文件规范性及通信规约一致性测试、单体设备测试、二次虚回路测试、各功能分系统测试，同时针对智能变电站新的技术特点，重点开展网络性能、全站同步性能、非常规互感器性能、保护采样同步性能等特殊项目测试，保证智能变电站集成的整体效果。

（2）现场测试内容。由于单体设备测试、二次虚回路测试、特殊性能测试等测试内容已在出厂集成联调中完成，智能变电站现场测试主要是在一、二次设备安装完成后，对其系统的整体功能进行验证，相当于传统变电站的整组试验，但现场测试工作量比传统变电站大幅度减少。其特点是将一、二次设备作为整体，以整组联动的方式开展测试。

现场测试主要包括全站网络、电缆接线等安装正确性检查，光功率及裕度测试，互感器现场测试，保护整组传动试验，断路器、隔离开关遥控试验，顺序控制传动试验及五防联闭锁试验，全站遥信试验，一次通流通压试验，高级应用系统试验等。

（三）智能变电站调试流程

智能变电站标准调试流程为：组态配置——系统测试——系统动模——现场调试——投产试验。

（1）组态配置阶段 SCD 文件配置宜由用户完成，也可指定系统集成商完成后经用户认可。设备下装与配置工作宜由相应厂家完成，也可在厂家的指导下由用户完成。

（2）当智能变电站过程层采用数字化技术（GOOSE 和 SV）时，宜集中进行系统测试。系统测试由用户组织在其指定的场所完成。与一次本体联系紧密的智能设备，如电子式互感器，其单体调试也可在设备厂家完成，与其相关的分系统调试可在现场调试阶段进行；其他智能设备可将智能接口装置，如智能终端、常规互感器合并单元等集中做系统测试。部分分系统调试，如顺序控制、防误操作功能检验，也可在现场调试阶段进行。如不进行系统测试，相关试验内容应在现场调试阶段补充。

（3）当某种新技术首次应用到其最高电压等级且可能影响到变电站安全稳定运行时，应进行系统动模试验。

（4）现场调试主要包括回路、通信链路检验及传动试验。一体化电源辅助系统宜在现场调试阶段进行。

（5）投产试验包括一次设备启动试验、核相与带负荷试验。

1. 出厂集成联调阶段主要流程

（1）模型文件检测。出厂集成联调前，各厂家提供各 IED 的 ICD 模型文件。根据智能变电站建模要求，检查模型文件规范性，同时通过第三方检测软件检测一致性。各厂家应根据检测结果，及时修改 ICD 模型文件。

（2）虚端子检查。设计单位按照厂家提供的设备虚端子图，根据工程要求，设计二次虚端子回路连线。设计单位应在出厂联调阶段完成虚端子回路设计图。审查后的设计图纸由设计单位交系统集成商，作为 GOOSE 配置连线依据，形成正确的全站 SCD 配置文件。

（3）网络配置方案检查。检查设计的全站网络配置方案，包括 IP 地址、MAC 地址分配，IEDname 分配，VLAN 划分等。审查后的方案作为系统集成依据。

（4）系统功能验收测试。在全站设备规约一致性检测完毕，网络连接及通信正常，全站设备实例化后，就全站各分系统功能进行验收测试，包括计算机监控系统、远动系统、"五防"系统、保护故障信息系统、高级应用系统（VQC、顺控、智能告警）、采样系统、继电保护系统、故障录波系统、计量系统、设备状态监测系统、网络状态监测系统等。

（5）重要性能验收测试。根据联调的进度，适时开展全站性能指标验收检测，对联调的效果作出整体评估。在全站网络按照工程设计连接完毕后模拟系统正常运行、异常和故障情况下，检测全站网络的整体性能指标、网络信息安全级别、全站时间同步性能指标等。同时，利用专用检测设备，开展非常规互感器性能、保护采样同步性能等特殊试验项目检测。根据联调智能变电站在电网中的重要性，必要时开展数字动模仿真试验。

（6）验收报告编制。联调工作结束后，整理联调记录，分析总结联调中暴露出的问题，形成出厂联调验收报告，以备存档和现场调试参考。

（7）联调资料归档。智能变电站出厂集成联调工作完成后，整理全站存档资料，形成智能变电站资料库。存档资料包括全站 SCD 文件、IED 名称及地址（IP 地址、MAC 地址）分配表、全站 VLAN 划分图表、交换机端口分配图、虚端子设计图纸、保护 config 文件、程序版本号等文档，以供变电站技改或扩建时制订技术方案使用。

2. 现场调试阶段主要流程

（1）SCD 实例化。出厂联调完成后，现场调试开始前，应根据现场施工设计图纸，修改 SCD 文件智能终端中"普通遥信"数据集 DOIdescription/dUAttribute 描述，测控装置站控层"遥信开入"数据集信号描述，进行后台遥信信号实例化工作。

联系各级调度及时提供全站调度命名及编号，完善后台各间隔信号实例化工作和相关图形界面。

（2）各智能装置配置。下装 CID、GOOSE、程序打包软件等至各智能装置。

（3）全站网络通信检查。主要包括站控层网络接线检查、交换机配置、各层设备通信正常，光功率及裕度测试。

（4）站控层系统配置。完成监控后台、网络报文分析、故障录波、保护故障信息子站等系统配置。

（5）一次设备本体相关回路调试。开展互感器测试、现场一次设备本体相关电缆接线调试等工作。

（6）后台"四遥"试验。

1）全站遥信试验。全站遥信试验主要包括一次设备位置及状态信号、二次设备的动作及报警信号。

一次设备位置及状态信号以硬触点形式输入智能终端，智能终端以 GOOSE 报文的形式将一次设备位置及状态信号传送至保护测控装置，由保护测控装置以 MMS 的形式送至站控层监控后台及远动机，并由远动机传输至远方调控中心。

测试二次设备的动作信号及报警信号时，实际模拟产生相应信号，然后在本站监控后台服务器上检查相应信号变化是否正确且及时，同时需在调控中心的主站上检查相应信号变化是否正确、及时。

2）全站遥测试验。全站遥测试验的项目及内容同系统集成测试时的遥测测试一致，只是现场调试时要在调控中心的主站上检查遥测量是否正确，同时检验模拟量功率计算的准确度。

3）全站遥控试验。全站遥控试验是对全站所有可控一次设备进行控制操作，其正确性是顺序控制的基础。遥控试验主要内容包括：①从后台和调控中心主站逐一控制变电站所有可控一次设备，同时检查站内后台人机界面、主站界面和相关装置信息的正确性。②从后台和调控中心主站逐一控制变电站所有二次设备可控的软连接片，同时检查站内后台人机界面、主站界面和相关装置信息的正确性。

（7）保护整组试验。保护整组传动测试主要验证从保护装置出口至智能终端，直至断路器回路整个跳、合闸回路的正确性，保护装置之间的启动失灵、闭锁重合闸等回路的正确性。其中，保护装置至智能终端的跳、合闸回路和装置之间的启动失灵、闭锁重合闸回路是通过网络传输的软回路；而智能终端至断路器本体的跳、合闸回路是硬接线回路，与传统回路基本相同。保护装置接口数字化后已不再包含出口硬连接片，出口受保护装置软连接片控制，而传统的出口硬连接片也并未取消，而是下放到智能终端的出口。因此，保护整组传动试验在验证整个回路的同时需对回路中保护出口软连接片、智能终端出口硬连接片的作用分别进行验证。

（8）站控层系统联调。站控层测试主要包括监控后台测试、远动装置测试、同步时钟装置测试网络报文记录分析装置测试和保护信息子站测试。

（9）一次通流通压试验。一次通流、加压试验是对电压、电流回路和互感器极性以及变化进行全面检查，主要包括极性检查、一次通流、一次加压。

1）极性检查。电流互感器极性是保护的一个重要指标。电子式电流互感器不存在二次输出端，而现场一次安装有可能出错，因此，现场必须对所有电子式电流互感器的极性进行检查，以保证安装的正确性。在极性检查的同时需要检查 SV 输出中所有通道的极性。

2）一次通流。一次通流是变电站启动前，对 SV 电流回路和电子式电流互感器变比、相序及极性进行最后一次全面校核。对电流互感器一次通入一定的电流，检查保护、测控、计量、故障录波器、PMU、监控后台等相关设备上电流一次或二次显示值的正确性，需要同时检查幅值和相角。

3）一次加压。一次加压是变电站启动前，对 SV 电压回路和电子式电压互感器变比、相序及极性进行最后一次全面校核。对电压互感器一次施加一定的电压，检查保护、测控、计量、故障录波器、PMU、监控后台等相关设备上电压一次或二次显示值的正确性，需要同时检查幅值和相角。

（10）高级应用系统试验。

1）顺序控制试验。顺序控制是将典型操作票转换成任务票，由监控系统按操作顺序执行操作任务，减少人为干预。顺序控制包括一次设备运行状态的操作和二次设备的功能投退。顺序控制试验主要进行以下项目测试：

a. 按典型顺序控制操作票，在站内监控后台上逐一检验全部顺序控制功能；

b. 按典型顺序控制操作票，在调控中心主站上逐一检验全部顺序控制功能；

c. 在各种主接线和运行方式下，检验自动生成典型操作流程的功能；

d. 抽检顺序控制的急停功能。

2）全站"五防"联闭锁试验。全站"五防"联闭锁试验是按照设计院提供的联闭锁逻辑表，测试每个可控一次设备的"五防"联闭锁逻辑是否正确。整个监控系统"五防"联闭锁逻辑分为三层，即站控层监控后台或远动装置的"五防"联闭锁逻辑、间隔层测控的"五防"联闭锁逻辑、一次设备本体的电气联闭锁，三层闭锁逻辑是相互串联的关系，相互之间无联系。全站"五防"联闭锁试验需要分别验证这三层逻辑的正确性。

第二节　数据通信网关机

一、数据通信网关机简介

数据通信网关机是一种实现智能变电站与调度、生产等主站系统之间的通信，为主站系统实现智能变电站监视控制、信息查询和远程浏览等功能提供数据、模型和图形的传输服务的通信装置。

数据通信网关机根据所处电力调度数据网安全分区的位置，一般分为Ⅰ区数据通信网关机、Ⅱ区数据通信网关机、Ⅲ/Ⅳ区数据通信网关机。

Ⅰ区数据通信网关机：直接采集站内实时数据，通过专用通道向调度（调控）中心传送实时信息，同时接收调度（调控）中心的操作与控制命令；实现变电站告警信息向调度主站的直接传输，同时支持调度主站对变电站的图形调阅和远程浏览。

Ⅱ区数据通信网关机：实现Ⅱ区数据向调度（调控）中心和其他主站系统的数据传输，具备远方查询和浏览功能。

Ⅲ/Ⅳ区数据通信网关机：负责向管理信息大区传送厂（站）运行信息。

数据通信网关机是集通信、监控于一体的通信服务器，是变电站综合自动化系统的通信枢纽，是调度主站与变电站内间隔层设备通信的桥梁，是变电站当地监控系统接入非标准智能设备的智能网关。智能变电站综合自动化系统典型配置结构如图 3-1 所示。

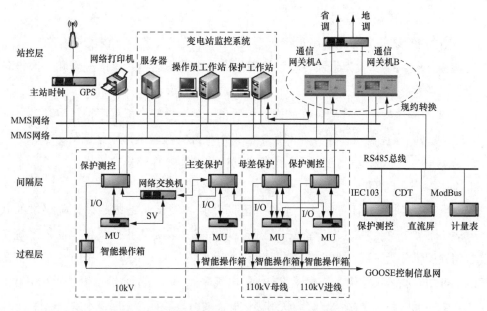

图 3-1　智能变电站综合自动化系统典型配置结构

数据通信网关机采集变电站内间隔层所有保护装置、测控装置和智能设备的实时数据，通过串口或者以太网通信方式接入多个不同级别的调度主站，按照不同主站对数据配置的要求，向主站传输筛选后的实时数据，并负责实现调度主站对间隔层装置遥控、遥调和保护操作等命令的正确执行和返回。同时，具备协议转换功能，接入各厂家不同型号的智能设备，包括直流屏、计量电表、环境监测装置等，完成不满足统一标准的协议与标准通信协议之间的转换，实现监控后台和调度主站与这类智能装置的数据通信。

　　数据通信网关机的软件结构设计采用分层、分布的设计思想，采用多线程、多进程的设计模式，各功能模块相互独立，保证数据通信网关机的灵活性、安全性和可扩展性。数据通信网关机总体结构如图 3-2 所示。

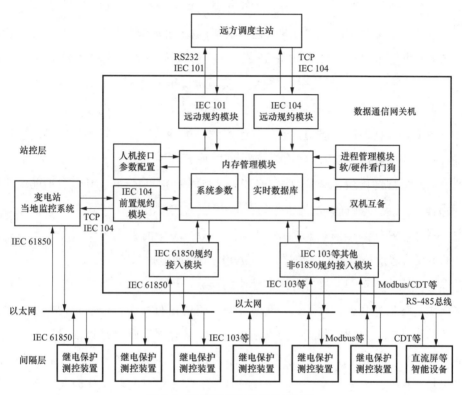

图 3-2　数据通信网关机总体结构

　　采用分层分布式设计结构，首先将上位口与下位口通信协议模块分离，上位口与下位口耦合度低，同时实现各模块之间的相互独立，模块的运行状态不会相互影响，提高系统运行的稳定性。在工程使用中，能够根据现场要求，灵活的增加或删减协议模块。各协议模块采用多进程多线程的设计模式，各种通信协议实现相互独立，通过多线程实现单个协议与多个通道的对应关系，每个线程对应一个通信端口处理一个连接，以提高资源利用效率。

　　内存管理模块为数据通信网关机核心模块，实现对网关机配置参数和实时数据的管理功能，各协议模块通过内存管理模块实现相互数据转换和交互。系统参数库包含了系统运行的所有配置参数，各协议模块通过参数库接口获取自身运行参数信息。实时数据库管理模块依据装置模型，通过数据类型和点号统一管理所有间隔层设备的各类实时数据，对各协议模块提供实时数据写入、存储和获取接口，实现协议之间数据模型转换。内存管理模块实现了对通信网关机的底层支撑功能，通过动态链接库的形式供所有模块调用。

下位口规约处理模块包含"IEC 61850 规约接入模块"和"IEC 103 等其他非 61850 规约接入模块"两大部分。其中"IEC 61850 规约接入模块"实现 IEC 61850 协议的客户端，用以接入变电站中以 IEC 61850 协议通信的标准间隔层设备；"IEC 103 等其他非 IEC 61850 规约接入模块"实现与非 IEC 61850 协议通信的隔层设备接入，主要包括 IEC 103、ModBus、LFP 等通信协议模块，实现协议转换功能。下位口规约处理模块通过串口或者以太网方式接入间隔层各保护、测控装置及其他智能电子设备，收集各装置电力实时数据，包括遥信、遥测、遥脉、遥控命令执行结果等，并判断所接入装置的通信状态，同时将所收集的实时数据统一放入实时库管理模块。

上位口远动规约模块主要实现"IEC 101 远动规约模块"和"IEC 104 远动规约模块"，根据调度主站对数据转发的要求，获取相应的实时数据，转发至调度主站，实现调度主站对变电站的远程监视和控制。同时，"IEC 104 前置规约模块"负责将站内非 IEC 61850 规约通信装置的实时数据转发至变电站当地监控系统。

进程管理模块负责网关机所有进程模块的启动、停止和状态监视功能。各模块启动后，将模块进程信息写入实时库，并实时更新自身的运行状态，进程管理模块实时获取各模块的运行状态，并加以判断。当判断出某进程故障时，强制结束该模块后再重新启动该模块，实现网关机的自愈功能。同时实现硬件看门狗功能，实现网关机系统级自愈。

双机互备模块根据控制开关、本机运行状态、互备机运行状态实时判断本机的主副机状态，本机故障时及时降为副机，互备机故障时及时升为主机，保证通信网关机功能的稳定性。

二、数据通信网关机功能

（一）安全分区

数据通信网关机安全分区数据采集要求如下

（1）Ⅰ区采集调控实时数据、保护信息、告警直传、远程浏览等信息；

（2）Ⅱ区采集保护录波文件、一/二次设备在线监测、辅助设备等运行状态信息；

（3）Ⅲ/Ⅳ区负责向管理信息大区传送厂（站）运行信息。

（二）数据采集

数据采集应满足如下要求：

（1）实现电网运行的稳态及保护录波等数据的采集；

（2）实现一次设备、二次设备和辅助设备等运行状态数据的采集；

（3）直采数据的时标应取自数据源，数据源未带时标时，采用数据通信网关机接收到数据的时间作为时标；

（4）遵循 DL/T 860 标准，根据业务数据重要性与实时性要求，支持设置间隔层设备运行数据的周期性上送、数据变化上送、品质变化上送及总召等方式；

（5）支持站控层双网冗余连接方式，冗余连接应使用同一个报告实例号。

（三）数据处理

数据处理应支持逻辑运算与算术运算功能，支持时标和品质的运算处理、通信中断品质处理功能，应满足如下要求：

（1）支持遥信信号的与、或、非等运算；

（2）支持遥测信号的加、减、乘、除等运算；

（3）计算模式支持周期和触发两种方式；

（4）运算的数据源可重复使用，运算结果可作为其他运算的数据源；

（5）合成信号的时标为触发变化的信息点所带的时标；

（6）断路器、隔离开关位置类双点遥信参与合成计算时，参与量有不定态（00 或 11）则合成结果为不定态；

（7）具备将 DL/T 860 品质转换成 DL/T 634.5104 规约品质；

（8）合成信号的品质按照输入信号品质进行处理；

（9）初始化阶段间隔层装置通信中断，应将该装置直采的数据点品质置为 invalid（无效）；

（10）当与间隔层装置通信由正常到中断后，该间隔层装置直采数据的品质应在中断前品质基础上置上 questionable（可疑）位，通信恢复后，应对该装置进行全总召；

（11）事故总触发采用"或"逻辑，支持自动延时复归与触发复归两种方式，自动延时复归时间可配置；

（12）支持远动配置描述信息导入/导出功能；

（13）装置开机/重启时，应在完成站内数据初始化后，方可响应主站链接请求，应能正确判断并处理间隔层设备的通信中断或异常。

（四）数据远传

数据远传要求如下：

（1）应支持向主站传输站内调控实时数据、保护信息、一/二次设备状态监测信息、图模信息、转发点表等各类数据；

（2）应支持周期、突变或者响应总召的方式上送主站；

（3）应支持同一网口同时建立不少于 32 个主站通信链接，支持多通道分别状态监视；

（4）应支持与不同主站通信时实时转发库的独立性；

（5）对于 DL/T 634.5104 服务端同一端口号，当同一 IP 地址的客户端发起新的链接请求时，应能正确关闭原有链路，释放相关 Socket 链接资源，重新响应新的链接请求；

（6）对未配置的主站 IP 地址发来的链路请求应拒绝响应；

（7）应支持开关、刀闸等位置信息的单点遥信和双点遥信上送，双点遥信上送时应能正确反映位置不定状态；

（8）数据通信网关机重启后，不上送间隔层设备缓存的历史信息。

（五）控制功能

远方控制功能要求如下：

（1）应支持主站遥控、遥调和设点、定值操作等远方控制，实现断路器和隔离开关分合闸、保护信号复归、软压板投退、变压器档位调节、保护定值区切换、保护定值修改等功能；

（2）应支持单点遥控、双点遥控等遥控类型，支持直接遥控、选择遥控等遥控方式；

（3）同一时间应只支持一个遥控操作任务，对另外的操作指令应作失败应答；

（4）装置重启、复归和切换时，不应重发、误发控制命令；

（5）对于来自调控主站遥控操作，应将其下发的遥控选择命令转发至相应间隔层设备，返回确认信息源应来自该间隔层 IED 装置；

（6）应具备远方控制操作全过程的日志记录功能；

（7）应具备远方控制报文全过程记录功能；

（8）应支持远方顺序控制操作。

（六）时间同步

时间同步功能包括对时功能与时间同步状态在线监测功能要求如下：

（1）应能够接受主站端和变电站内的授时信号；

（2）应支持 IRIG-B 码或 SNTP 对时方式；

（3）对时方式应能设置优先级，优先采用站内时钟源；

（4）应具备守时功能；

（5）应能正确处理闰秒时间；

（6）应支持时间同步在线监测功能，支持基于 NTP 协议实现时间同步管理功能；

（7）应支持时间同步管理状态自检信息输出功能，自检信息应包括对时信号状态、对时服务状态和时间跳变侦测状态。

（七）告警直传

告警直传要求如下：

（1）应能将监控系统的告警信息采用告警直传的方式上送主站；

（2）应满足 Q/GDW 11207 要求。

（八）远程浏览

远程浏览要求如下：

（1）应能将监控系统的画面通过通信转发方式上送主站；

（2）宜支持历史曲线调阅；

（3）应满足 Q/GDW 11208 要求。

（九）源端维护

源端维护功能要求如下：

（1）应支持主站召唤变电站 CIM/G 图形、CIM/E 电网模型、远动配置描述文件等源端维护文件；

（2）应支持主站下装远动配置描述文件；

（3）应能实现变电站图形、模型、远动配置描述文件等源端维护文件之间的信息映射。

（十）冗余管理

两台数据通信网关机与主站通信连接时，冗余管理要求如下：

（1）应支持双主机工作模式和主备机热备工作模式；

（2）主备机热备工作模式运行时应具备双机数据同步措施，保证上送主站数据不漏发，主站已确认的数据不重发。

（十一）运行维护

1. 自诊断功能

自诊断功能要求如下：

（1）应具备自诊断功能，至少包括进程异常、通信异常、硬件异常、CPU 占用率过高、存储空间剩余容量过低、内存占用率过高等；

（2）检测到异常时应提示告警；

（3）诊断结果应按标准格式记录日志。

2. 用户管理

用户管理要求如下：

（1）应具备用户管理功能，可对不同的角色分配不同的权限；

（2）应具备分配以下角色的功能：管理员、维护人员、操作员和浏览人员等；

（3）分配权限应至少包含用户角色管理、权限分配、配置更改、进程管理、控制操作、数据封锁、数据查询和解除闭锁功能等。

3. 日志功能

日志功能要求如下：

（1）应具备日志功能，日志类型至少包括运行日志、操作日志、维护日志等；

（2）应实现对日志的统一格式。

三、数据通信网关机检验

（一）数据采集功能检测

（1）检验方法。

1）按照检测系统拓扑图搭建检测系统，模拟装置上送数据至网关机，通过模拟主站查看数据是否正确上送；

2）分别采用带时标和未带时标数据源上送数据至网关机，通过网络报文记录及分析装置查看网关机数据时标采用是否正确；

3）通过 DL/T 860 传输规约测试系统设置周期性上送、数据变化上送、品质变化上送及总召时间，查看设置是否生效。

（2）技术要求。

1）实现电网运行的稳态及保护录波等数据的采集；

2）实现一次设备、二次设备和辅助设备等运行状态数据的采集；

3）直采数据的时标应取自数据源，数据源未带时标时，采用数据通信网关机接收到数据的时间作为时标；

4）遵循 DL/T 860 标准，根据业务数据重要性与实时性要求，支持设置间隔层设备运行数据的周期性上送、数据变化上送、品质变化上送及总召等方式。

（二）装置双网冗余数据处理功能检测

（1）检验方法。

1）采用双网冗余连接方式，通过 DL/T 860 传输规约测试系统查看双网是否共用一个报告实例号；

2）用网络报文记录及分析装置查看双网报文传输情况；

3）在双网切换过程中，触发遥信变化，查看数据是否漏发或重发。

（2）技术要求。

1）网关机站控层双网使用同一个报告实例号；

2）冗余连接组中只有一个网的 TCP 连接处于工作状态，可以进行应用数据和命令的传输；另一个网的 TCP 连接应保持在关联状态，只能进行读数据操作；

3）双网切换时数据不重发不漏发。

（三）数据处理功能检测

（1）检验方法。

1）对遥信信号进行与、或和非等逻辑运算，通过模拟主站查看运算结果；

2）对遥信信号进行加、减、乘和除等算数运算，通过模拟主站查看运算结果；

3）检查装置运算模式是否可配置；

4）不同运算采用同一数据源，通过模拟主站查看运算结果；

5）通过模拟主站查看合成信号时标。

（2）技术要求。

1）装置应支持遥信信号的逻辑运算；

2）装置应支持遥测信号的算数运算；

3）装置运算模式包括周期和触发两种方式，根据需要可配置；

4）装置运算的数据源可重复使用，运算结果可作为其他运算的数据源；

5）装置合成信号的时标应为触发变化的信息点所带的时标。

（四）双点遥信合成计算处理功能检测

（1）检验方法。模拟装置上送含有不定态的双遥信数据至数据通信网关机参与合成，通过模拟主站查看合成结果的值。

（2）技术要求。断路器、隔离开关位置类双点遥信参与合成计算时，参与量有不定态（00 或 11）则合成结果为不定态。

（五）事故总处理机制功能检测

（1）检验方法。

1）模拟主站与数据通信网关机建立连接；

2）新增事故总，合成至少含三个间隔事故总；

3）设置自动延时复归时间 10s；

4）通过模拟装置设置分信号遥信值及持续时间，查看新增事故总的值及复归情况。

（2）技术要求。事故总触发采用"或"逻辑，支持自动延时复归与触发复归两种方式，自动延时复归时间可配置，自动延时复归及触发复归原则符合 Q/GDW 11627—2016 附录 D 要求。

（六）装置初始化过程功能检测

（1）检验方法。

1）装置重启，模拟主站发总召命令；

2）用网络报文记录及分析装置查看对间隔层设备总召结束时间 T1，及对模拟主站总召响应时间 T2，比较 T1 与 T2 的时间，T2 应该晚于 T1，且 T2-T1＜5s；

3）装置重启过程中模拟通信中断，检查装置直采的数据点品质置是否为 invalid（无效）。

（2）技术要求。

1）采用 DL/T 634.5104 规约对上通信时，装置开机/重启后，应在完成站内全部正常连接的间隔层设备信息总召唤后，方可响应主站总召唤请求；

2）装置初始化过程通信中断时，应将该装置直采的数据点品质置为 invalid（无效）。

（七）站控层通信中断处理功能检测

（1）检验方法。

1）中断装置双网通信，查看该装置信息品质位；

2）恢复双网通信，查看品质位是否恢复。

（2）技术要求。当与站内装置通信中断后，应将该装置直采的数据点品质置 questionable（可疑），通信恢复后，应对该装置进行全总召。

（八）数据远传基本功能检测

（1）检验方法。

1）通过模拟主站查看装置是否能传输站内调控数据、保护信息、一/二次设备状态监测信息、图模信息和点表等各类数据；

2）通过 DL/T 634.5104 传输规约测试系统查看被测装置是否支持周期、突发（自发）或者响应总召的方式。

（2）技术要求。

1）应支持向主站传输站内调控数据、保护信息、一/二次设备状态监测信息、图模信息、转发点表等各类数据；

2）应支持周期、突发（自发）或者响应总召的方式上送主站；

3）应采用网络通信方式。

（九）同一网口多通信链接功能检测

（1）检验方法。

1）模拟主站开启 32 个不同 IP 客户端与网关机的同一网口建立 32 个通信链路；

2）查看 32 个客户端通信情况，连续通信时间持续 30min 以上，查看有无异常通信情况；

3）中断任意一路通信，查看是否有相应报警。

（2）技术要求。应支持同一网口同时建立不少于 32 个主站通信链接，支持多通道分别状态监视。

（十）数据转发独立性功能检测

（1）检验方法。数据通信网关机同时对多个主站建立连接并转发数据，检查数据实时转发独立性。

（2）技术要求。应支持与不同主站通信时实时转发库的独立性。

（十一）同一 IP 地址重复发起链接功能检测

（1）检验方法。

1）模拟主站与数据通信网关机建立通信链接，以相同一 IP 地址发起新的链接；

2）检查数据通信网关机是否能正确关闭原有链路，释放相关 Socket 链接资源，重新响应新的链接请求。

（2）技术要求。对于 DL/T 634.5104 服务端同一端口号，当同一 IP 地址的客户端发起新的链接请求时，应能正确关闭原有链路，释放相关 Socket 链接资源，重新响应新的链接请求。

（十二）上送主站信息正确功能检测

（1）检验方法。

1）通过在模拟装置触发遥测及遥信带时标上送至数据通信网关机；

2）通过模拟主站查看遥测及遥信时标，检查上送数据类型与时标。

（2）技术要求。

1）应采用双点遥信上送断路器、隔离开关等位置信息到主站，应能正确反映中间状态；

2）应采用一次值上送电气遥测量，数据类型为浮点数；

3）应支持带时标上送遥测量与遥信量。

（十三）远方控制功能检测

（1）检验方法。

1）在模拟主站上进行控、遥调和设点、定值操作等远方控制操作，检查数据通信网关机能否正确下发操作命令并上送返校信息给主站，并将操作命令正确传送至模拟装置；

2）验证单点遥控、双点遥控、直接遥控、选择遥控等遥控方式；

3）统一时间进行多个遥控操作，检查数据通信网关机响应；

4）检查数据通信网关机远方控制操作全过程日志信息。

（2）技术要求。

1）应支持主站遥控、遥调和设点、定值操作等远方控制，实现开关刀闸分合、保

121

护信号复归、软压板投退、变压器挡位调节、保护定值区切换、修改定值等功能；

2）应支持单点遥控、双点遥控、直接遥控、选择遥控等遥控方式；

3）同一时间应只支持一个遥控操作任务，对另外的操作指令应作失败应答；

4）对于来自调控主站遥控操作，应将其下发的遥控选择命令转发至相应间隔层设备，返回确认信息源应来自该间隔层 IED 装置；

5）应具备远方控制操作全过程的日志记录功能；

6）应具备远方控制报文全过程记录功能。

（十四）顺序控制功能检测

（1）检验方法。

1）在模拟主站上进行远方顺序控制操作，模拟生成操作票，检查数据通信网关机能否按操作票正确下发控制命令并上送返校信息给主站，并将控制命令正确传送至模拟装置；

2）模拟主站发起的顺序控制由数据通信网关机配合监控主机完成，主站与厂站端监控主机的顺控信息交互由数据通信网关机中转；

3）模拟异常信息传输，检查数据通信网关机响应。

（2）技术要求。

1）具备远方顺序控制命令转发、操作票调阅传输及异常信息传输功能；

2）遵循 Q/GDW 11489 的要求。

（十五）基本对时功能检测

（1）检验方法。

1）将装置的时间同步接口与北斗/GPS 同步时钟的 IRIG-B 或 1PPS 的输出口连接，检查装置接收 IRIG-B 码或 1PPS 与报文相结合的时间同步信号正确性；

2）当装置与同步时钟同步或失步时，检查装置指示的正确性，检查装置识别同步信号可用性的正确性；

3）当装置失去时钟信号时，检查装置是否具有守时功能。

（2）技术要求。

1）支持接收 IRIG-B 码或 1PPS 与报文相结合的时间同步信号功能；

2）具有同步对时状态指示标识，且具有时间同步信号可用性识别的能力；

3）具有守时功能，24h 守时误差不应超过 1s。

（十六）闰秒处理功能检测

（1）检验方法。利用时间同步系统测试仪为被测设备提供授时信号，分别利用时间同步测试仪模拟正闰秒和负闰秒发生场景，测试被测设备是否按照检测要求正确处理闰秒信息。

（2）技术要求。应能正确处理对时信号闰秒信息，正闰秒处理方式：→57s→58s→59s→60s（分钟数不变）→0s（分钟数加 1）→01s→02s→；负闰秒处理方式：→57s→58s→00s→01s→02s→；闰秒处理应在北京时间 1 月 1 日 7 时 59 分、7 月 1 日 7 时 59 分两个时间内完成调整。

（十七）告警直传功能检测

（1）检验方法。

1）模拟监控系统告警信息上送至数据通信网关机；

2）通过模拟主站查看是否收到告警信息及信息格式是否满足要求。

（2）技术要求。应能将监控系统的告警信息采用告警直传的方式上送主站，应满足 Q/GDW 11207 要求。

（十八）远程浏览功能检测

（1）检验方法。

1）模拟遥测变化及遥信变位传输至数据通信网关机；

2）通过模拟主站远程调阅数据查看是否正确，数据是否实时刷新。

（2）技术要求。应能将监控系统的画面通过通信转发方式上送主站，应满足 Q/GDW 11208 要求。

（十九）冗余管理功能检测

（1）检验方法。

1）由双主机工作模式切换至主备模式，模拟装置触发遥信变位，查看数据传输是否正确；

2）模拟主机故障（断电、复位、断开对下双网），导致被动进行主备切换，触发遥信变位和遥测越限，检查遥信和遥测越限是否正确上送。

（2）技术要求。

1）应支持双主机工作模式和主备机热备工作模式；

2）宜实现双主机和主备机热备的自适应工作模式；

3）主备机热备工作模式运行时应具备双机数据同步措施，保证上送主站数据不漏发，已确认的数据不重发；

4）在主备机热备工作方式时，主备机状态应能正确上送，并且不能出现抢主机的现象。

（二十）冗余管理功能检测

（1）检验方法。

1）人为设置进程异常、通信异常、硬件异常、CPU 占用率过高、存储空间剩余容量过低、内存占用率过高等异常，查看是否有异常告警；

2）查看异常告警是否有日志记录；

3）查看日志记录格式是否满足要求。

（2）技术要求。

1）应具备自诊断功能，至少包括进程异常、通信异常、硬件异常、CPU占用率过高、存储空间剩余容量过低、内存占用率过高等；

2）检测到异常时应提示告警；

3）诊断结果应按标准格式记录日志。

（二十一）功能安全检测

（1）检验方法。

1）使用非法IP地址、MAC地址的客户端连接装置，检查装置是否拒绝响应。

2）在客户端模型上将可写数据修改为负数、字母、特殊字符、超长数据以及与业务无关的数据等，查看装置是否拒绝响应。

3）订阅GOOSE时，抓取客户端发布的报文，将报文时间戳与系统当前时间时间差修改为大于设定值，验证装置是否服务差错；抓取SMV报文，将报文时间戳与系统当前时间时间差修改为大于设定值，验证装置是否服务差错；订阅GOOSE时，抓取客户端发布的报文，在没有发生回滚时，将装置接收的序列号修改为小于最近一次接收到的序列号（大于1），验证装置是否服务差错；抓取SMV报文，将装置接收的序列号修改为小于最近一次接收到的序列号（大于1），验证装置是否服务差错。

4）同一时间多个客户端同时对装置进行控制操作，查看装置同一时间是否禁止响应多个控制操作命令；客户端向装置传输异常报文进行控制操作，查看装置是否能够识别并拒绝响应；查看每次操作是否均有记录，且记录不可篡改和删除。

5）客户端上载装置重要配置文件或重要操作日志，查看装置是否对该操作进行权限控制；客户端向装置下载任意文件或恶意文件，查看装置是否对该文件进行校验，并有相应的保护措施。

6）检查装置是否具有日志记录功能，记录内容至少包含用户行为等业务操作事件和重要安全事件等；查看日志记录的内容，是否至少包括事件的日期和时间、事件类型、事件是否成功及其他相关的信息；查看安全日志记录能否被用户删除或修改，查看设计文档，日志记录是否有不会被覆盖的相关的描述；审查设计文档、产品说明书等，系统是否为审计记录预留了足够的存储空间，保证存留时间大于网络安全法规定的六个月或记录条数不小于10000条。

7）在进行功能测试时，使用测试仪按照一定的流量、源IP、包长和时间等进行拒绝服务攻击，检查装置是否运行正常，是否有不误动、不误发报文，不死机、不重启等现象。

8）使用抓包回放的方式构造 MMS 报文，发送频率为客户端最小间隔时间，查看装置遭受攻击后是否有死机、重启、误发、误操作、异常告警等状况。

9）当系统在错误命令、非法数据输入等一般故障时，查看装置是否能够保证系统稳定运行；当系统在异常关机、死机等严重故障时，查看装置是否能够在一定时间间隔内自动恢复正常。

（2）技术要求。

1）应具备依据 IP 地址、MAC 地址等属性对连接服务器的客户端进行身份限制功能。

2）应具备拒绝异常参数（如非法数据、类型错误数据、超长数据）输入功能，装置在异常参数输入时不应出现数据出错、装置死机等现象。

3）应具备时间戳异常或错序的 GOOSE/SV 数据报文输入告警功能。

4）控制操作：禁止同一个时间响应多个控制操作命令；装置接收异常控制报文应能够识并拒绝服务响应。

5）文件传输：应具备文件上传权限控制功能，防止非法用户上传重要数据；应具备文件下载校验功能，防止病毒、木马等恶意文件下载。

6）日志记录：应具备对用户行为等业务操作事件和重要安全事件进行记录的功能；日志记录应包括事件的日期和时间、事件类型、事件是否成功及其他相关的信息；应具备日志记录保护功能，避免受到非预期的删除、修改或覆盖等；日志记录的留存时间应符合装置的规定要求。

7）应具备抵御拒绝服务攻击功能，攻击时装置应运行正常，不误动、不误发报文，不死机、不重启等。

8）应具备 MMS 连接风暴、召唤风暴和报告风暴防护功能，要求如下：同时连接装置支持的最大数量 MMS 客户端，装置应能正常工作，不应有死机、重启、误发数据等异常现象；同时连接装置支持的最大数量 MMS 客户端，所有客户端以最小间隔重复读取定值或 CPU 温度等遥测信息，持续 5min，装置应能正常工作，不应有死机、重启、误发数据等异常现象；同时连接装置支持的最大数量 MMS 客户端，分别使能相应的报告控制块，将可选域全部置 1，完整性周期设为装置支持的最小值，触发选项将完整性周期和总召唤置 1，所有客户端以最小间隔循环召唤报告，装置应能正常工作，不应有死机、重启、误发数据等异常现象。

9）应具备容错和自动保护功能，当装置发生时故障自动保护当前所有状态，保证系统能够自动恢复。

(二十二) 接入性能检测

(1) 检验方法。

1) 仿真系统导入测试用例 SCD 文件，模拟 255 台保护测控装置与网关机建立 DL/T 860 通信。

2) 查看网关机接入装置的通信状态，实时数据刷新情况。

3) 模拟 254 台保护测控装置与网关机建立 DL/T 860 通信，通过网络报文记录及分析装置查看初始化过程，记录初始化时间，时间为链接开始到第一次总召结束。

(2) 技术要求。

1) 应满足接入不少于 255 台装置时的正常工作。

2) 接入间隔层装置小于 255 台时初始化过程应小于 5min。

四、数据通信网关机巡视与检查

(1) 数据通信网关机装置正常工作时，电源状态指示灯、时钟同步指示灯、故障指示灯显示正确。

(2) 数据通信网关机液晶屏无异常告警，时间信息显示正确。

五、数据通信网关机运行注意事项

(1) 正常运行时，禁止关闭数据通信网关机装置电源。

(2) 正常运行时，禁止数据通信网关机或随意插拔网线。

六、数据通信网关机故障及异常处理

(1) 数据通信网关机电源状态指示灯、时钟同步指示灯、故障指示灯熄灭，记录设备缺陷，按缺陷流程处理。

(2) 数据通信网关机与站端监控系统、主站通信中断，运行人员接到通知后应在检修人员指导下对数据通信网关机等设备进行应急重启，如启动后仍不能恢复，应告知监控人员，并立即通知维护人员进行处理。

七、智能变电站通信规约测试技术

(一) IEC 61850 技术特点

为适应变电站自动化技术的迅速发展，IEC TC57 技术提出建立变电站内智能电子装置 (IED) 间无缝通信的一个全球范围标准 IEC 61850。该标准旨在以面向对象方法建立变电站型服务型，解决变电站自动化系统中不同供应商提供的 IED 之间的数据交换、信息共享。其技术特点如下：

（1）使用面向对象建模技术，对象实现自我描述。物理装置包含服务器，服务器又包括逻辑设备、逻辑节点、数据对象三层，定义了相应信息收集的方法以及数据对象、逻辑节点和逻辑设备的代号，并规定了命名方法。任何数据对象按照命名方法，可以被唯一地标识。因而任何数据对象、数据类型均可进行自我描述。采用对象自我描述的方法，可以满足应用功能发展的要求，以及不同用户和制造厂传输各种不同信息的要求，对于应用功能也是开放的。IEC 61850 同时也涵盖了 IEC 60870-5-101 和 IEC 60870-5-103 的数据对象。

（2）据电力系统的特点归纳所需的服务类。根据数据对象分层和数据传输有优先级的特点定义了一套收集和传输数据的服务。定义了抽象通信服务接口（ACSI）和特殊通信服务映射（SCSM）。ACSI 独立于所采用的网络的应用层协议（如现在采用的 MMS）和网络协议（如现在采用的 IP），是一个服务集。在和具体网络服务接口时，采用特定的映射。只需定义特定的映射，将来任何满足电力系统数据传输要求的网络都可以被电力系统所采用，这样就实现了面向网络开放，可以适应网络技术迅猛发展的形势，适用于不同规模、不同电压等级变电站自动化系统通信对不同带宽通信介质的需求。

（3）具有面向未来的、开放的体系结构。使用分层、分布体系，从过程层到间隔层，从间隔层到变电站层，甚至从变电站层到控制中心都采用以太网结构。并且应用 IEC 61850 可以在变电站层或远方控制中心计算机系统实时监视到远程各 I/O 的动作状态，具有速度快、可靠性高等特点。由于 IEC 61850 定义了抽象的通信体系结构而与通信网络拓扑结构无关，因而有利于新型的网络通信技术在变电站自动化通信中的应用。

（4）大部分 ACSI 服务经由 SCSM 映射到所采用的 OSI 七层网络通信体系，使用 MMS 技术作为应用层通信协议。MMS 采用了数据与通信相对独立的传输方式，定义了对象模型和服务。其数据传输理念与 IEC 61850 的设计思想一致。由于 SCSM 可适用于不同应用层协议，即 MMS 是可选的，完全可以由另一个未来的适合的通信协议所替代，因而便于实现无缝通信。

（5）实现网络兼容和操作兼容。在所有控制层次都是无缝的协议栈，因而具有互操作性，便于在系统的运行过程中建立统一的数据库管理系统，采用唯一的统一命名进行访问，以及建立统一的编程环境，用于系统分析、建模以及将来的系统升级和维护。与以往变电站通信协议不同，IEC 61850 不仅仅是一个简单的通信协议，同时涉及通信网络的一般要求、环境条件和附加服务要求。其中包括品质要求〔如可靠性、可用性、可维护性、安全性和数据整合等（IEC 61850-3）〕、工程要求（如工程参数配置和文件化以及工程工具）、对厂家的要求和对用户的要求等（IEC 61850-4），并且包括对系统的一致性测试要求以及对设备的一致性测试要求等（IEC 61850-10）。

制定 IEC 61850 的目的在于实现不同厂家之间产品的互操作性，从而降低工程的周期和成本，为制造商和用户带来利益，可见 IEC 61850 规约语义的一致性对该标准的推广和应用非常关键。但是，作为一个国际通用的通信标准，IEC 61850 通信协议仅对 IED 信息交互的 80％进行了定义，另外 20％是选择项。为了确保不同厂家 IED 间互操作性的现实，IEC 61850 详细规定语义一致性的测试步骤，即 IEC 61850-10 部分。

（二）IEC 61850 一致性测试技术

一致性测试是指验证通信接口与标准要求的一致性，验证串行链路上数据流与有关标准条件的一致性，例如访问组织、帧格式、位顺序、时间同步定时、信号形式和电平，以及对错误的处理。实现各生产厂家的互操作性是标准的主要目的之一。

IEC 61850 协议测试技术要包括一致性测试（Conformance Testing）和互操作测试（Interoperability Test）。其中设备的一致性测试是用一致性测试系统或模拟器的单个测试源测试单个设备系统，互操作性测试是利用各运行系统进行互操作性测试，由分析仪检验其信息交换过程。一致性测试是互操作性测试的基础，从一致性陈述可以大致知道该设备的互操作能力。若要进一步评价，则须进行相应的互操作性测试。

（1）一致性测试。一致性测试主要是确定被测实现（implementation under test，IUT）是否与标准规定相一致。通常以一组测试案例序列，在一定的网络环境下，对被测实现进行黑盒测试，通过比较 IUT 的实际输出与预期输出的异同，判定 IUT 是否与协议描述相一致。一致性测试应由第三方机构执行，以保证测试结果的公正性、专业性和权威性。

根据 ISO/IEC 9646 标准系列定义的协议一致性测试方法，主要包括三部分内容，即抽象测试集（ATS）、协议实现一致性说明（PICS）和协议实施附加信息（PIXIT）。ATS 规定某一标准协议的测试目的、测试内容和测试步骤；PICS 说明实施的要求、能力及选项实现的情况；PIXIT 提供测试必需的协议参数。可执行测试集（ETS）在以上三部分的基础上生成。其测试步骤如下：

1）静态测试。测试仪读取 PICS/PIXIT 文件并根据协议标准进行静态测试，检查 IUT 参数说明是否符合标准。

2）动态测试。测试仪根据 PICS/PIXIT 文件和 ATS 生成 ETS，然后执行 ETS 对 IUT 进行测试。

3）测试报告。对测试执行产生的测试记录文件进行分析，按照测试报告描述规格生成一致性测试报告。一致性测试报告记录了所有测试案例的测试结果，即成功

（PASS）、失败（FAIL）、不确定（INCONCLUSIVE）。

（2）互操作测试。互操作测试评价被测实现与相连接相似实现之间在网络操作环境中是否能够正确地交互并且完成协议标准中规定的功能，从而确定被测设备是否支持所需要的功能。互操作测试通常用于研发阶段多厂商准正式测试或者运营商的选型测试，提供重要的互通信息。

在互操作测试中，采用最多的形式是测试单位选择经互操作认可的设备来与被测设备进行互操作测试，认可设备可能是终端设备、网络设备或者应用软件，也可能是一个单独设备或者若干设备组合。

认可设备（可能是一个或若干设备）和被测设备共同定义测试边界，二者来自不同厂商。互操作测试基于用户期望的功能，并由用户控制并观察测试结果。用户可以是人工操作，也可以是软件程序。互操作测试主要关注设备功能，而不关心协议细节。

互操作测试主要包括开发互操作测试规范和具体互操作测试过程两个部分。开发互操作测试规范类似于制定一致性测试规范，不过这个过程通常由进行互操作测试者根据关注测试功能要点进行制定，是互操作测试中最重要的部分。具体互操作测试过程和一致性测试过程类似，同样包括测试准备、具体测试、测试报告三个步骤。

（3）一致性测试和互操作测试的关系。一致性测试和互操作测试都是测试协议实现重要而有效的方法，它们之间在某种程度上可以相互验证，但二者是有区别的。主要在于测试级别和目的不同，一致性测试是在协议级，而互操作测试是在功能级；一致性测试是确定被测实现是否与标准规定一致，而互操作测试是确定被测设备是否完成要求的功能。

实际测试中，一致性测试通过也并不能保证互操作测试一定可以通过。最根本的原因是一致性测试使用标准规定的绝对完整和正确是不现实的，其中也包含各个标准制定、实施中理解不同与利益妥协等问题。如：标准中错误与含糊内容，标准本身的兼容性问题；人为错误（如编程错误），对于通信标准不同理解，标准本身允许不同选项；通信网络使用不同流量策略，设备兼容性问题，设备配置问题等。

同样，互操作测试也不能替代一致性测试。互操作测试仅仅可以证实被测系统中不同设备之间的互操作能力，而不能证实设备是否符合标准。所以，一致性测试和互操作测试是互为验证、互为补充的关系，只有把两者合理地结合才能完成完整的协议测试。

（三）一致性测试的结构与流程设计

一般而言，一致性测试是对设备的功能需求和性能表现进行的综合评判，上述设备主要是变电站自动化内的典型设备，因此基本上需要用到 IEC 61850 内的部分质量测试的一般性定义。根据 IEC 61850 的定义说明，一致性测试实质是在某种特定的测试环境下说明被测试设备（Device Under Testing，DUT）与其他 IED 设备互操作情况。进行一致性测试时，一般需要认识到如下的一些问题：首先，所有的测试都不能达到完美，是一类不完全的测试。尽管测试会尽可能多地包含可能出现的问题，但是不可能包含所有可能出现的问题。其次，因为 IED 设备造商在全球的数量庞大，无法将所有制造商的设备的互操作性均进行测试，所以需要建立标准的仿真测试体系。通信标准不仅仅只规范了通信设备的通信功能，但通信设备的故障测试不在此一致性测试范围之内。一致性测试的结果不单单通过设备的物理实体反应，还通过测试设备传输的信息和报文情况说明。所以一致性的测试应更加重视协议报文的测试结构，并在此结构的基础上提出合理的测试流程。

1. IEC 61850 标准体系结构

IEC 61850 将变电站自动化系统的功能在逻辑上分为变电站层、间隔层、过程层三层。

（1）变电站层。变电站层的主要任务是：① 通过高速网络汇总全站的实时数据信息，不断刷新实时数据库，按时登录历史数据库；② 按既定协约将有关数据信息送往调度或控制中心；③接收调度或控制中心有关控制命令并转间隔层、过程层执行；④具有在线可编程的全站操作闭锁控制功能；⑤ 具有（或备有）站内当地监控、人机联系功能，如显示、操作、打印、报警等功能以及图像、声音等多媒体功能；⑥具有对间隔层、过程层设备的在线维护、在线组态、在线修改参数的功能；⑦ 具有（或备有）变电站故障自动分析和操作培训功能。

（2）间隔层。间隔层的主要功能是：① 汇总本间隔过程层实时数据信息；②实施对一次设备保护控制功能；③ 实施本间隔操作闭锁功能；④ 实施操作同期及其他控制功能；⑤ 对数据采集、统计运算及控制命令的发出具有优先级别的控制；⑥ 承上启下的通信功能，即同时高速完成与过程层及变电站层的网络通信功能，必要时上下网络接口具备双口全双工方式以提高信息通道的冗余度，保证网络通信的可靠性。

（3）过程层。过程层是一次设备与二次设备的结合面，或者说过程层是智能化电气设备的智能化部分，其主要功能可分为三类：①电气运行的实时电气量检测，即利用光电电流、电压互感器及直接采集数字量等手段，对电流、电压、相位及谐波分量等进行检测；②运行设备的状态参数在线检测与统计，如对变电站的变压器、断路器、母线等设备在线检测温度、压力、密度、绝缘、机械特性以及工作状态等数据；③操作控制的执行与驱动，在执行控制命令时具有智能性，能判断命令的真伪及其合理性，还能对即将进行的动作精度进行控制，如能使断路器定向合闸，选相分闸，在选定的相角下实现断路器的关合和开断，要求操作时间限制在规定的参数内。

　　遵循 IEC 61850 标准的变电站自动化系统主要包括：①主站自动化系统软件（人机界面、数据库及系统管理等）；②间隔层装置（保护、测控单元等）；③过程层设备，包括电子式电流/电压互感器、智能断路器/隔离开关、合并单元等；④工程化工具（如配置工具等），用于管理 IEC 61850 所定义的通信模型，并满足 IEC 61850-6（配置）和 IEC 61850-10（一致性测试）的规范要求。

　　2. 一致性测试结构

　　首先要有被测试设备（DUT），例如保护或智能控制设备。可以用一个通信仿真器作为用户或服务器，通过以太网向 DUT 请求发送并记录和处理结果信息。

　　一个网络上的后台负载可由另外一个负载仿真器提供，包含电流互感器电压互感器和仿真开关，进行环境仿真，并与通信仿真器互相通信，提供数据传输和控制服务。与此同时，装置仿真器还配有 IED 配置工具。IED 配置工具是基于 SCL 的实现 IED 配置的专用工具，它能够输入、输出 IED 的专用定值，产生 IED 特定的配置文件。主要由人机接口模块、IED 配置模块、数据类型模板配置模块、语法检查模块和 IED 数据库模块等组成。

　　用一个网络分析仪来监控测试过程中出现的错误，分析所得检测结果。网络分析仪能够采集并分析以太网上 IEC 61850 的信息流量，并可以用来记录网络事件、监控网络安全以及建立连接并检验系统配置等。网络分析仪在鉴别和最小化互操作危险方面扮演很重要的角色。试验中使用了 IEC 61850 协议分析工具——协议测试机构 KEMA 公司的 UniCA 61850 分析器软件。它是一种能够捕获并分析以太网上 TASE.2 和 UCAZ1 或 IEC 61850 通信的软件工具。使用该工具可捕获并解释通信设备间的各层协议报文，详细记录整个通信过程，因而可用于分析 IEC 61850 功能模型结构/属性实现是否合乎要求协议映射是否正确、参数设置是否合理等。在标准化试点研究过程中，使用了第三方工具 Uni 以起到了客观、公正地进行分析和评价的作用。还有一个时间控制器用来监控时间和做同步。

　　以上设备组成了 IEC 61850 一致性测试的框架结构。如果开发的装置作为客户运行，则通信仿真器将作为仿真服务器的角色运行；若开发的装置要作为服务器运行，则通信仿真器将用作仿真客户来测试以验证其要求的通信功能。实验主机内集成 KEMA UniCA61850 测试软件和 IEC 61850 客户端监控软件，完成对远方 IEC 61850 变电站自动化系统的测试和客户端监控。配置主机内集成系统配置工具软件，实现对变电站自动化系统的配置。此外，本系统还在变电站当地设置一台模拟主机。模拟主机集成 IED 服务器端模拟器软件和 IED 配置工具软件，用于 IED 服务器端模拟器功能和 IED 配置功能的实现。

3. 一致性测试过程

根据 IEC 61850-10 中的定义，一致性测试过程首先要根据 PICS、MICS 和静态一致性要求进行设备的静态性能检查，由 PIXIT 参考进行选择和参数化，在此过程中依照动态一致性要求进行一致性测试。初始化完成后进行动态测试，测试内容包括基本互连测试、能力测试、行为测试和结果分析。最终完成一致性检查，综合完成结论，编写测试报告。

对于每个被测单元（DUT）的能力进行一致性测试，要根据模型实现一致性陈述（MICS）、协议实现一致性陈述（PICS）和协议实现额外信息（Pixrr）做测试内容和参数的选择。MICS 文件详细说明了由系统或设备支持的标准数据对象模型元素。Mles 在按 xEe 61850-6 编写的变电站配置描述（seD）文件中实现。Ples 文件是被测系统或设备通信能力的汇总，规定了静态和动态一致性要求。对于不同的 SCSM 定义具体的 PICS，PICS 有 3 种目的：

（1）适当的测试组合的选择。

（2）保证执行适合一致性要求的测试。

（3）提供检查静态一致性的基础。

Pixrr 文用于测试的协议实现额外信息。在测试过程中，需要一些预先设定的参数来配合 DUT 的运行。DUT 为变电站内遵循 IEC 61850 标准的设备，测试针对系统功能分解后的最小对象单位。依照 IEC 61850 标准，检验 DUT 的数据、功能和设备模型，包括抽象通信服务接口及其到特定通信协议的映射和互操作性。具体的测试内容如下：

（1）确定系统结构（环境）。系统设备包括被测设备、测试设备、集中式等。统网络结构按 2 层配置，仅有站级总线，不含过程层设备和过程总线，过程层和间隔层功能合并。IEC 61850 的客户端和服务器端分别位于站控层和间隔层。软件工具包括 IEC 61850 客户端监控软件、IEC 61850 服务器端模拟器、协议分析工具（KEMA、uniCA61850）系统配置工具、IED 配置工具。

（2）提交测试所需设备及文件。被测方提供的文件包括 DUT 的 ICD 文件、PICS 文件和 MICS 文件。

（3）按 IEC 61850-10 规定的步骤和方法逐项进行测试，包括肯定和否定测试。主要内容包括：①文件检查和设备型号控制（DUT 860.4）；②按照标准句法（DL/T 860.6）对设备配置文件进行测试；③按照设备相关的对象模型（DL/T 860.74，DL/T 860.73）进行配置文件测试；④按照 DL/T 860.81、DL/T 860.91 和 DL/T 860.92 进行协议栈的测试；⑤按照 DL/T 860.72 进行抽象通信服务的测试；⑥按照 DL/T 860 在通则中给出的规定，进行设备规定扩展的测试。

第三节　智能站测控装置

一、智能变电站系统概述

以信息化、平台网络化为发展方向的智能变电站系统，其设备环保、智能且实用，除了具有信息沟通互享的功能外，还在数据采集、测量和监控等方面发挥重要作用，同时智能变电站可依据电网的实际情况，实时调控并自动转换模式选择最佳供电方案。

智能变电站基于 IEC 61850 标准，其智能设备都具备集成、可靠、先进以及低碳环保的一系列优点。同时这些智能化变电站应用到的智能设备的基本要求都为通信平台网络化、全站数字信息化，同时还能够达到信息共享标准。通过应用这些智能设备，系统能够自动完成信息采集、测量、控制、保护计量以及监测等一系列基本操作，同时这些智能设备还能够帮助系统实现电网的自动控制、智能调节、在线分析以及协同互动等多项高级功能。

（一）工作模式的差异

智能变电站与传统变电站工作模式的差异比较明显，其内部组成要素都要符合智能化、环保化、节能化理念，将各个部分结合成智能变电站。利用高速的网络通信平台来实现各种功能，之后以电网实时自动控制技术协同高等级应用变电站，提升整体工作质量。常见的智能化变电站主要组成部分是设备层以及系统层，其中系统层的主要工作内容就是对变电站的每层进行控制，同时还可以在面对诸多高压设备的情况下，利用智能组件的方式来获取设备的信息。

以当前变电站运行情况与电网整体运行安全性为基础，对不同设备层协同设备等进行处理，不同智能设备的形态与功能都是存在差异性的。高压设备内嵌囊括了各种状态监测组件，之后利用多个智能组件协同合作，提升工作质量。从目前常见的工作方式来看，如果高压设备外置智能组件始终处在独立运行的状态下，则可以满足设备智能化以及变电站智能化发展的特性。设备层的作用是将传统工作模式下的一次设备和二次设备相互融合，通过该方式来阐明变电站智能化设备的未来发展趋势，在组合电器插接式开关中的体现是比较明显的。设备层智能组件包含了许多装置，是装置的统一化名称，不仅可以组合到一起使用，也可以通过外置的方式对设备进行安装。

（二）智能变电站结构及特征

智能化变电站不仅包括了传统的自动化监控系统，同时包含继电保护、自动装置等设备。与传统变电站相比，智能变电站在网络结构上采用了间隔层、站控层、过程层三层两网的结构，共同形成双网保护功能。

其中前者间隔层在整个系统中具有重要的联通作用，主要包括普通的保护和监控装置，所含数据在光纤与过程层之间起到沟通桥梁的作用。

由自动化系统和站域系统构成的站控层，在双网保护系统中，通过收集、监控数据，发挥着测量全站仪器并实时控制的作用。

新增加的过程层网络中的合并单元、智能终端等过程层设备，以智能化的光纤通信网络代替繁杂的二次电缆，全站采用统一的通信规约 IEC 61850 实现智能设备间信息共享和互操作，同时增加了一次设备状态监测和自动化系统高级应用。

智能变电站的特征：分析决策在线化、运行控制自动化、设备安装就地化、信息交换标准化、二次系统一体化、保护决策协同化、一次设备智能化、二次设备网络化、信息展示可视化设备检修状态化、系统设计统一化、基础数据完备化。

二、智能站测控

（一）测控装置概述

测控装置主要包括测量和控制，不仅有足够的精度和变化量的实时反映，同时还接受远方或就地的命令进行调节控制，也可根据装置设定的逻辑编程进行调节控制，规定保证控制的有效性和可靠性。其主要功能：采集交流电气量：如 TA、TV 二次侧的相电压、线电压、零序电压、零序电流，并计算有功功率、无功功率、功率因数、频率等。采集直流量，计算生成非电气量，如主变油温。采集状态量，如开关/刀闸位置信号、GIS/开关操动机构、智能变电站内的合并单元、智能终端告警信号，继电保护和安全自动装置动作及告警信号等。控制功能。控制开关、刀闸、地刀分合闸、复归信号、变压器档位调节、软压板投退等。我们可以在测控装置附近找到一个"远方/就地"切换开关，若开关打到"远方"，可在监控电脑上远方分合闸；若开关打到"就地"，将无法在监控电脑上分合闸，只能在测控装置上操作。同期功能，具备同期合闸功能。可以在测控装置附近找到一个"强制手动/远控/同期手合"把手，如果把手切到"强制手动"，在操作开关合闸时，测控装置不会进行同期检查；如果把手切到"同期手合"，在操作开关合闸时，测控装置会进行同期检查，当开关两侧压差、频差、角差均在设定范围内时才允许合闸。逻辑闭锁功能。装置内部存储防误闭锁逻辑，当需要进行手动操作时，对手动操作进行逻辑判断，若判断符合防误闭锁逻辑，则输出闭锁信号，闭锁手动操作。可以在测控装置附近找到一个"联锁/解锁"切换把手，当把手打到"解锁"位置时，闭锁功能不投入。实际现场把手一般放在"联锁"位置，也就是说这个功能一般使用。

记忆存储功能。对 SOE、操作记录以及告警信息进行存储，其中 SOE 指的是事件顺序记录，即将开关跳闸、保护动作等事件按照毫秒级事件顺序逐个记录。

（二）测控装置应用设计要点

（1）硬件设备。智能变电站的线路保护测控装置由显示屏、状态指示灯、12 个按键以及接线端子组成。在装置的内部分别设有一块主机板、输出板和人机界面。这三块版面之间的连接是 31 芯和 26 芯规格的扁平电缆。主机板上一般设有 CPU、电源模块、A/D 转换及接口，RS485 及光纤通信电路等。输入和输出板块主要由接线端子、RS485 及光纤通信电路、遥信、遥脉输入隔离及接口电路、CANBUS 接口电路等设备。人机界面板的设备相对较少，主要有调试串行接口、键盘和液晶显示接口、状态指示灯电路。

（2）软件设计。智能变电站线路保护测控装置的软件是 16MHz 高速 80C196kB 的 CPU，由它完成一系列测量、控制和通信功能。在主 CPU 中应用的是多任务操作系统，以加快各任务之间相互合作的效率。

（3）交流采集技术。在交流采样法应用过程中，必须依照一定的规律采集被测的交流信号的瞬时值，之后将所获取的瞬时数据送到测量计算回路，经过一定的数学算法之后，求得要测量的结果。在测量过程当中，需要将硬件的计算功能代替为软件功能，其中一种表达方式是将原本的一条光滑被测正弦信号代替为一条阶梯曲线，而追究原理出现的误差主要有以下两个原因：第一是需要将时间内连续数据所产生的误差使用时间上离散数据所代替，而该误差的决定因素在于每一个正弦信号周期中的采样点数，除此之外，追究误差产生的原因也在于 A/D 转换器转换速度和 CPU 的处理实践；而想要更进一步的探究在连续电压以及电流量化过程中误差的产生原因，主要集中在 A/D 转换器的位数。之后直接的将互感器内的二次电压以及电流经过交流采样装置进行隔离变化，从而将原本的二次电流以及二次电压转化为弱电流以及电压信号。除此之外，通过使用采样保持器这一元件，从而保留电压以及电流信号，并且将所保留的电压及电流信号，经过模、数（A/D）的转变之后，使用数据线作为传输介质，直接的将信号传输给 CPU，从而计算出电网当中的电压、电流、有功功率、无功功率等多项参数，并将各参数储存于记忆元件当中。通过使用交流采样测量装置，从而能够将当前所采集到的各项电网参数以及数据，以一定的方式直接的传输到调度室或者是当地的监控终端。一般情况之下，在各种电网数据传输过程中需要遵从的规约制度主要围绕着 CDT、101、102、103、104 规约等多项制度进行，然而在如今交流采样测量装置的生产商以及制造商在制造及生产过程中使用到的规约，并没有经过统一。也因此，在不同厂家之间可能会由于设备型号之间存在较大差异或者是使用的规约不同，而导致所生产出来的交流采样装置之间较大差异。

（4）遥测技术。即远程测量技术，在该技术应用过程当中，直接将被测变化量的值使用远程通信技术传输出去。遥测信息能够直接将系统运行状态中所产生的连续变化量实时完整地表示出来，又被称为模拟量，分为电量和非电量两种。

（5）遥信技术。即远程指示技术及远程信号，在此基础应用过程中，主要是远程监控开关位置的告警情况以及阀门位置的状态种信息，而遥信信息作为一个二元状态量，其主要意义在于针对于每一个遥感对象而言。遥信信息能够表现为两种状态，0 和 1，两种遥信状态为"非"的关系。

（6）遥控技术。即远程命令，在远程通信技术应用过程当中，发布有关命令，能够使得运行设备的状态进行改变，比如说控制断路器分合闸等。

（7）遥调技术。即远程调节，应用远程通信技术，完成对具有两个以上状态运行设备进行控制的远程命令。如机组处理的调节、励磁电流的调节、有载调压分接头的位置调节。

（三）测控装置的特点

（1）采用分层分布式结构，可集中组屏，也可就地安装于开关柜上，整个系统灵活可靠，各间隔单元功能独立，没有相互依赖性，某一个装置的损坏不会影响其他装置的功能。充分发挥四合一的特点和通信网络的优势，集保护测控功能于一体，采用通信网络传递细信息，可取消常规的二次信号控制电缆，简化二次电缆接线，不仅减轻了 CT、PT 的负荷，而且节省了大量投资，节约了人力物力，减少了施工难度及维护工作量。同时为了与传统方式兼容，保留一些远动信号，背板端子也沿用了传统模式，兼容传统的操作控制模式。

（2）软件设计结构化、功能模块化。保护功能同通信网相分离，同时直接的将保护模块分离于其余模块之外，使得保护模块具备有一定的独立性。而在软件层面上还必须使得软件设计具备有较强的抗干扰能力，使得软件能够同硬件相结合，进而提高动作的可靠性。

（3）人机界面友好，操作便捷。直接的将界面使用全汉化大屏幕液晶屏显示出来，该液晶屏能够直接的将跳闸报告、告警报告、树形菜单结构、定值鉴定、遥测、遥信以及控制字整定等用汉字标识直观的展示出来，方便现场的运维人员进行维护与操作。

三、智能站测控间隔层防误

（一）智能五防概述

随着社会的进步和科技的大力发展，计算机技术被广泛地运用在了各个行业和领域当中，电力系统中计算机技术的运用使电力系统的发展有了质的飞跃。目前，传统的老式变电站正在逐渐消失，取而代之的是综合的自动化变电站，不但降低了电力系统的运行成本，而且增加了电力系统的工作效率，提高了电能的质量。这种网络化、智能化、信息化的发展趋势是电力系统未来发展的方向。但是在实际的生产工作中，还是会偶尔发生人为的误操作，导致事故的发生，威胁电力系统的运行安全。因此，防止电气误操作是保证电网安全运行的重要内容，变电站采取的各种防止电气误操作的技术措施对于减少误操作及恶性事故的发生，保证人身、电网、设备的安全起到了重要作用。而五防系统作为防止电气误操作的必备技术手段，是变电站自动化系统的重要组成部分，有效地杜绝了这种事故的发生。

防误闭锁系统是保障变电站正确倒闸操作的重要技术措施。防误闭锁系统的核心是"五防"功能，主要指"防止误分合断路器""防止带负荷拉合隔离开关""防止带电挂接地线""防止带接地线送电""防止误入带电间隔"。除"防止误分合断路器"采用提示性措施外，其他各项均为强制性措施。与传统变电站有所不同，智能变电站的五防在实现上较常规变电站更加完善。

与常规变电站复杂的二次电缆相比，智能化变电站结构大大简化，基于 M 网络的GOOSE 传输机制替代了常规电气跳合闸回路及状态采集回路，提升了运行管理自动化水平，大大简化运行维护。以间隔层设备为主体的智能化一键式操作，使操作环境更加优化，操作步骤更加简练，使变电站倒闸操作更加安全快捷，有效避免了误操作。

智能站防误系统一般由站控层防误、间隔层防误、过程层防误组成。站防误闭锁系统处于安全Ⅰ区，站控层防误闭锁由监控主机或数据网关机实现，间隔层防误闭锁由测控装置实现，过程层防误由一次设备实现。其中承上启下的间隔层五防关乎遥控倒闸能否按要求执行。

（二）智能化变电站对五防的要求

2009 年国家电网公司编写了《智能变电站技术导则》从安全性、可靠性、经济性方面考虑，明确提出包括防误操作在内的系统层各项功能，应高度集成一体化。其后编写的智能化变电站设计规范对变电站的防误操作闭锁，提出了以下三种方案：方案 1，通过监控系统的逻辑闭锁软件实现全站的防误操作闭锁功能；方案 2，监控系统设置"五防"工作站；方案 3，配置独立于监控系统的专用微机"五防"系统。并得出如下结论：从专业及技术发展趋势，结合减少设备重复配置原则，宜通过变电站自动化系统的逻辑闭锁软件实现全站的防误操作闭锁功能。因此，一体化五防在智能化变电站应用必将是发展趋势。

（三）间隔层五防

变电站内的设备状态信息源自各间隔层装置，所以本间隔的测控装置实时性要高于后台服务器，可以快速闭锁已经通过模拟校验的操作步骤，这是间隔层防误最突出的优点。此外，间隔层防误还可为调控端远方倒闸操作提供必要的防误支持。

间隔层五防的逻辑存储在测控装置中，测控装置通过过程层网络获得一次设备的位置状态信息（智能终端上传的 GOOSE 信号），并做出逻辑判断，得到每个操作回路的分合结果，并将闭锁逻辑的判断结果传送给智能终端和监控系统主机（分别经过过程层交换机和站控层交换机），不仅能控制监控系统主机遥控命令的发送，实现设备远方操作闭锁，而且能够开合操作设备的电气控制回路，实现就地闭锁，并且只需要一个接点，便能实现复杂的逻辑。

只需要用一对接点，便可实现一次设备操作回路的闭锁，极大地简化了设备操作回路的二次接线。跨间隔的五防逻辑实现，只需测控装置在间隔层网络中采集其他相关间隔数据即可，无需将过多的辅助节点引入防误主设备的控制回路。

间隔层防误中，设备防误闭锁所用信息大多数与本间隔相关，部分设备需要采集其他间隔信息。智能变电站间隔层测控装置在模型中增加联锁信息访问点，模型配置包括 Gocb 控制块描述和联锁信息数据集描述，通过 Gocb 控制块下 DataSet 数据集的功能约束数据属性（FCDA）元素，定义防误闭锁发送数据的功能约束数据或数据属性名称，由 GOOSE 报文发送。

智能变电站高速可靠的通信网络（物理层以百兆或千兆以太网为通信介质）是联锁信息传递的唯一途径，可以通过划分虚拟局域网（VLAN）的方式，减少网络中冗余信息对其他装置的干扰，同时赋予 GOOSE 报文较高的优先级，缩短信息交换延迟。GOOSE 报文发出后的重传机制保证了应用层信息传输的可靠性，GOOSE 报文不经MMS 映射，直接映射到数据链路层，缩短传输延时。变电站内间隔层联锁关系可以通过 SCD（变电站配置描述文件）配置工具进行设置，然后将配置信息下装到对应的测控装置中。

间隔层防误联锁信息获取方式有定时巡检、实时查询、变化更新等。定时巡检指按周期巡检所需信息，为保证系统实时性，巡检周期不能太长；实时查询是在测控收到站控层下发的遥控选择命令后，启动防误信息通信，获取相应设备状态信息后按逻辑校验；变化更新指某间隔信息发生变化后，无论其他间隔是否需要进行防误逻辑运算，均将变化信息发送给相应间隔，由各间隔测控更新实时库。GOOSE 信息交互基于发送/订阅机制，发送方将值写入发送侧缓冲区，接收方从接收侧缓冲区读取数据，通信系统负责刷新订阅方缓冲区，报文交换基于多路广播应用，与变化更新和巡检混合方式类似。

正常工作状态下，测控装置采集开关刀闸位置信息、线路的电压电流等模拟量，可通过开关量和模拟量的双重判据，确保防误校验的正确性。间隔层测控装置对站控层下发的所有控制命令进行防误闭锁条件检查，就地显示并向监控服务器上送防误校验结果。若不能获得相关间隔有效信息（网络中断、信号品质异常、信号处于检修态等），则判校验不通过。

间隔层测控装置还可以输出防误闭锁节点，串接在遥控和就地操作回路中，当测控装置防误闭锁条件满足时，闭合对应闭锁节点，否则该节点处于常开状态，实现对硬回路的控制。智能变电站中，测控装置与智能终端通过 GOOSE 报文交互解闭锁信息，实现防误校验功能。

（四）间隔层防误分析

间隔层设备由按间隔对象配置的智能化保护测控装置、PMU 单元、计量装置以及其他相关智能设备。间隔层设备之间、间隔层与过程层之间采用 GOOSE 网进行通信，间隔层设备与站控层设备间采用 MMS 网进行信息交互。

间隔层防误通过对测控装置防误规则文件的配置，对站控层发出的遥控信号进行防误逻辑判断，从而判断能否遥控刀闸的系统。在测控装置内部编写了一套闭锁程序，通过该程序可判断采集到的断路器、刀闸等位置是否满足防误条件。跨间隔测控则通过 MMS 网实时获取开关、刀闸位置和品质信息，不间断地进行防误逻辑判断。测控装置防误基本流程如图 3-3 所示。

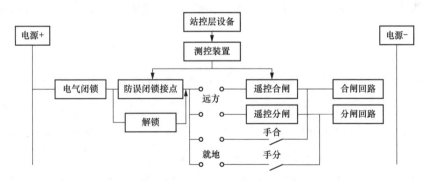

图 3-3　测控装置防误基本流程

测控装置首先检测自身是否在联锁位置。当联锁状态为 1 时，测控装置需要对站控层发出的遥控进行防误逻辑判断，通过获取过程层相关开关和刀闸位置信息进行逻辑运算，运算得到的结果通过 GOOSE 信号控制过程层的防误闭锁接点。若防误逻辑判断允许，则导通防误闭锁接点；若防误逻辑判断不允许，则断开防误闭锁接点。当联锁状态为 0 时，则处于解锁状态，解锁接点闭合，五防失效，此时遥控信号直接下达给过程层智能终端。

（五）间隔层五防的 GOOSE 机制

智能变电站及 DL/T 860 标准的推广应用，为智能变电站监控系统实现防误闭锁功能提供了简单高效的方法。智能变电中 GOOSE 网作为间隔层之间，以及间隔层与过程层之间通信的桥梁取代了传统变电站中的二次电缆连接。因此间隔层测控设备防误闭锁信息的传输也必须通过 GOOSE 网络来实现，特别是 GOOSE 报文发布/订阅模式，为变电站间隔层设备间信息交互提供了高效可靠的传输方式。

IEC 61850 通信技术及 GOOSE 机制的推广应用为间隔层五防功能的实现提供了技术保证，具体表现在：

（1）GOOSE 信息交换是基于发布方/订阅方机制基础上，发布方将值写入发送侧的当地缓冲区，接受方从接受侧的当地缓冲区读数据。

（2）GOOSE 支持的多点之间的点对点通信，适合于数据流量大且实时性要求高的数据通信。

（3）GOOSE 机制是事件驱动的，非常适合于间隔层设备间变位及突发信息的快速传递。

（4）GOOSE 传输服务是应用层到表示层后，直接映射到底层，保证报文的实时性。

（5）GOOSE 机制定义了标准的重发机制，保证了间隔层设备间信息的一致性。

（6）GOOSE 网络交换机的网络报文优先级机制，保证了重要信息优先传输。

上述几点分析表明：GOOSE 的应用改变了传统防误闭锁实施的过程。基于 GOOSE 机制，通过间隔层 GOOSE 网络和过程层 GOOSE 网络非常适合网络化的间隔层五防功能。

（六）实现间隔层五防的方式

变电站内以太网和间隔测控装置中的 PLC 共同构成了间隔层的防误闭锁功能。这一层防误系统包括了间隔联锁和间隔内闭锁，其中间隔联锁所获取的信息包含了装置本地的信息和联锁装置的信息，通过实时查询来获取联锁信息，进行遥控闭锁防误；而间隔内闭锁则通过装置本地实时库就能够实现防误功能。间隔层的防误功能优势在于这一次防误系统能够进行在线闭锁，这个功能是根据电气设备位置的变化信息实现的。在以前，由于电气设备位置信息的返回不及时，很容易导致变电站调度端遥控操作电动刀闸和断路器后的误操作，而间隔层的防误闭锁功能就能够有效地防止了这一类的误操作，其在线实时操作性非常高。

从智能变电站五防功能的需求分析中可以看出，智能变电站中五防功能的应用与实现必须满足智能变电站系统功能高度集成一体化的要求，并结合 GOOSE 网的应用和程序化操作的需求。

网络化的间隔层五防功能所用的遥信数据是通过 GOOSE 机制，从过程层的智能终端获取间隔层五防功能所需的开关量数据，而通过过程层的合并单元获得模拟量则是通过开放的 GOOSE 通信网络进行全站数据的实时传送数据。全站的数据通过开放的 GOOSE 通信网络实时传送，每台间隔层设备都能及时获得其逻辑闭锁所需的数据，并将这些数据应用于本间隔的控制闭锁逻辑条件判别，从而实现独立于五防主站的间隔层的逻辑闭锁。

依据底层网络信息共享和互操作来完成五防功能，并通过运行实时状态识别及闭锁逻辑在间隔层网络进行综合决策判断。间隔层五防以分散型式在网络底层实现变电站完整的五防操作逻辑闭锁功能，取代了常规的专用电气编码锁，消除了专用五防系统与综自系统之间繁杂的信息校验。

防误闭锁功能的实现由原来的二次电缆连接变成了 GOOSE 通信组态和 GOOSE 配置文件下装的工作。由于智能测控装置 GOOSE 输入输出与传统端子排仍然存在对应的关系。因此需通过 GOOSE 组态工具对 GOOSE 输入输出端子进行定义，并组态形成全站统一的 SCD 文件，然后使用配置工具和 SCD 文件，提取 GOOSE 收发的配置信息并下发到装置中，从而实现智能变电站的间隔层五防功能。

（七）间隔层五防 GOOSE 机制优点

网络化五防系统完全依据底层网络信息共享和互操作，在间隔层网络通过运行实时状态识别及逻辑判断综合判断决策，以分散型式在网络底层实现变电站完整的五防操作逻辑闭锁功能，取代了常规的专用电气编码锁，消除了专用五防系统与综自系统之间繁杂的信息校验。

四、间隔层五防的影响

智能化变电站的间隔层设备和过程层设备之间、间隔层与间隔层设备之间都是通过 GOOSE 机制实现一次设备之间开关量的采集和控制，过程层智能终端下放，传统的硬接点开入的取消，同时保护屏取消了保护硬压板等，这些新情况也为五防一体化的系统操作模式及防误闭锁提出了新的要求，需要在以后的智能化变电站的实际运行中总结和制定。

防误闭锁系统各层间相互独立，当某一层存在问题时可以采用相应技术手段，退出该层防误闭锁功能。对于具体的倒闸操作项目，各层间是"与"逻辑，即要求满足每层的操作允许条件。

防误闭锁系统在调试验收阶段应先根据系统运行方式、设备运行状态下的安全要求以及上级部门的管理规定，编写防误逻辑表，保证站控层、间隔层和过程层逻辑一致，之后依据防误逻辑表开展各层防误闭锁功能的调试和验收工作。应特别注意确保每个

"与"条件的可靠闭锁,每个"或"逻辑的可靠解锁,确保防误闭锁系统就地和遥控操作的可靠性,同时做好解锁钥匙的管理工作。

第四节 智能变电站网络交换机

智能变电站网络交换机是应用于智能变电站过程层和站控层的网络交换机,具有自动配置、统一管理、流量监控和智能告警等功能,简称交换机。

一、智能变电站网络交换机

(一)数据帧过滤

交换机应实现基于 MAC 地址的数据帧过滤功能。

(二)组网协议

组网协议应支持 RSTP 等国际标准协议。

(三)网络管理

网络管理要求如下:

(1)应支持网络管理能力,支持 DL/T 860 规范;应支持 SNMP V2C 及以上版本的网络管理能力。

(2)网络管理功能应支持:

1)网络拓扑发现;

2)工作状态识别;

3)装置基本信息;

4)端口数据量统计;

5)异常告警信息及日志上传。

(3)为便于工程调试、配置,应支持维护界面配置,配置范围应涵盖本标准规定的所有内容,运行阶段应关闭此功能。

(4)应具有自诊断功能,并能以报文方式输出装置本身的自检信息。

(5)应支持配置文件自动导入导出,配置文件应符合 DL/T 860 要求。

(6)应支持基于端口的单播 MAC 绑定功能。

(7)应支持对非法数据报文的过滤功能,如 CRC 校验错误、MAC 源地址错误(源地址为组播地址或广播地址)等。

(四)日志功能

(1)应以文本格式记录日志信息,分为系统日志和告警日志。系统日志文件命名为

systemlog. log，记录配置管理等操作信息，至少应包括登录成功、退出登录、登录失败、修改用户密码、用户操作信息等；告警日志文件命名为 alarmlog. log，记录重启、告警等事件。

（2）日志至少应能存储 2000 条信息，且能自动循环覆盖。应支持日志文件本地查阅和上传功能。

（3）应根据日志级别定义，约束相关过滤条件，严格控制日志信息记录数量，分析并准确记录重要日志信息。

（五）维护界面

（1）变电站交换机应具备本机维护界面管理功能。

（2）维护界面应具有的参数配置包含登录用户名与密码设置、装置 IP 设置、端口限速设置（应可设置广播风暴抑制、组播风暴抑制和未知单播风暴抑制）、端口镜像设置、VLAN 设置、静态组播设置、QoS 设置、GMRP 设置、环网设置及配置文件导入与导出等。

（3）维护界面应具有装置基本信息、MAC 地址表项、日志等参数查询及告警信息查询功能。

（六）网络风暴抑制

交换机应支持广播风暴抑制、组播风暴抑制和未知单播风暴抑制功能，默认开启广播风暴抑制和未知单播风暴抑制功能。

（七）虚拟局域网 VLAN

（1）虚拟局域网将局域网内的交换机逻辑地而不是物理地划分成多个网段从而实现虚拟工作组。

（2）交换机应支持 IEEE 802.1Q 定义的 VLAN 标准，至少应支持 4096 个 VLAN，应支持在转发的帧中插入标记头，删除标记头，修改标记头，支持 VLAN Trunk 功能。

（八）优先级 QoS

（1）交换机应支持 IEEE 802.1p 流量优先级控制标准，提供流量优先级和动态组播过滤服务，至少支持 4 个优先级队列，具有绝对优先级功能，应能够确保关键应用和时间要求高的信息流优先进行传输。不应使带有序列标签的数据（如 SV、GOOSE 等报文）产生乱序。

（2）默认设置中绝对优先级功能开启。优先级标记为：7、6、5、4、3、2、1 和 0。7 为最高优先级，依次降低，0 为最低优先级。

（九）镜像

（1）单端口镜像。单端口镜像指镜像端口只复制（监视）一个端口数据。镜像数据速率不大于端口转发速率时，不应出现帧丢失、乱序、复制现象。

（2）多端口镜像。多端口镜像指镜像端口同时复制（监视）几个端口数据。镜像数据速率不大于端口转发速率时，不应出现帧丢失、乱序、复制现象。智能变电站站控层用交换机应支持多端口镜像功能。

（3）多镜像端口。多镜像端口指多个镜像端口同时复制（监视）几个端口数据。智能变电站站控层用交换机宜支持多镜像端口功能。

（十）环网恢复

应采用 IEEE 802.1w 规定的 RSTP 协议实现环网恢复功能。

（十一）时间同步功能

（1）对时功能。应支持 SNTP 协议，并满足 IETFRFC2030 的要求。

（2）时间同步管理。应支持基于 NTP 协议的服务器模式，实现时间同步管理功能；应支持时间同步管理状态自检信息主动上送功能。

（十二）运行状态监测及管理功能

运行状态监测及管理功能满足以下要求：

（1）应具备提供基本信息功能，包括交换机的装置型号、装置描述、生产厂商、软件版本等。

（2）应具备通信端口状态监测及上送功能。

（3）应具备自检功能，自检信息包括装置电源故障信息、通信异常等，自检信息能够浏览和上传。

（4）应实时监视装置内部温度、通信接口光功率、主板工作电压、CPU 负载率等，并主动上送诊断数据。

（5）应具备配置文件导出备份功能。

（十三）组播流量控制

过程层交换机宜支持组播流量控制功能，根据组播 MAC 地址自动识别不同的组播组并按设定的阈值进行流量控制，避免异常组播对变电站网络产生有害影响。

（十四）换延时累加

过程层交换机宜支持 SV 数据帧的交换延时累加功能。交换延时累加功能遵循以下规定：

（1）交换延时累加值（ART）的分辨率为 8ns，字长为 24Bit，最大值为 0xFFFFFF（134217720ns）。

（2）交换机仅对符合 DL/T 860 规定的 SV 数据帧进行交换时延的累加。

（3）默认情况下，溢出标志位（OVF）置为 0。

（4）当交换机检测到累加本机交换延时后会导致 ART 值的溢出，或交换机由于硬件故障等原因无法完成交换延时累加功能时，将 OVF 标志位置 1，ART 值保持不变。

（5）由于交换延时累加功能和 IEC 62351-6、IEC 62351-7 都使用 S 数据帧的保留字段，出于兼容性考虑，当使用 IEC 62351 功能时，交换机将 OVF 标志位置 1，保留字段保持不变。

（6）交换机检测到 OVF 标志位为 1 时，保持 SV 数据帧的保留字段不变。

（7）SV 数据帧长度为 64～1522 字节，交换机端口线速转发时，交换延时累加功能正常工作。

（十五）业务安全

交换机应具备以下安全要求：

1．人机安全

（1）身份认证：应对登录的用户进行身份认证；应提供登录失败处理能力，多次登录失败后应采取必要的保护措施，防止暴力破解口令；登录用户执行重要操作应再次进行身份认证；调试端口远程访问应进行身份认证。

（2）有效性验证：应提供数据有效性检验功能，保证通过人机或通信端口输入的数据格式或长度符合装置设定要求。

2．功能安全

（1）身份限制：应依据源、目的 MAC 地址、VLAN 等属性对连接装置的对象进行限制。

（2）参数修改：参数修改为异常值（如非法数据、类型错误数据、超长数据）应拒绝响应，不应有导致数据出错、装置死机等现象。

（3）日志记录：应具备对用户行为等业务操作事件和重要安全事件进行记录的功能；日志记录应包括事件的日期和时间、事件类型、事件是否成功及其他相关的信息；应对日记记录进行保护，避免受到非预期的删除、修改或覆盖等。

（4）拒绝服务：交换机不应受拒绝服务攻击影响，应运行正常，不误动、不误发报文，不死机、不重启等。

（5）MMS 风暴防护：应具备 MMS 连接风暴、召唤风暴和报告风暴防护。

（6）容错性：应提供容错和自动保护功能，当故障发生时自动保护当前所有状态，保证系统能够自动恢复。

3．存储安全

应配置存储空间余量控制策略，当存储空间接近极限时，装置应能采取必要的措施保护存储数据安全。

4. 进程安全

（1）进程应无死锁。

（2）应不存在内置后门漏洞。

5. 运行环境安全

禁止使用易遭受恶意攻击的高危端口作为服务端口，禁止开启与业务无关的服务端口。

6. 代码安全

（1）代码不应存在高危安全漏洞，包括缓冲区溢出、字符错误结束、整数溢出、内存泄漏、未释放资源、资源注入、不安全的临时文件存放机密文件、系统信息泄露、命令注入、不安全的编辑优化等。

（2）代码不应存在违背安全编码规则的内容，包括访问控制缺陷、缓冲区溢出、DNS欺骗、忽略返回值、未经验证的用户输入等方面。

二、智能变电站网络交换机的端口识别方法

（一）端口自学习

由于传统的智能变电站交换机没有通过智能站SCD特性与端口报文收发相互关系来识别各端口所连接智能电子装置IED的方式，故在此给出了根据交换机端口收到的报文块识别出此端口所连接装置的方法，结合智能变电站SCD特性与端口报文收发相互关系，判断此端口所连接装置应该接收什么信息，结合交换机的IP学习、IP老化等功能识别各端口所连设备的Mac地址，结合SCD和识别到的装置情况进行VLAN的自学习，最终实现智能变电站交换机各端口情况的学习。

交换机通过解析SCD文件，分析出各类装置之间的连接关系。结合交换机IP学习、IP老化等功能识别端口所连设备Mac地址，通过交换机的SNMP简单网络管理协议获取到交换机信息与通信口状态。监测接入交换机各端口实际收发情况为只发不收、只收不发还是即发送又接收（排除只收不发装置平时发送的用于联系的数据）。

当交换机端口所连接设备类型为即发送又接收时，通过解析交换机端口接收到的报文块，交换机解析判断出并学习到端口所连接的装置，然后结合交换机自动解析到的SCD文件中各装置连接关系，从而判断出这个装置应该接收什么信息。

当端口所连接设备为只发不收时，通过交换机端口接收到的报文块，解析判断出端口所连接的装置，交换机自动屏蔽发送到该装置的信息。

当端口所连接设备为只收不发时，支持手动配置，交换机根据手动配置情况和解析到的SCD文件上发送和接收关系学习到该连接装置应该接收的是什么信息。这种情况采

取自动加手动的方式可实现交换机自学习。

根据 SCD 和识别到的装置情况进行 VLAN 的自动识别，交换机通过自学习可以实现 VLAN 自动分配，当有的端口被划分 VLAN，但根据 SCD 和识别到的装置情况判断这个端口不接收报文，VLAN 划分后报文依然会进入这个端口；以及某些信息装置不接收但属于这个 VLAN 端口，如：合并单元不接收 GOOSE，则还是会被发送信息，但根据 SCD 和装置情况判断不需要接收这个报文块。以上两种情况下交换机根据端口自动屏蔽 VLAN，达到交换机替代 VLAN 的功能，使报文控制情况更加有效，交换机端口 VLAN 自动分配

（二）端口学习过程

（1）交换机自动解析 SCD 文件，分析出各类装置连接的关系。结合交换机的 IP 学习、IP 老化等功能识别端口 Mac 地址，通过交换机的 SNMP 简单网络管理协议获取到交换机信息与通信口状态。通过监测接入交换机各端口实际收发情况为只发不收、只收不发还是即发送又接收，排除只收不发装置平时发送的用于联系的数据进行对比分析。

（2）当交换机端口所连接设备为即发送又接收时，根据交换机端口接收到的报文块，交换机解析判断出端口所连接的装置，然后结合交换机自动解析到的 SCD 文件中各装置连接关系，从而判断出这个装置应该接收的信息。

（3）当端口所连接设备为只发不收时，根据交换机端口接收到的报文块，交换机解析判断出端口所连接的装置，交换机自动屏蔽发送到该装置的信息。

（4）当端口所连接设备为只收不发时，不知道是什么装置，支持手动配置，交换机根据手动配置情况和解析到的 SCD 文件上发送和接收关系学习到该连接装置应该接收什么信息。这种情况采取自动加手动的方式实现交换机自学习。根据 SCD 和识别到的装置情况进行 VLAN 的自动识别，交换机通过自学习实现 VLAN 自动分配。

（5）当有的端口被划分 VLAN，但根据 SCD 和识别到的装置情况判断这个端口不需要接收报文块，VLAN 划分后报文依然会进入这个端口，交换机自动屏蔽该端口接收的报文。

（6）某些信息装置不接收但属于这个 VLAN 端口，此时装置也可能会被发送信息，但由 SCD 和装置情况判断出此装置不接收报文块，交换机自动屏蔽该端口发送的报文。

三、智能变电站交换机的网络配置判断方法

（一）智能变电站通信网络问题的判断

传统的判断智能变电站网络通信的问题一般都是建立通信故障监测服务器，经入口交换机与级联的交换机、设备联网，通信故障监测服务器经入口交换机获取交换机、设

备构成的通信网络拓扑，获取网路通信状态，从而根据网路通信状态达到对智能变电站网络通信故障的判断。但这种方式对于原因为 SCD 的配置、交换机的配置、实时通信口的状态等单一或综合作用所导致的情况不能全面、准确的判断通信问题。

首先将设计文档的 VLAN 配置与实际装置的 VLAN 配置作对比，如果相同则返回初始位置重新判断，如果不相同则使用 SCD 分析软件分析 SCD 配置文件的 VLAN 划分，通过 SNMP 简单网络管理协议与交换机进行通信，获取交换机的 VLAN 划分，然后将 SCD 的 VLAN 划分与交换机的 VLAN 划分进行比对，如果两者不相同，通过实时监视软件监视 VLAN 口的数据流量，如果数据流量（不为零）与预配置的流量正负相差达到一定的百分比，且 SCD 配置的 VLAN 划分与交换机的 VLAN 划分不一致，则判断其为交换机配置错误；如果两者相同，如果数据流量（不为零）与预配置的流量正负相差达到一定的百分比，则判断其为 SCD 配置错误；如果 SCD 配置的 VLAN 划分与交换机的 VLAN 划分一致，而监视到的 VLAN 口的数据流量在一定的时间内都为零，则判断其为光纤不通。从而达到全面且准确的判断出智能变电站网络通信问题。

（二）详细判断流程

通过 SCD 上的 VLAN 配置、各装置的连接关系等信息，结合交换机的 VLAN 配置和实时通信口状态，判断网络通信问题可能是 SCD 配置错误、光纤不通、交换机配置错误。首先将设计文档的 VLAN 配置与实际装置的 VLAN 配置作对比，如果相同则返回初始位置重新判断，如果不相同则通过 SNMP 简单网络管理协议获取到交换机信息与通信口状态，使用 SCD 分析软件分析出 SCD 配置的 VLAN 划分，将其与交换机的 VLAN 划分对比。

（1）观察两者是否相同，当这两种 VLAN 的划分相同时，解析 SCD 文件的 VLAN 配置后根据 VLAN 的连接情况进行归类，计算理论报文块与数据流的大小，得出 SCD 配置的 VLAN 流量，再根据智能变电站中交换机的 SNMP 配置命令读取交换机上的 VLAN 配置，如果已有装置口与交换机口的连接情况，直接计算报文块与数据流的大小，如果没有装置口与交换机口的连接情况，根据 SCD 文件判断各个装置口与交换机口的连接，再计算报文块与数据流的大小，从而得出交换机配置下的 VLAN 流量。

若存在我们局域网中的通信口实际流量与预配置的流量正负相差达到一定的百分比则可判断其为 SCD 配置错误的问题。

（2）若存在我们局域网中的通信口实际流量与预配置的流量正负相差达到一定的百分比且前者不为零，并且 SCD 配置的 VLAN 划分与交换机的 VLAN 划分不一致，则可判断其为交换机配置错误问题。

（3）当智能变电站 SCD 配置的 VLAN 划分与交换机的 VLAN 划分一致，并且在其他各种情况下得到的存在我们局域网中的通信口实时流量始终都为零，则我们可以判断其为光纤不通所导致。

四、智能变电站网络交换机检验

（一）光功率检测

（1）检验方法。使用光功率计，接到交换机任一光口输出端进行测量。

（2）技术要求。百兆光接口发光功率：$-14\sim-20$dBm；千兆光接口发光功率：$0\sim-9.5$dBm。

（二）接收灵敏度检测

（1）检验方法。

1）连接交换机和测试仪；

2）将光功率计设置到相应波长挡位；

3）调整光衰减器，使交换机处于丢帧和正常通信的临界状态；

4）光衰减器后接上光功率计测量光功率，记录光功率计读数，读数即为交换机接收灵敏度。

（2）技术要求。

百兆光接口：$\leqslant-31$dBm；千兆光接口：$\leqslant-17$dBm。

（三）主备电源冗余检测

（1）检验方法。

1）两个端口同时以最大负荷互相发送数据；

2）检测帧长为 64 字节，检测时间 60s；

3）任意一路电源供电，交换机应能正常工作，数据丢包率为 0；

4）主备电源切换检测过程中，实现单电源—双电源—单电源的切换；

5）记录数据丢包率，应为 0。

（2）技术要求。主备电源能够可靠地自动切换，交换机在单双电源切换的过程中不应数据丢失。

（四）MMS 通信端口检测

（1）检验方法。将网络管理测试工具与交换机的 MMS 通信端口相连，发送对时信号查看交换机的时间信息，接收交换机的状态信息查看正确性，同时监视交换机的其他通信端口。

（2）技术要求。过程层交换机应提供 MMS 通信端口，具备对时和状态信息上送功能，MMS 通信端口与交换机通信接口应相互独立。

（五）组网功能检测

（1）检验方法。检测交换机在各种组网情况下，是否处于正常工作状态，传输数据是否正确。

（2）技术要求。支持单环组网、单星组网及双星组网。

（六）整机吞吐量检测

（1）检验方法。

1）按照 RFC2544 中规定，将交换机所有端口与网络测试仪相连接，使用不同帧长进行检测；

2）配置网络测试仪的吞吐量模式为 mesh 方式，检测整机吞吐量。

（2）技术要求。交换机整机吞吐量达到 100%。

（七）存储转发速率检测

（1）检验方法。

1）按照 RFC2544 中规定，将交换机任意两个端口与网络测试仪相连接；

2）两个端口同时以最大负荷互相发送数据；

3）记录不同帧长在不丢帧的情况下的最大转发速率。

（2）技术要求。在满负荷下，交换机任意两端口可以正确转发帧的速率，存储转发速率等于端口线速。

（八）地址缓存能力检测

（1）检验方法。

1）将交换机三个端口与测试仪连接，端口 A 为监视端口；

2）配置网络测试仪，端口 B 不断增大向端口 C 发送带有不同 MAC 地址的数据帧数，直到端口 A 接收到数据帧；

3）使端口 A 刚好收不到数据帧时，端口 B 发送的数据帧数即为地址缓存能力。

（2）技术要求。交换机 MAC 地址缓存能力不应低于 4096 个。

（九）地址学习能力检测

（1）检验方法。

1）将学习的地址数目等于地址缓存能力；

2）将交换机三个端口与测试仪连接，端口 A 为监视端口；

3）配置网络测试仪，端口 B 以一定速率向端口 C 发送带有不同 MAC 地址的数据帧数，直到端口 A 接收到数据帧；

4）使端口 A 刚好收不到数据帧时，端口 B 发送的数据帧的速率即为地址学习速率。

（2）技术要求。交换机地址学习速率应大于 1000 帧/s。

（十）存储转发时延检测

（1）检验方法。

1）检测不同类型的帧长度字节，检测按轻载 10％和重载 95％分别检测；

2）将交换机任意两个端口与测试仪相连接；

3）两个端口同时以相应负荷互相发送数据；

4）记录不同帧长的转发时延，记录时延应包含最大时延、最小时延和平均时延。

（2）技术要求。交换机传输各种帧长数据时，时延（平均）应小于 10 μs；启用交换延时累加功能后时延（平均）应小于 20μs。

（十一）时延抖动检测

（1）检验方法。

1）检测不同类型帧长度字节，检测负载 100％；

2）将交换机任意两个端口与测试仪相连接；

3）两个端口同时以 100％负载互相发送数据；

4）记录不同帧长的时延抖动，记录时延应包含最大时延抖动、最小时延抖动和平均时延抖动。

（2）技术要求。交换机传输各种帧长数据时，时延抖动应小于 1μs。

（十二）帧丢失率检测

（1）检验方法。

1）检测不同类型帧长度字节，端口线速检测；

2）按照 RFC2544 中规定，将交换机任意两个端口与网络测试仪相连接；

3）两个端口同时以端口存储转发速率互相发送数据；

4）记录不同帧长时的帧丢失率。

（2）技术要求。交换机帧丢失率应为 0。

（十三）背靠背检测

（1）检验方法。

1）检测不同类型帧长度字节，检测时间为 2s，重复次数为 50 次；

2）将交换机任意两个端口与测试仪相连接；

3）两个端口同时以最大负荷互相发送数据；

4）记录背靠背帧数。

（2）技术要求。交换机帧丢失率应为 0。

（十四）网络风暴抑制检测

（1）检验方法。

1）交换机端口 1 分别开启广播风暴抑制、组播风暴抑制和未知单播风暴抑制功能；

2）网络测试仪测试口 A 构建 4 条数据流，分别为数据流 1（广播帧）、数据流 2（组播帧）、数据流 3（未知单播帧），数据流 4（IPv4 帧）；

3）网络测试仪测试口 A 按线速向测试口 B 发送上述 4 条测试流，测试时间 30s；

4）记录不同数据流的接收情况，根据交换机设置的抑制值计算实际的网络风暴抑制比率。

（2）技术要求。交换机网络风暴实际抑制结果不应超过抑制设定值的 110%。

（十五）静态组播检测

（1）检验方法。

1）按交换机支持的最大容量配置静态组播地址表；

2）网络测试仪测试口 A 按上述静态组播地址表建立组播组 1 和静态组播地址表之外的组播组 2，并向测试口 B 发送包含组播组 1 与组播组 2 的数据流，测试口 C 作为监视端口；

3）记录测试口 C 数据流的接收情况。

（2）技术要求。交换机支持的静态组播组数量不应少于 512 个。交换机应支持组播 MAC 地址、VLAN 号和端口方式配置静态组播。

（十六）QoS 性能检测

（1）检验方法。

1）连接交换机和测试仪，测试仪端口 1～5 分别连接交换机的五个端口；

2）测试仪端口 A 按如下方式构建流量：2% 的 goose 流量；25% 的未知单播流量；

3）测试仪端口 B 按如下方式构建流量：2% 的 SV 流量；25% 的未知单播流量；

4）测试仪端口 C、D 按构建 30% 的广播流量；其中，goose 和 SV 流量的优先级值为 7，其余流量优先级值为 0；

5）在交换机上配置基于绝对优先级的 QoS 功能，并配置 goose 和 SV 流量的优先级为最高；

6）端口 1～4 发送步骤 2 配置的流量，端口 5 接收；

7）检查端口 E 上 goose 流量和 SV 流量的时延值。

（2）技术要求。在流量较大的情况下，交换机应保证高优先级的流量的时延抖动小于 $10\mu s$。

五、智能变电站网络交换机巡视与检查

（1）交换机运行灯、电源灯、端口连接灯指示正确。

（2）交换机每个端口所接光纤（或网线）的标识完备。

（3）检查监控系统中变电站网络通信状态正常。

（4）检查装置各网口相对应的接口指示信号正确。

（5）交换机通风装置运行正常，定期测温正常。

在运行巡视与检查时，智能变电站交换机在实际应用过程中存在以下几个主要问题：

（1）交换机的配置问题：目前，交换机的配置有静态配置（VLAN）、动态配置（GMRP）两种方式。

1）静态配置，即通过配置交换机静态多播地址表实现多播报文过滤。这种方式原理简单，但交换机配置较复杂，IED连接的交换机端口必须固定不变，当变电站自动化系统扩建或交换机故障更换时必然修改或设置交换机多播配置，存在一定的安全风险，同时依赖于繁琐的人工配置，维护管理异常困难。

2）动态配置，即通过标准的多播管理协议实现交换机动态分组。由于GOOSE只在链路层通信，因此交换机和IED必须支持2层多播管理协议才能实现动态多播分配。另外，IED需要支持GMRP协议，虚拟连线的动态建立导致故障定位、排查较困难。

（2）"网采网跳"对外部时钟的依赖问题：智能变电站继电保护采用"网采网跳"模式的最大障碍在于，跨间隔保护采样数据的同步性必须依赖于外部时钟，当失去外部时钟或外部时钟出现故障时，跨间隔保护将退出运行。由上述分析可看出，在"网采网跳"模式中，采样数据报文的传输依赖于交换机，而报文在交换机内的传输延时是不确定的。因此当外部时钟失去时，保护装置无法判断采样数据是否同步。

（3）对网络风暴的抑制问题：网络化是智能变电站的一大特点，网络在给智能变电站带来数据充分共享优点的同时，也对智能变电站的安全可靠运行带来一定的影响，其中影响最为恶劣的是网络风。网络风暴除了会造成网络堵塞、系统大面积断网等影响外，还会冲击过程层、间隔层中所有组网设备，造成其网卡接收缓冲区溢出，大量占用CPU资源，导致各组网设备软件程序死机或重启，危害智能变电站的安全稳定运行。

智能变电站内产生网络风暴的主要原因有以下几点：①交换机异常。交换机作为网络核心交换设备，自身的报文转发机制异常（如VLAN机制失效）就会导致网络风暴。②组网设备网卡异常。组网设备网卡发生异常，可能会导致报文大量发送，从而出现网络风暴。③网络环路。这是智能变电站网络风暴产生的一个重要原因。一旦产生网络环路，对于站控层网络，广播报文会形成网络风暴。

智能变电站交换机运行注意事项具体包括：

（1）正常运行时，禁止关闭交换机电源。

（2）正常运行时，禁止重启网络交换机或随意插拔网线。

（3）禁止运维人员操作交换机复位按钮。

六、智能变电站网络交换机故障及异常处理

（1）过程层保护交换机故障或失电，若不影响保护正常运行（保护采用直采直跳方式设计），可不停用相应保护装置，但应及时处理；若影响保护装置正常运行（保护采用网采网跳方式），应视为对应一次设备失去保护，停用相应保护装置，必要时停运对应的一次设备。

（2）间隔层交换机故障，应检查监控后台监控信息是否正常，对失去监控的设备加强监视，通知专业人员处理。间隔层交换机失电，应立即检查电源回路有无异常，若空开断开运维人员可试送一次，试送不成功，通知专业人员处理，并对失去监控的设备加强监视。

（3）站控层交换机失电告警，与本站控层交换机连接的站控层功能丢失，汇报调控人员。

（4）交换机告警灯亮，需要检查跟本交换机相连的所有保护、测控、电度表、合并单元、智能终端等装置光纤是否完好，SV、GOOSE 和 MMS 通信是否正常，后台是否有其他告警信息。

（5）过程层交换机前面板端口连接灯熄灭，此光口通信中断，汇报专业人员处理。

七、智能变电站网络性能测试技术

数字化变电站保护跳闸命令、遥控分合命令都以 GOOSE 形式通过以太网发送至执行命令的智能操作箱或智能开关，网络连接的可靠性、数据传输的实时性直接关系到保护的动作行为。GOOSE 传输交换机的重要性变得和常规变电站里传统跳合闸回路一样，要求其必须具有较高可靠性。因此，工业以太网交换机的测试是变电站网络数据交换测试的重点。

对智能变电站网络系统进行功能和性能测试，是为检验智能变电站的网络节点的功能、性能是否满足需求，验证整站运行后的网络流量是否正常，同时保证网络系统为今后的变电站升级做好功能和性能冗余。智能变电站系统网络性能测评包括三大部分，即网络功能和性能测试、装置抗风暴测试和网络流量测试，测试对象为过程层和站控层工业以太网交换机、所有基于以太网的电力装置。

（一）智能变电站系统常见组网方式

随着智能电网技术不断发展，计算机网络技术在智能变电站建设中得到广泛应用。选择合适的网络拓扑结构，是组建计算机网络的第一步，也是实现各种网络协议的基

础。同时，网络拓扑结构对网络的性能、系统的可靠性具有重大影响。目前，基本的网络拓扑结构有环形拓扑、星形拓扑、总线拓扑等。

（1）环形拓扑结构：各节点通过通信线路组成闭合回路，环中数据只能单向传输，信息在每台设备上的延时时间是固定的。

（2）星形拓扑结构：以中央节点为中心，把若干外围节点连接起来的辐射式互联结构。这种结构适用于局域网，近年来局域网大都采用这种连接方式。

（3）总线拓扑结构：网络中的所有设备通过相应的硬件接口直接连接到公共总线上，节点之间按广播方式通信，一个节点发出的信息，总线上的其他节点均可"收听"到。

（二）智能变电站系统网络的性能指标

变电站中交换机安装的地点运行环境比较恶劣，设备温度为-40～70℃，相对湿度为10％～95％，常在机械振动和电磁干扰环境下运行，因此宜使用没有风扇等转动元件且能在严酷运行环境下保证正常运行的工业级交换机。对用于GOOSE传输的交换机要求为：静电放电抗扰度、电快速瞬变脉冲群抗扰度、浪涌（冲击）等电磁干扰项目要求达到相关国家标准的4级抗扰度。有关绝缘性能、机械性能、电源性能都参照保护装置进行要求。

吞吐量、传输延时、丢帧率是评价交换机性能的几个基本指标。吞吐量是指在没有丢帧的情况下被测链路所能转发的最大数据转发速率；传输延时指数据包从发送到接收端口所经历的时间；丢帧率是指由于网络性能问题造成部分数据包不能被转发的比例。此外，还要求交换机具备以下功能：

（1）虚拟局域网VLAN划分功能。交换机应支持IEEE 802.1Q定义的VLAN标准，至少支持根据端口划分方式，支持在转发的帧中插入标记头、删除标记头、修改标记头的功能。

（2）支持IEEE 802.1p流量优先级控制标准。提供流量优先级，应至少支持4个优先队列；具有绝对优先级功能，应能够确保关键应用和时间要求高的信息流优先进行传输。

（3）广播风暴抑制功能。可对交换机进行设置，对广播数据按设定策略进行过滤控制，防止过多的广播数据占用带宽影响关键及政策数据转发。

（4）支持SNTP协议。

（5）端口镜像功能。可将一个或多个端口的进出数据复制到指定监视端口，利于对网络进行分析时接入分析设备而不影响正在运行的网络。

（6）交换机出错自检。端口工况异常等应可进行告警，并有记录可查询。

（三）智能变电站系统网络性能测试内容

智能变电站系统网络性能测试中常用一些技术指标来衡量网络性能的优劣，下面对部分技术指标进行简单介绍。

（1）吞吐量：对网络、设备、端口、虚电路或其他设施，单位时间内成功传送数据的数量。

（2）网络延时：指一个报文或分组从网络的一端传送到另一端所需要的时间。它包括发送延时、传播延时、处理延时和排队延时。

（3）帧丢失率：数据发出方发出而接收方未接受到的数据占全部发出数据的比例。

（4）网络收敛性：一个路由项的改变，网络中的所有节点全部更新它们的路由表所需时间。

（5）GOOSE 传输功能：变电站自动化系统快速报文传输的能力。

智能变电站系统网络性能测试内容包括网络功能和性能测试、装置抗风暴测试、网络流量测试。

（1）网络功能和性能测试：按照《电力专用工业以太网交换机技术规范》的要求，对应用于智能变电站网络的工业以太网交换机及其搭建的网络系统进行功能和性能测试。针对每个测试项，设计符合本智能变电站的测试用例，模拟智能变电站中的多种网络运行情况，确保智能变电站关键组网设备的功能和性能满足要求，并适应未来一段时间的发展需求。同时确保站控层和过程层的网络组网方式满足智能变电站需求。

测试内容包括：端口数据转发测试、吞吐量测试、时延测试、帧丢失率测试、背靠背帧数测试、地址缓存能力测试、地址学习速率测试、GOOSE 传输功能测试、VLAN功能测试、广播抑制功能测试、组播抑制功能测试、所有帧抑制功能测试、优先级测试、网络收敛协议功能测试、级联测试。

（2）装置抗风暴测试：测试网络风暴对电力装置的影响。确保智能变电站网络系统在发生通常的网络风暴及网络攻击的情况下，各个以太网电力装置能够抵御突发流量以及网络异常攻击，接收正常报文，终端设备的状态和功能反应正常。本测试项在被测试的终端设备通信网络上加入带外、带内两种报文，以一定的负载发送报文。带外广播报文的目的 mac 地址为 FF-FF-FF-FF-FF-FF，带内报文在智能变电站系统内抓包获得，以确保带内 GOOSE 报文的帧格式为终端被测设备接受的帧格式。

（3）网络流量测试：测试在正常和非正常情况下的网络流量，包括网络利用率、网络数据包传输率、错误率等。测试智能变电站网络系统的网络流量和网络协议是否正常，能够在整体上掌握整个数字化站的网络运行情况。在发生异常流量情况下，能够及时找出发生异常的装置，测试的结果能够指导站内网络设置，风暴抑制、优先级设置、网络拓扑顺序等。

第五节　智　能　终　端

智能终端是一种与一次设备采用电缆连接，与保护、测控等二次设备采用光纤连接，实现对一次设备（如：断路器、刀闸、主变压器等）的测量、控制等功能的装置。

智能终端具备断路器（开关）操作箱及隔离开关（刀闸）控制功能，接收保护、测控装置的 GOOSE 开出，实现对断路器（开关）和隔离开关（刀闸）的控制，同时把断路器（开关）和隔离开关（刀闸）的位置和状态及智能终端本身的闭锁告警信息送至测控和保护装置。

一、智能终端功能

智能终端功能应符合下列要求：

（1）装置应具有信息转换和通信功能，支持以 GOOSE 方式上传一次设备的状态信息，同时接收来自控制设备的 GOOSE 下行控制命令，实现对一次设备的实时控制功能。

（2）装置应不设置 GOOSE 开入软压板、GOOSE 出口软压板。

（3）装置应设置"检修状态"硬压板，"检修状态"硬压板投入后，装置面板应具备明显指示表明装置处于检修状态，装置上送带检修至位信息，并在报文中置检修位。

（4）当装置的检修状态与发送方的检修状态不一致时，装置应不动作；当装置的检修状态与发送方的检修状态一致时，装置应能正确动作。

（5）装置应以虚遥信点方式发送收到跳合闸命令的反馈。

（6）装置应具有开关量和模拟量采集功能，输入量点数可根据工程需要灵活配置；开关量输入宜采用强电方式采集；模拟量输入应支持 4~20mA 和 0~5V 小信号。

（7）装置应具有开关量输入防抖功能，断路器位置、刀闸位置防抖时间宜统一设定为 5ms，并可根据现场灵活设置；SOE 时标应是防抖前的时标。

（8）装置应具备开关量输出功能，接点输出的数量可根据工程需要灵活配置。

（9）装置应具备抵御网络风暴的能力，在异常网络工况下均不应出现死机、重启、误动、发出错误报文等现象；网络工况恢复正常后，装置性能应恢复正常。

（10）装置应具有与外部标准授时源的对时接口，对时方式宜为光 IRIG-B（DC）码或 IEC 61588。

（11）装置应具备日志功能，装置应以时间顺序记录运行过程中的重要信息，如：接收 GOOSE 报文的时刻、来源，开入的时刻、变位内容，自检信息，告警信息，修改配置的时刻等。

（12）装置所有日志记录的信息在失去电源的情况下应不丢失，在电源恢复正常后应能重新读取输出。所有记录的信息应按时间循环覆盖，不可人为清除。

（13）装置应设有调试接口，并提供方便、可靠的调试、查看工具与手段，应能查看装置的软件版本、校验码等装置基本信息。

（14）装置应设有自复位电路和具备掉电保持的时钟电路。

（15）装置应有完善的告警功能，告警包括控制回路断线、电源中断、通信异常、GOOSE 断链、装置内部异常、对时时钟源异常、开入电源失电等信号。

（16）装置应具备闭锁功能，防止装置误动。

（17）装置宜具备光纤以太网接口光功率监测功能，宜具备装置温度、内部工作电压检查功能。

（18）断路器、隔离开关位置信号均应采用双点信息，其余的普通遥信和告警信号均应采用单点信息传送。

（19）分相断路器的总位置信号不应由智能终端进行合成，智能终端只上送各分相断路器的原始位置信息。

（20）智能终端发布的保护信息应在一个数据集内。

（21）智能终端在上电、重启过程中不应发送与外部开入不一致的信息。

（22）对于含非电量保护的本体智能终端，其非电量保护跳闸应通过控制电缆以直跳方式和断路器智能终端接口，对于非电量跳闸需要重动的断路器智能终端，应经大功率继电器重动，并具备抵抗 220V 工频电压干扰的能力。

二、智能终端的信息模型

（一）智能终端逻辑设备与逻辑节点

在功能抽象上可以将智能终端看成一个逻辑设备，与间隔层采用双以太网通信，通信模式为发布者订阅者模式，所提供的功能服务由代表不同功能的逻辑节点组成。智能终端信息模型主要包括 XCBR、XSWI、GGIO、LLN0、LPHD 等逻辑节点。

XCBR 逻辑节点表示断路器；XSWI 表示隔离开关和接地开关；多个 GGIO 可用于表示开关量输入、保护用信号、内部告警信号、GOOSE 告警信号及保护测控输入虚端子；LLN0 为访问逻辑设备的公用信息提供了一些通信服务模型，如 GOOSE 控制块、采样值控制块和定值组控制块等；LPHD 表示逻辑设备的公共数据，如物理设备铭牌、健康状况等。

（二）智能终端数据对象及其属性

逻辑节点只实现了对装置功能的定义和划分，构建了信息模型的框架，要实现对信息模型的访问和操作，还需要建立逻辑节点的标准化信息语义，即用数据对象对逻辑节点进行标准化的描述。逻辑节点中包含的数据，有些是必选的；有些是可选的，可以根据需要添加进去。以 XCBR 为例，具体断路器实例的名称、路径、本地操作、操作计数、断路器位置、跳闸闭锁、合闸闭锁、断路器操作能力是必选的，而外部设备健康、外部设备铭牌、充电电机使能、开端电流总和、定向分合能力等可以根据需要配置。

数据属性是数据对象的内涵，是信息模型中信息的最终承载者，对信息模型的一切操作都归结到对数据属性的读写上。在结构化的信息模型中数据属性必须放在确定的语义空间中，即具有完整的路径描述才具有确定、没有歧义的语义。以智能终端中数据对象 Pos 为例进行说明。位置 Pos 在简单 RTU 协议中是一个简单的"点"。它具有若干数据属性。数据属性分如下几类：①控制（状态、测量/计量值、或定值）；②取代；③配置、描述、扩展。

数据对象和数据属性的项目可根据应用的要求添加或减少，删减时需保留标注为必选（M）的项目，增加的项目必须按标准规定的方法命名。

三、智能终端抽象通信服务接口和特定通信服务映射

IEC 61850-7-2 采用抽象通信服务接口（ACSI），是所有变电站数据信息交换所需的通信服务接口。针对变电站内信息传输涉及通信服务，ACSI 共总结了 14 类模型，每类模型又由若干个抽象服务组成。依照信息模型中的数据对象及其属性对这些模型及其服务分别引用，构成了信息模型的功能通信服务。这些抽象的功能通信服务可分为两类：客户/服务器和对等网络，前者针对控制、读写数据值等服务，后者针对快速、可靠的数据传输服务。

GOOSE 通信是智能终端最主要的功能服务，下文将主要介绍 GOOSE 传输模型的引用。

GOOSE 的报文传输抽象模型均采用发布者/订阅者通信结构，主要原因如下：

（1）此通信结构支持多个通信节点之间的点对点直接通信，与点对点通信结构和客户/服务器通信结构相比较，发布者/订阅者通信结构是 1 个或多个数据源（即发布者）向多个接收者（即订阅者）发送数据的最佳解决方案，尤其适合于数据流量大且实时性要求高的数据通信。

（2）发布者/订阅者通信结构符合 GOOSE 报文传输本质，是事件驱动。由于 GOOSE 报文传输的特殊要求，IEC 61850 标准对传统发布者订阅者进行了改进，以完成时序性可靠性控制及订阅者具备主动询问、发布者具备响应询问的功能。

报文传输的通信过程由发布者的控制模块（GOCB）进行控制，GOOSE 报文传输

支持由数据集组织的公共数据的交换，这一点与采样值传输模型相似，但在采样值传输模型中，其数据集中的数据（DATA）均属于公用数据类（SAV），传输的主要信息是电流、电压值，而 GOOSE 并未强制所传输的信息内容，其数据集的数据对象可灵活定义。

为满足 GOOSE 报文传输的特殊要求，IEC 61850 标准改进后的发布者/订阅者通信结构不仅支持订阅者以客户/服务器通信方式访问或修改发布者的控制块属性，而且引入了报文存活时间（Time Allow To Live）、事件序列计数器（Sq Num）、状态改变计数器（St Num）及状态改变时刻（T）等控制参数。

特定通信服务映射即 SCSM，是 ACSI 服务接口映射到特定的通信协议上的实现，他是与具体协议的一个中间层，无论需求的通信网络和通信协议是什么都只需改变 SC-SM 的特定通信服务映射即可。目前，IEC 61850 标准规定了两种映射方法：

（1）映射到制造报文规范 MMS：通信网络采用以太网；表示层以下采用 TCP/IP 协议；在应用层、表述层上将信息模型及其抽象服务映射到 MMS 的对象（如虚拟设备）及其服务上，再由 MMS 组织格式化的报文。这种映射方法是针对客户/服务器通信模型，主要由 IEC 61850-8-1 部分定义。

（2）映射到以太网的数据链路层：通信网络采用带优先级的以太网；为减少协议解析的开销，提高实时性，服务被直接映射到数据链路层，仅在表示层上进行特定的编码。这种方法主要针对快速的采样值传输和 GSE 报文，前者映射方法由 IEC 61850-9 部分定义，智能终端主要是完成跳合闸报文及开关量信息的传输，属于后者可采用 IEC 61850-7，8 定义的 GOOSE 通信方式。

其中 GOOSE 应用层主要通过采用抽象语法标记（ASN.1）来表示 GOOSE 报文的应用协议单元（APDU）；表示层主要对 GOOSE APDU 中的各项数据采用 BER 的编码格式；而数据链路层遵循 IEC 8802.3 协议（以太网协议），并对报文进行特殊处理。

四、智能终端检验

（一）断路器智能终端 GOOSE 接口接收能力检查

（1）检验方法。通过数字化继电保护试验装置发出 15 个 GOOSE 数据集，检查智能终端 GOOSE 订阅支持的数据集不应少于 15 个。

（2）技术要求。智能终端 GOOSE 订阅支持的数据集应不少于 15 个。

（二）日志功能检查

（1）检验方法。

1）通过数字化继电保护试验装置模拟 GOOSE 变位信息；

2）通过数字化继电保护试验装置硬接点开出至智能终端；

3）拔下智能终端对时线，直到对时异常告警产生；

4）修改智能终端配置；

5）重启智能终端，通过调试软件查看智能终端是否对上述操作都进行了记录。即：接收 GOOSE 报文的时刻、来源；开入的时刻、变位通道；对时异常发生时间；修改配置的时刻；重启时刻等信息进行了记录。

（2）技术要求。智能终端应具备日志功能。

（三）断路器智能终端操作箱能力检查

（1）检验方法。

1）将模拟断路器接入智能终端的操作回路，通过数字化继电保护试验装置模拟测控跳、合闸或模拟保护跳、合闸，模拟断路器应正确动作；

2）通过数字化继电保护试验装置给智能终端发送刀闸合（分）的 GOOSE 命令，智能终端的相应刀闸开出接点应正常动作；

3）通过手合或遥合方式将模拟断路器合上，智能终端发合后状态信号。通过手分或遥分方式将模拟断路器分开，合后状态信号复归；

4）在合后状态下让断路器任意相处于分位，网口发送事故总信号；

5）手合（遥合）后，网口应发送 SHJ 信号；手分（遥分）后，网口应发送 STJ 信号；

6）闭锁本套重合闸的检验方法为：遥合（手合）、遥跳（手跳）、TJR、TJF、闭重开入、本智能终端上电的"或"逻辑；

7）双重化配置智能终端时，输出至另一套智能终端的闭重接点的检验方法为：遥合（手合）、遥跳（手跳）、GOOSE 闭重开入、TJR、TJF 的"或"逻辑；

8）将智能终端操作电源断开，智能终端应能正确报出操作电源掉电信息；

9）智能终端的操作回路不接入模拟断路器，智能终端应在 1s 内报控制回路断线告警；

10）在接入模拟断路器的情况下，断路器两相处于合位，另一相处于分位；或者一相处于合位，另两相处于分位，网口发送三相不一致信号；

11）在电缆直跳开入接点上加上直流 220V（110V），智能终端跳闸出口正确动作，网口发送电缆直跳信号。

（2）技术要求。断路器智能终端应具备分合闸回路、分合刀闸回路、合后监视、事故总信号、闭锁重合闸、操作电源监视、控制回路断线监视、三相不一致和直跳信号监视等断路器操作箱功能。

（四）检修压板功能检查

（1）检验方法。

1）将智能终端检修压板投入后，检查智能终端发送的 GOOSE 报文是否带检修位；

2）用数字式继电保护测试仪模拟保护和测控给智能终端发送带检修位和不带检修位的 GOOSE 命令，智能终端接收保护、测控的信息后是否能正确反应。

（2）技术要求。

1）智能终端检修压板投入后发送的 GOOSE 报文应带检修位；

2）智能终端检修压板投入后，与报文发送方检修状态不一致时，智能终端应不动作；与报文发送方检修状态一致时，智能终端应能正确动作。

（五）告警功能检查

（1）检验方法。

1）断开智能终端工作电源，检查是否有电源中断告警接点；

2）拔下智能终端通信光纤，检查是否有通信中断告警；

3）拔下智能终端对时线，检测是否对时异常告警；

4）使用数字化继电保护试验装置模拟 GOOSE 断链（发送 GOOSE 报文的间隔＞4T0），检查是否有 GOOSE 断链告警。

（2）技术要求。智能终端应具有完善的告警功能，如电源中断、通信中断、GOOSE 断链等。

（六）GOOSE 单帧跳闸功能检查

（1）检验方法。通过数字化继电保护试验装置给智能终端发送任意一帧让开关跳闸的 GOOSE 报文，检查智能终端是否可以正常跳闸。方法是：

1）stNum 为 1，sqNum 为 1 的 GOOSE 报文（模拟保护测控装置重启）；

2）stNum 为之前传输的 stNum 加 1，sqNum 为 1 的 GOOSE 报文（模拟丢 1 个 sqNum 帧）；

3）stNum 为之前传输的 stNum 加 1，sqNum 为 2 的 GOOSE 报文（模拟丢 2 个 sqNum 帧）；

4）stNum 为之前传输的 stNum 加 2，sqNum 为 0 的 GOOSE 报文（模拟丢 1 个 stNum 帧）；

5）stNum 为之前传输的 stNum 加 3，sqNum 为 0 的 GOOSE 报文（模拟丢 2 个 stNum 帧）；

6）stNum 为 4294967295，sqNum 为 4294967295 的 GOOSE 报文（序号边界值测试）。

（2）技术要求。智能终端应可以通过 GOOSE 单帧实现跳闸。

（七）光口发送功率检查

（1）检验方法。通过光功率计测量智能终端发送的光功率。

（2）技术要求。智能终端的光口的发送功率范围为$-14\sim-20$dBm。

（八）光口接收功率检查

（1）检验方法。将光衰耗计串接在数字式继电保护测试仪和智能终端之间，通过数字式继电保护测试仪给智能终端重复发送单帧跳闸命令，从0开始缓慢增大光衰耗计的衰耗，直到被测智能终端无法正常跳闸为止，此时拔下智能终端上的尾纤接上光功率计，读出此时的光功率值。

（2）技术要求。检查智能终端的光口接收功率的范围应不少于$-14\sim-31$dBm。

（九）直流模拟量采样精度测试

（1）检验方法。采用标准$4\sim20$mA表（或标准小信号源）输出$4\sim20$mA和$0\sim5$V信号到智能终端，检查智能终端的测量结果。

（2）技术要求。智能终端的测量精度应优于0.5％。

（十）遥信正确性检查

（1）检验方法。

1）调节智能终端的开入电源，检测开入动作电压；

2）用继电保护测试仪给智能终端开入多个不同状态的遥信，断电并重启智能终端，检查智能终发出的GOOSE报文。

（2）技术要求。

1）智能终端开入动作电压应在额定直流电源电压的55％～70％范围内；

2）智能终端装置上电重启过程中，不应发送与外部开入不一致的信息。

（十一）开入接点的防抖功能检查

（1）检验方法。用继电保护测试仪开出硬接点遥信，持续时间小于防抖时间，检查智能终端发出的GOOSE报文；修改智能终端的防抖时间，用继电保护测试仪开出硬接点遥信，持续时间大于防抖时间，检查智能终端发出的GOOSE报文。

（2）技术要求。智能终端的开入接点应具有防抖功能；只有开入持续时间大于防抖时间时才认定为有效开入；防抖时间可以设定。

（十二）断路器智能终端操作回路继电器检查

（1）检验方法。根据不同智能终端操作回路的特点，用继电保护测试仪在智能终端的操作回路上加上直流电压或直流电流，调节直流电压或直流电流的大小，检测相关继电器的动作情况。

（2）技术要求。与断路器跳合闸线圈和控制器相连的继电器，电流型继电器的启动电流值不大于0.5倍额定电流；电压型继电器的动作电压范围为55％～70％额定电压。

（十三）直跳回路继电器性能检查

（1）检验方法。

1）将直流电源接入智能终端的直跳回路，调节提高电源的输出电压直到智能终端出口动作，记录动作前瞬间的电压和电流；

2）调节直流电源电压，检测直跳回路继电器的动作电压。

（2）技术要求。

1）直跳回路继电器启动功率应＞5W；

2）直跳回路继电器的动作电压范围为 55％～70％直流额定电压。

（十四）跳闸回路动作时间检查

（1）检验方法。用数字化继电保护试验装置给智能终端发送跳闸 GOOSE 命令，测量智能终端收到 GOOSE 报文与硬接点开出的时间差。

（2）技术要求。智能终端收到保护跳闸命令后到开出硬接点的时间应≤7ms。

（十五）时钟同步精度检查

（1）检验方法。通过对时装置同步时钟测试仪和智能终端，设定时钟测试仪在整秒（分）时刻开出硬接点给智能终端，检查智能终端发出的 GOOSE 中携带的时标。

（2）技术要求。智能终端的同步精度误差应≤±1ms。

（十六）无效报文背景流量压力检验

（1）检验方法。使用网络测试仪对智能终端装置施加无效报文背景流量，施加端口分为单个直连口、双组网口、单个组网口和单个直连口三种情况，每个端口注入报文总流量为 99M，各种类型报文的比例在 1％～99％中变化，网络压力持续时间不小于 2min。在网络压力持续过程中，对智能终端装置直连口施加另一个已订阅的每秒一次、每次一帧的 GOOSE 跳合闸命令；在网络压力持续过程中，对智能终端装置施加每秒一次的硬开入变位信号。

（2）技术要求。智能终端装置在无效报文背景流量压力测试条件下工作正常，不应出现死机、重启等异常现象，装置面板不应有异常告警；智能终端装置收到 GOOSE 跳闸信号后能正确出口，直连口的动作延时应≤7ms；智能终端装置收到硬开入变位时能正确发送 GOOSE 变位报文，发送时间应≤10ms。

（十七）有效报文背景流量压力检验

（1）检验方法。

1）使用网络测试仪对智能终端装置施加已订阅 GOOSE 报文（StNum 不变，SqNum 不变）的有效报文背景流量。施加端口分为单个直连口、双组网口、单个组网口和单个直连口三种情况，每个端口注入报文总流量为 1～99M，网络压力持续时间不小于

2min。在网络压力持续过程中，对智能终端装置直连口施加另一个已订阅的每秒一次，每次一帧的 GOOSE 跳合闸命令；在网络压力持续过程中，对智能终端装置施加每秒一次的硬开入变位信号。

2）使用网络测试仪对智能终端装置施加已订阅 GOOSE 报文（StNum 不变，SqNum 递增）的有效报文背景流量。施加端口分为单个直连口、双组网口、单个组网口和单个直连口三种情况，每个端口注入每 0.833ms 发送一帧 SqNum 递增的 GOOSE 报文，网络压力持续时间不小于 2min。在网络压力持续过程中，对智能终端装置直连口施加另一个已订阅的每秒一次，每次一帧的 GOOSE 跳合闸命令；在网络压力持续过程中，对智能终端装置施加每秒一次的硬开入变位信号。

3）使用网络测试仪对智能终端装置施加已订阅 GOOSE 报文（StNum 递增，SqNum 为 0）的有效报文背景流量。施加端口分为单个直连口、双组网口、单个组网口和单个直连口三种情况，每个端口注入每 0.833ms 发送一帧有变位信息的 GOOSE 报文，网络压力持续时间不小于 2min。在网络压力持续过程中，对智能终端装置直连口施加另一个已订阅的每秒一次，每次一帧的 GOOSE 跳合闸命令；在网络压力持续过程中，对智能终端装置施加每秒一次的硬开入变位信号。

（2）技术要求。智能终端装置在有效报文背景流量压力测试条件下工作正常，不应出现死机、重启等异常现象，装置面板不应有异常告警；智能终端装置收到 GOOSE 跳闸信号后能正确出口，动作延时应≤7ms；智能终端装置收到硬开入变位时能正确发送 GOOSE 变位报文，发送时间应≤10ms。

（十八）有效报文压力极限检验

（1）检验方法。

1）使用网络测试仪对智能终端装置施加已订阅 GOOSE 报文（StNum 不变，SqNum 递增）的有效报文背景流量。施加端口分为单个直连口、双组网口、单个组网口和单个直连口三种情况，每个端口注入报文总流量为 1～99M，网络压力持续时间不小于 2min。在网络压力消失后，使用数字化继电保护试验装置对智能终端装置直连口、组网口分别施加已订阅的 GOOSE 跳合闸命令和硬开入变位信号。

2）使用网络测试仪对智能终端装置施加已订阅 GOOSE 报文（StNum 递增，SqNum 为 0）的有效报文背景流量。施加端口分为单个直连口、双组网口、单个组网口和单个直连口三种情况，每个端口注入报文总流量为 1～99M，网络压力持续时间不小于 2min。在网络压力消失后，使用数字化继电保护试验装置对智能终端装置直连口、组网口分别施加已订阅的 GOOSE 跳合闸命令和硬开入变位信号。

（2）技术要求。智能终端装置在有效报文压力极限测试条件下不应出现死机、重启等异常现象，装置面板不应有异常告警；网络压力消失后装置正常运行，收到 GOOSE 跳闸信号后能正确出口，动作延时应≤7ms；收到硬开入变位时能正确发送 GOOSE 变位报文，发送时间应≤10ms。

（十九）电源电压变化测试

（1）检验方法。

1）调节直流电源输出到智能终端额定工作电压；

2）缓慢升高直流电源输出到额定电压的 115％，测试智能终端跳闸回路动作时间、开入回路动作时间；测量直流模拟量回路精度；监测电压变化期间智能终端运行情况；

3）缓慢降低直流电源输出到额定电压的 80％，测试智能终端跳闸回路动作时间、开入回路动作时间；测量直流模拟量回路精度；监测电压变化期间智能终端运行情况。

（2）技术要求。电源电压升高到额定电压的 115％、或降低到额定电压的 80％，以及电压在上述区间缓慢变化期间，智能终端不应误动或误发信号。智能终端应跳闸回路动作时间≤7ms，开入回路动作时间≤10ms，直流模拟量回路精度误差不大于 1％。

（二十）辅助电源极性颠倒测试

（1）检验方法。

1）调节直流电源输出电压至智能终端额定工作电压，停止直流电源输出，将电源线极性反接后接入智能终端，开启直流电源，持续 1min，检查智能终端装置是否无损坏，能够正常工作；

2）按正确极性连接直流电源与智能终端，检查智能终端是否能够正常工作。

（2）技术要求。电源电压升高到额定电压的 115％、或降低到额定电压的 80％，以及电压在上述区间缓慢变化期间，智能终端不应误动或误发信号。智能终端应跳闸回路动作时间≤7ms，开入回路动作时间≤10ms，直流模拟量回路精度误差不大于 1％。

五、智能终端巡视与检查

（1）外观正常，无异常发热，电源及各种指示灯正常，无告警。

（2）智能终端前面板断路器、隔离开关位置指示灯与实际状态一致。

（3）正常运行时，装置检修压板在退出位置。

（4）装置上硬压板及转换开关位置应与运行要求一致。

（5）检查光纤连接牢固，无光纤损坏、弯折现象。

（6）屏柜二次电缆接线正确，端子接触良好、编号清晰、正确。

六、智能终端运行注意事项

（1）正常运行时，禁止断开智能终端电源。

（2）正常运行时，运维人员严禁投入检修压板。

（3）正常运行时，对应的跳闸出口硬压板应在投入位置。

（4）除装置异常处理、事故检查等特殊情况外，禁止通过投退智能终端的跳、合闸出口硬压板投退保护。

七、智能终端故障及异常处理

智能变电站中智能终端异常时将影响与本间隔相关继电保护及自动化装置的跳合闸功能，测控装置对断路器、隔离开关的遥控功能，以及对本间隔一次设备运行状态的监控功能（SF_6压力低报警、开关弹簧未储能等）。因此智能终端异常时必须及时采取相应措施，停用相关保护，并对一次设备加强监视。同时不同变电站内组网方式的有可能不同，智能终端具体作用可能会有差别，需根据各站的数据流图、SCD、CID、ICD等文件作为依据来判断异常设备、智能终端异常影响范围并进行异常处理。

（1）智能终端异常时，应退出装置跳合闸出口硬压板、测控出口硬压板，投入检修状态硬压板，重启装置一次。

（2）装置重启后，若异常消失，将装置恢复到正常运行状态。

（3）若异常未消失，双套智能终端单套故障时，应退出智能终端跳、合闸出口压板，并检查可能受影响装置，按以下原则进行处理：

1）检查母线保护对应间隔内隔离开关位置与实际位置一致，若不一致，应强制将母线保护中对应隔离开关（刀闸）切至正确位置，并不得改变一次设备状态，缺陷排除后立即恢复；

2）检查测控装置及监控后台本间隔监控信息，若间隔内一次设备失去监控，应加强监视；

3）检查本间隔保护装置是否有闭锁，对应处理。单套智能终端故障时，申请停役相应一次设备。

（4）对不影响保护功能的一般缺陷可先将装置恢复到正常运行状态。

第六节　合　并　单　元

一、合并单元简介

合并单元是一种用以对来自二次转换器的电流和/或电压数据进行时间相关组合的物理单元。合并单元可是互感器的一个组成件，也可是一个分立单元。

合并单元主要用以采集互感器二次电压、电流值，以规定的格式通过组网或点对点方式进行传输，同时满足保护、测控、录波、计量等设备使用。对于两段及以上母线接线方式，合并单元能够通过 GOOSE 网络获取断路器、隔离开关的位置信息，实现电压切换或并列功能。

与传统变电站相比较，智能变电站交流采样具有以下特点：采用合并单元对来自互感器的电流、电压信号进行数字化采样，并将采样数据以报文形式发送给保护、测控等智能设备，同时还能够实现母线电压的并列、切换等功能。

目前，已投运的智能变电站交流采样模式主要有 2 种，即电子式互感器加合并单元模式（electronictransformers & merging unit，ETMU）和常规互感器加合并单元模式（transformers & merging unit，TMU）。

（1）ETMU 模式：当电子式互感器应用于变电站的模拟量采样系统时，合并单元最初作为电子式互感器的附属产品出现，用于解决电子式互感器与变电站二次设备之间的数据接口问题。

由于电子式互感器二次输出为弱信号的数字量，合并单元将现场电子式互感器输出的电流/电压信号进行合并处理，并按 DL/T 860.92 协议通过光纤直传或网络方式传送给保护、测控等智能设备。因此，合并单元是电子式互感器数字接口的主要组成部分，也是变电站整个自动化系统的关键设备，其采样原理如图 3-4 所示。

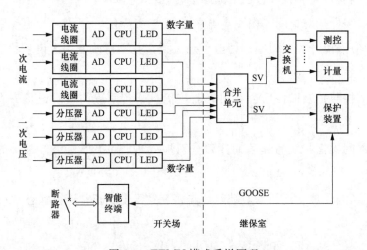

图 3-4　ETMU 模式采样原理

（2）TMU 模式：传统电磁式电流/电压互感器将二次电流/电压信号通过电缆传输给合并单元，合并单元将电流/电压的模拟信号进行 A/D 转换并进行合并处理，再以 9-2 协议的报文通过光纤直传或网络方式传送给保护、测控等智能设备。

TMU 采样模式普遍应用于由传统变电站改造而成的智能变电站，其采样原理如

图 3-5 所示。

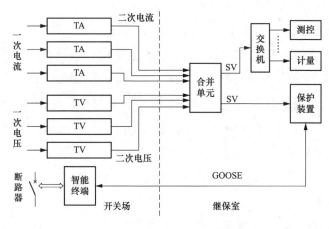

图 3-5 TMU 模式采样原理

二、合并单元功能

（一）压板及把手设置

合并单元硬压板及把手设置应符合下列要求：

（1）合并单元只设"检修状态"硬压板。

（2）对于母线合并单元Ⅰ型还应设置："Ⅰ母强制用Ⅱ母""Ⅱ母强制用Ⅰ母"转换把手。"Ⅰ母强制用Ⅱ母"投入时，Ⅰ/Ⅱ母母线电压使用Ⅱ母母线电压；"Ⅱ母强制用Ⅰ母"投入时，Ⅰ/Ⅱ母母线电压使用Ⅰ母母线电压。

（3）对于母线合并单元Ⅱ型还应设置："Ⅰ母强制用Ⅱ母""Ⅱ母强制用Ⅰ母"及"Ⅱ母强制用Ⅲ母""Ⅲ母强制用Ⅱ母"转换把手。"Ⅰ母强制用Ⅱ母"投入时，Ⅰ/Ⅱ母母线电压使用Ⅱ母母线电压；"Ⅱ母强制用Ⅰ母"投入时，Ⅰ/Ⅱ母母线电压使用Ⅰ母母线电压。"Ⅱ母强制用Ⅲ母"投入时，Ⅱ/Ⅲ母母线电压使用Ⅲ母母线电压；"Ⅲ母强制用Ⅱ母"投入时，Ⅱ/Ⅲ母母线电压使用Ⅱ母母线电压。

（二）数据接入

模拟量输入式合并单元数据接入应符合下列要求：

（1）应支持保护用交流电压和电流双 A/D 数据采集，两路 A/D 电路应相互独立。

（2）应具备断路器、刀闸等位置信号采集功能，支持 GOOSE 接收。

（3）间隔合并单元应具有合并单元级联功能，接收来自母线合并单元的电压数据，级联方式宜采用 DL/T 860.92 格式；应能对级联输入的采样值失步、无效、检修等进行判别并记录和正确输出。

（三）数据输出

合并单元数据输出应符合下列要求：

输出给继电保护装置、测控装置、PMU、故障录波器的数据采样频率宜为 4kHz；输出给电能质量的采样频率为 12.8kHz；同一台合并单元同时仅支持 1 种采样率输出。

宜采用 DL/T 860.92 规定的数据格式向保护、测控、录波、PMU 等智能电子装置输出采样数据，采样数据值为 32 位，其中最高位为符号位，交流电压采样值一个码值（LSB）代表 10mV，交流电流采样值一个码值（LSB）代表 1mA。应满足直采的要求。

DL/T 860.92APDU 中包含的 ASDU 数目可配置，采样频率为 4kHz 时，ASDU 数目应配置为 1；采样频率为 12.8kHz 时 ASDU 数目应配置为 8。

（四）其他功能

（1）母线电压合并单元实现母线电压并列功能，各间隔合并单元实现电压切换功能；间隔合并单元通过 GOOSE 接口，接收本间隔的隔离开关位置信息，根据接收到的母线电压量以及间隔内隔离开关的位置信息，自动输出本间隔所在母线的电压。

（2）合并单元应采用光 IRIG-B 进行对时，接口类型采用 LC，光纤采用多模光纤，技术条件成熟的，也可采用 IEC 61588 网络对时。

（3）提供秒脉冲测试信号，应具备 1 个光纤同步秒脉冲输出测试接口，用以测试装置的对时及守时精度。

（4）当正常工作时，装置功率消耗不大于 50W。

（5）应具有自身对时状态信息上送功能，能够响应上层监测管理模块的对时状态探询指令；宜采用 DL/T 860 协议将自身时间同步状态信息上传至变电站监控系统。

三、合并单元检验

（一）合并单元基础检查

1. 外观、型号、配置、通信状态和绝缘检查

（1）外观、接线、铭牌内容正确和设备标识完整。

（2）型号和配置与设计、规程相符。

（3）软、硬件版本符合规定检测要求。

（4）二次回路绝缘检查合格。

（5）对时、GOOSE/SV 网络通信状态正常。

2. 告警闭锁功能检查

（1）装置自启动或断电重启，自检正常，能与间隔层设备和过程层设备建立通信链接。

（2）装置重启过程中，采样值不应误输出和装置误发信。

（3）电源断电后，装置发出闭锁告警。

（4）链路中断或异常，检查 SV 断链告警正常。

（二）合并单元额定延时检验

1. 检验内容及要求

额定延时误差应小于 $\pm 10\mu s$。

2. 检验方法

（1）光数字万用表与 MU 对时后，光数字万用表接至 MU 点对点输出端口，记录零序号 SV 报文的到达时刻与整秒之间的时间差 dT，检验 SV 报文中的额定延时数值。

（2）额定延时检验不属于例行检验，在 MU 同步性检验出现超差时实施，对于相同配置的产品普遍出现超差现象的，应普测，有条件的，可使用 MU 测试仪精确测试。

（三）对时精度测试

1. 检验内容及要求

测试合并单元对时信号精度（偏差）应不大于 $1\mu s$。

2. 检验方法

（1）用时间测试仪锁定卫星。

（2）将被试合并单元对时光纤接入时间测试仪。

（3）读出时间测试仪测出的对时信号精度。

（四）SV 及 GOOSE 报文配置一致性检验

1. 检验内容及要求

（1）合并单元输出的 SV 报文应与 SCD 文件配置一致。

（2）合并单元输出的 SV 报文的数据通道应与装置模拟量输入关联正确。

（3）合并单元输出的 GOOSE 报文应与 SC 文件配置一致。

2. 检验方法

（1）将合并单元输出的 SV 报文接入合并单元测试设备等具备 SV 报文接收和分析功能的装置，检查 SV 报文参数正确性及与 SCD 文件的一致性，包括目的 MAC 地址、VLANID、VLAN 优先级、APPID、noofASDU、svID、confRev 以及通道数目。

（2）向合并单元各电流、电压回路依次加入模拟量，通过合并单元测试设备检查合并单元输出 SV 报文数据通道与模拟量输入关联的一致性。

（3）将合并单元输出的 GOOSE 报文接入合并单元测试设备等具备 GOOSE 报文接收和分析功能的装置，检查输出报文参数正确性及与 SCD 文件的一致性。包括：目的MAC 地址、VLANID、VLAN 优先级、APPID、GOID、GoCBRef、datSet、confRev、

T0、T1、允许生存时间等参数以及数据通道数目、类型等。

（五）合并单元发送 SV 报文检验

1. 检验内容及要求

（1）SV 报文丢帧率测试：检验 SV 报文的丢帧率，10min 内不丢帧。

（2）SV 报文完整性测试：检验 SV 报文中序号的连续性，SV 报文的序号应从 0 连续增加到采样频率-1（采样频率为 4000Hz 时为 3999，采样频率为 12800Hz 时为 12799），再恢复到 0。

（3）SV 报文发送频率测试：采样频率为 4000Hz 时，SV 报文应每一个采样点一帧报文，即 1 个 APDU 包含 1 个 ASDU，SV 报文的发送频率应与采样频率一致。采样频率为 12800Hz 时，SV 报文应每 8 个采样点一帧报文，即 1 个 APDU 包含 8 个 ASDU，SV 报文的发送频率为采样频率的 1/8。

（4）SV 报文发送间隔离散度检查：对于点对点方式输出的 SV 报文，检查 SV 报文发送间隔是否等于理论值（采样频率为 4000Hz 时，理论间隔为 $250\mu s$，采样频率为 12800Hz 时，理论间隔为 $625\mu s$）。测出的间隔应不大于理论值士 $10\mu s$。

2. 检验方法

（1）将合并单元输出的 SV 报文接入合并单元测试设备等具备 SV 报文接收和分析功能的装置，进行分析。

（2）进行 SV 报文检验时，试验时间应大于 10min。

（六）准确度测试

1. 检验内容及要求

（1）合并单元采集的用于测量的交流模拟量幅值误差和相位误差应符合 GB/T 20840.7—2007《互感器第 7 部分：电子式电压互感器》的 12.5 及 GB/T 20840.8—2007 的 12.2 部分的规定，用于保护的交流模拟量幅值误差和相位误差应符合 GB/T 20840.7—2007 的 13.5 及 GB/T 20840.8—2007 的 13.1.3 部分的规定。

（2）合并单元在输入电流、电压为零时，相应通道输出采样值的基波有效值在一段时间内应满足装置技术条件要求。

2. 检验方法

（1）测量通道准确度检验方法。使用外同步方式测试，测试时应确认合并单元处于同步状态，按要求的测点施加工频模拟量，记录合并单元测试设备显示的幅值误差和相位误差。

（2）保护通道准确度检验方法。应根据合并单元不同的同步方式分别进行。当合并单元配置为点对点方式时，使用额定延时同步方式测试，测试时无需同步对时，且应确认合并单元处于失步状态。当合并单元配置为组网方式时，使用外同步方式测试，测试时应确认合并单元处于同步状态。按要求的测点施加工频模拟量，记录合并单元测试设备显示的幅值误差、相位误差以及复合误差。

（3）合并单元零点漂移检验方法。将合并单元采样值输出接入合并单元测试设备，合并单元不输入交流电流、电压量，观察相应通道输出采样值的基波有效值在一段时间内的变化。

（七）采样值报文响应时间测试

1. 检验内容及要求

（1）合并单元采样值报文响应时间为合并单元输入口模拟量出现某一量值的时刻，到合并单元将该模拟量对应的数字采样值送出时刻之间的时间间隔。

（2）无级联合并单元采样响应时间不大于 1ms，级联一级母线合并单元的间隔合并单元采样响应时间不大于 2ms。

2. 检验方法

（1）利用合并单元测试设备检查合并单元从模拟量输入到采样值输出的响应时间。

（2）利用合并单元测试设备向被测合并单元持续输出连续的工频模拟量，同时记录接收到的采样值报文，分析模拟量波形和接收的数字量波形之间的相位差，持续统计 2min，得到测量时间内采样响应时间的最大值，应满足要求。

（3）利用合并单元测试设备向被测合并单元输出幅值突变的模拟量，同时记录接收到的采样值报文，分析模拟量波形和接收的数字量波形之间的时间差，应小于规程要求测试结果的 2 倍。

（八）同步性能测试

1. 检验内容及要求

（1）合并单元在失去外部同步信号后，10min 内守时精度不大于 $\pm 4\mu s$。合并单元在失去同步信号且超出守时范围的情况下，应产生数据同步无效标志（SmpSynch＝FALSE）。

（2）合并单元在失步再同步的过程中，点对点方式输出的采样值报文，发送间隔离散度应不大于 $10\mu s$，同步成功后，合并单元输出的采样值报文的同步位由失步（SmpSynch＝FALSE）转为同步状态（SmpSynch＝TURE）。

2. 检验方法

（1）利用标准时钟源向合并单元及时钟测试仪授时。待合并单元同步后，断开同步对时信号直至进入失步状态。测试该过程中合并单元输出的 1PPS 信号与标准时钟源的 1PPS 的有效沿时间差的绝对值的最大值，即为测试时间内的守时误差。同时监视合并单元采样值报文发送间隔离散度以及同步标识位"SmpSynch"的变化情况。10min 内应满足守时精度要求。当同步标识位首次出现 ALSE 时，并单元失去时钟源持续时间应超过 10min。

（2）利用标准时钟源向处于失步状态的合并单元授时，同时监视合并单元采样值报文发送间隔离散度以及同步标识位"SmpSynch"的变化情况。

（九）电压级联功能检验

1. 检验内容及要求

（1）若本间隔的二次设备需要母线电压，间隔合并单元应能够接入来自母线合并单元的母线电压数据报文。母线合并单元的级联报文格式应符合 GB/T 20840.8 或 DL/T 860.92 的要求。

（2）与母线合并单元级联后，间隔合并单元输出的采样值准确度应满足规范要求。

（3）合并单元应对级联输入的数字采样值的有效性进行判别，并能对数字采样值无效、检修以及链路中断等异常进行记录并告警，当间隔合并单元状态正常时（非检修），间隔合并单元输出的级联通道数据品质应与级联输入的数据通道品质一致。当级联输入通道中断时，间隔合并单元输出的级联通道的数据品质应置无效。

2. 检验方法

（1）将母线合并单元与被测间隔合并单元级联，向母线合并单元施加额定电压，向间隔合并单元施加额定电压、电流以及母线刀闸 GOOSE 信号等，同时将间隔合并单元的采样值输出接入合并单元测试设备，记录合并单元测试设备显示的幅值误差和相位误差。

（2）投入母线合并单元检修压板，检查间隔合并单元输出的级联通道的数据品质。恢复级联通道品质为正常，中断级联输入通道，检查间隔合并单元输出的级联通道的数据品质。

（十）电压切换功能检验

1. 检验内容及要求

（1）对于接入了两段母线电压的按间隔配置的合并单元，应根据采集的母线刀闸信息自动进行电压切换，电压切换逻辑应符合规范要求。

（2）合并单元在进行母线电压切换时，不应出现通信中断、丢包、品质输出异常改变等现象。

2. 检验方法

（1）将母线合并单元与被测间隔合并单元级联，向母线合并单元施加幅值不同的两段母线电压，向间隔合并单元施加额定间隔电压、电流以及母线刀闸 GOOSE 信号，间隔合并单元的采样值输出接入合并单元测试设备。按照合并单元电压切换逻辑表，为间隔合并单元提供Ⅰ母和Ⅱ母隔刀位置信号，监视间隔合并单元输出的母线电压采样值。同时观察母线刀闸为同分、同合以及位置异常情况下，合并单元的报警情况。

（2）监视间隔合并单元输出的采样值报文，检查电压切换过程中，间隔合并单元输出的采样值报文是否存在异常。

（十一）电压并列功能检验

1. 检验内容及要求

（1）对于接入了两段及以上母线电压的母线合并单元，母线电压并列功能由合并单元完成。合并单元通过采集的断路器、刀闸位置信息，实现电压并列功能。

（2）合并单元在进行母线电压并列时，不应出现通信中断、丢包、品质输出异常改变等现象。

2. 检验方法

（1）根据实际工程配置要求，向母线合并单元分别施加不同幅值的各段母线电压，合并单元采样值输出接入合并单元测试设备。为母线合并单元提供母联以及把手位置信号。同时观察母联为中间位置、无效位置或有 2 个及以上把手位置为合位时，母线合并单元的报警情况。

（2）监视母线合并单元输出的采样值报文，检查电压并列过程中，合并单元输出的采样值报文是否存在异常现象。

（3）对于母线合并单元级联通道及非级联通道采样值输出均进行检验。

（十二）检修状态测试

1. 检验内容及要求

（1）合并单元处于检修状态时，装置面板指示灯或界面应有明显显示。

（2）合并单元处于检修状态时，装置发送的 SV 报文各数据通道及 GOOSE 报文均应置检修。

（3）当合并单元接收的断路器、刀闸位置信息取自 GOOSE 报文时，若 GOOSE 报文中的检修状态与合并单元检修状态一致，则将断路器、刀闸位置信息用于逻辑判别；反之，则不用于逻辑判别，断路器、刀闸位置信息保持原状态。

2. 检验方法

（1）投入合并单元检修压板，检查其面板检修状态指示灯是否点亮或界面是否显示相应检修状态变位报文。

（2）投入合并单元检修压板，检查其发送的 SV 报文中采样值数据品质的检修位和 GOOSE 报文的检修标志是否置位。

（3）分别修改断路器、刀闸位置 GOOSE 报文的检修状态和合并单元检修压板状态，测试合并单元对 GOOSE 检修报文的处理。

（十三）告警测试

1. 检验内容及要求

（1）合并单元应能对装置本身的硬件或通信方面的错误进行自检，装置面板 LED 指示功能正确。

（2）合并单元应具备装置故障硬接点、运行异常硬接点。

（3）合并单元应具备 GOOSE 通道中断、级联通道中断（仅接入级联电压的间隔合并单元）、同步异常、断路器闸位置异常、检修不一致、检修压板投入等事件信号。

2. 检验方法

（1）结合合并单元工作电源检查、设备通信接口检查、同步性能测试、电压级联功能检验、电压切换功能检验、电压并列功能检验、检修状态测试等项目，模拟合并单元的告警状态。

（2）检查装置面板指示灯、告警输出硬接点和 GOOSE 异常信号应满足规范要求。

四、合并单元巡视与检查

（1）外观正常，无异常发热，检查各指示灯指示正确，隔离开关位置指示灯与实际隔离开关运行位置指示一致。

（2）正常运行时，合并单元检修压板在退出位置。

（3）双母线接线，双套配置的母线电压合并单元并列把手应保持一致。

（4）检查光纤连接牢固，无光纤损坏、弯折现象。

（5）模拟量输入式合并单元电流端子排测温检查正常。

五、合并单元运行注意事项

通过对运行变电站的合并单元日常运行中出现的问题以及运行维护情况进行分析和总结，合并单元的运行维护需要重点关注采样同步问题、母线电压切换问题、GOOSE 和 SV 信号共网问题、合并单元运行环境问题等。

（1）采样同步问题：在合并单元设计与使用中重点需要考虑的是采样同步问题。对于采用光纤点对点直采的保护装置与合并单元而言，保护装置采样同步仅与装置内部时钟有关。因此，即使合并单元对时异常后也不影响保护的动作行为。而对于采用 SV 网络采样的保护装置与合并单元，主要采用基于外时钟同步方式实现采样的同步。当合并单元对时异常造成采样失步时，则会影响保护的动作行为，严重时将闭锁差动保护功能。如果电流合并单元与电压合并单元发生时间同步异常或装置固有延时差别较大时，会造成电压、电流采样不同步而产生相角差，从而直接影响该间隔的功率计算误差。

（2）母线电压切换问题：母线合并单元程序对母线电压互感器的隔离开关位置接点异常造成的状态（00 态）一般采用保持状态方式处理，考虑母线电压互感器的隔离开关操作过程中位置状态（00 态）与该状态类似，易造成母线电压互感器失压的现象，因此母线电压互感器的电压并列宜采用手动并列的方式。若采用自动方式时，在 220kV 线路倒母线操作后，应在 220kV 母线合并单元上检查母线电压是否已正确切换，以免由于合并单元的程序故障等原因导致线路同期电压的不正确，从而造成检同期合闸闭锁。

（3）GOOSE 和 SV 信号共网问题：目前 500kV 智能化变电站设计中，大多采用了 500kV 部分的 GOOSE 网与 SV 网分别单独组网，而 220kV 部分 GOOSE 网与 SV 网共同组网的方案。虽然可以在保证性能的前提下，GOOSE 网与 SV 网共同组网可节省大量的网络通信设备，降低智能化变电站的投资成本。但需要注意的是 GOOSE 与 SV 共网传输后，间隔层交换机的网络数据吞吐量增大、工作负担增加，交换机的运行工况、通信延时等指标是否符合要求均需要进行严格测试。同时由于部分间隔层设备现场运行中出现箱体温度过高的问题，采用 GOOSE 与 SV 共网传输后对这些间隔层设备的 CPU 芯片选型、软硬件设计也提出了更高的要求。

（4）工作环境问题：前按照国家电网公司典型设计，合并单元与智能终端一般均布置在户外开关场地的智能组件柜中。智能组件柜通过安装热交换器或电气空调等设备为智能组件设备提供了一个相对良好的运行环境，在一定程度上减少了外界温度、湿度和电磁干扰的影响，保证了装置的正常运行。对于合并单元而言，长期处于高速采样和数据转换的工况中，其装置发热量较大，尤其夏季户外温度较高的时节，合并单元 CPU 板件温度时常高达 40～50℃。因此，智能组件柜散热制冷设备的正常运行使柜内温湿度符合相关要求显得极为重要，且夏季高温期间户外智能组件柜的温湿度检查应列为日常运维工作的重点。

合并单元运行注意事项具体包括：

（1）正常运行时，禁止断开合并单元电源。

（2）正常运行时，严禁投入合并单元装置检修硬压板。

（3）一次设备不停电，单独停用具有电流采集功能的合并单元时，应先停用通过本合并单元采样的全部保护、自动装置或相关保护功能，再停用该合并单元。合并单元恢复送电时，保护投入前应检查合并单元采样正确。

（4）单套配置，停用合并单元时，应停用对应一次设备。

（5）双重化配置，在一套投运条件下，另一套可短时退出。

六、合并单元故障及异常处理

合并单元的典型故障及异常包括：双 A/D 采样不一致、采样无效、断链处理等。

（1）双 A/D 采样不一致：由于智能变电站保护装置的采样由合并单元实现，为保证 A/D 采样的可靠性，合并单元均采用了双 A/D 采样模式，即通过双 CPU 分别进行 A/D 采样以确保每一路模拟量进行独立采样。然后在保护装置接受方通过比较双 A/D 数据的一致性即可避免因 A/D 异常导致的保护误动。同时保护装置一般也采用双 CPU 设计，当 2 个 CPU 均动作时保护才跳闸。

当保护装置 2 个 CPU 接收的两路采样值不一致且差值超过设定值时，保护装置报"双 A/D 采样不一致"告警信号，而是否闭锁相应的保护功能则因设备厂家处理方式不同而不同。当出现"双 A/D 采样不一致"告警时，应立即检查合并单元的 2 个采样模块是否正常。若经检查确为合并单元某一采样模块故障引起，则需停用相关保护后将合并单元停电更换。

（2）采样无效：当合并单元的交流量输入异常、电子互感器连接中断或合并单元装置硬件故障时，合并单元发出的采样值 SV 报文的至位将置为无效。同时，由于合并单元发出的 SV 报文来自多个采样通道，每路采样通道均带有品质位。当 2 个合并单元存在级联情况时，若上一级合并单元采样状态标志为无效时，本装置对应的采样输出通道置为无效，本装置其他无关采样通道不应随之变化。

保护装置接收到无效 SV 报文时，延时 10 个采样点后报警，发"采样无效"告警信号，同时闭锁与此合并单元相关的所有保护。当测控装置收到无效 SV 报文时，将无效数据显示为 0，同时将闭锁检无压或检同期的遥控操作。此时应退出与故障合并单元相关的所有保护，放上此合并单元的检修硬压板，做好相应安全隔离措施后方可进行故障排查。

（3）断链处理：合并单元在发送 SV 采样报文的同时，也在接收或发送 GOOSE 报文。因此，合并单元的断链存在 SV 断链和 GOOSE 断链 2 种情况。

1）当合并单元 SV 断链时，保护和测控将采集不到任何采样数据时，保护和测控装置将发出"采样中断"告警信号，并闭锁所有保护功能和同期功能。SV 断链多由硬件故障引起，主要由合并单元故障、保护或测控故障、保护或测控与合并单元之间的通信链路故障等原因引起，具体故障现象及处理建议如图 3-6 所示。

2）220kV 线路合并单元在采集电流、电压量的同时，既通过 GOOSE 网接收开关、刀闸等位置信号的稳态开入量，又通过 GOOSE 网向测控装置发送装置的异常告警信号。220kV 线路保护第一套合并单元与其他设备关联关系如图 3-7 所示。

故障类型	故障现象及影响	处理建议
合并单元故障	合并单元发装置异常或装置闭锁等告警信号,与合并单元相关的装置均发采样中断告警	合并单元改为检修状态,停用相关保护,并做好安全隔离,然后检查处理
保护或测控故障	保护或测控发装置异常或装置闭锁等告警,而与此合并单元相关的其他装置采样均正常	停用相应的保护或测控装置,然后检查处理
通信链路故障	若保护与合并单元之间的通信链路故障时,除保护发采样中断外无其他告警信号。若为网络交换机故障时,则会引发该间隔内设备的断链告警	应逐级检查通信链路,包括合并单元发信光口、连接光缆、网络交换机和保护装置收信光口等

图 3-6 合并单元的 SV 断链故障现象及处理建议

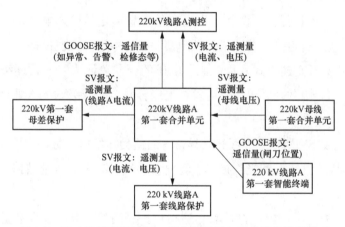

图 3-7 220kV 线路保护第一套合并单元与其他设备关联关系

当 220kV 线路合并单元 GOOSE 断链时,将直接影响合并单元开关量的采集和 GOOSE 告警的上送。合并单元 GOOSE 断链主要由合并单元硬件故障、合并单元的 GOOSE 传输链路故障等引起,具体故障现象及处理建议如图 3-8 所示。

故障类型	故障现象及影响	处理建议
合并单元与智能终端GOOSE断链	发合并单元与智能终端GOOSE断链告警。断链后合并单元保持断链前的开入量状态,若此时母线闸刀位置发生改变,将导致线路合并单元采集的母线电压与实际不一致	应逐级检查通信链路,包括合并单元和智能终端通信光口、连接光缆、网络交换机等
合并单元与测控装GOOSE断链	发测控装置与合并单元之GOOSE断链告警。断链后将影响合并单元的异常及告警信息的上传,从而影响对合并单元的运行状态监控	应逐级检查通信链路,包括合并单元和测控装置通信光口、连接光缆、网络交换机等

图 3-8 合并单元的 GOOSE 断链故障现象及处理建议

合并单元出现故障或异常时，按以下要求进行：

（1）合并单元发装置告警时，现场运维人员应将装置重启一次，不同间隔合并单元重启方式如下：

1）母线合并单元异常时，投入装置检修状态硬压板，关闭电源并等待 5s，然后上电重启；

2）间隔合并单元异常时，若保护双重化配置，则将该合并单元对应的间隔保护改信号，母差保护仍投跳（500kV 母差保护因无复合电压闭锁功能需改信号），投入合并单元检修状态硬压板，重启装置一次；若保护单套配置，则相关保护不改信号，直接投入合并单元检修状态硬压板，重启装置一次。

（2）若异常未消失，应按以下原则处理：

1）检查与其相连接保护、测控、电度表等装置确定故障影响范围，对相应采集光纤或信号输入电缆进行检查，若造成保护闭锁，申请停用保护装置；

2）保护采用光纤直连方式采集电流、电压的合并单元失步时，逐级检查对时装置及对时光、电回路，级联合并单元还应检查上级合并单元及级联光纤通道，并通知专业人员处理；

3）合并单元发 SV 断链、光纤光强异常等通信类异常信号时，应检查所在母线电压合并单元与本间隔合并单元间光纤接口有无松动、光纤有无弯折及破损，并通知专业人员处理；

4）合并单元失电时，应检查与其相连接保护、测控、电度表等装置确定故障影响范围，申请停用相关保护装置；

5）合并单元采样异常时，应检查合并单元采样板，电压、电流互感器及其二次回路有无异常。

第四章 电气设备操作

第一节 就地电气操作

变电站的电气设备有运行、热备用、冷备用及检修四种状态。将电气设备由一种状态转变到另一种状态的过程是倒闸，所进行的操作是倒闸操作。

一、操作方式

倒闸操作可以通过就地操作、遥控操作、程序操作完成。操作应满足倒闸操作基本要求，满足电网运行的方式，满足"五防"要求。

就地操作：是指在设备现场以电动或手动的方式进行的设备操作。

遥控操作：是指远控操作，以电动、RTU、当地功能和计算机监控系统等方式进行的设备操作，通过将控制线引到异地，装上相应的开关或按钮，并加上一些保护闭锁电路实现。

程序操作：是指可编程微机操作，所有的设备必须能电动操作，通过一套可编程微机处理器和 PLC 系统的指令进行程序化操作，只需要根据操作要求选择一条程序化操作命令，操作的选择、执行和操作过程的校验由操作系统自动完成。

二、操作的基本条件

（1）有与现场一次设备和实际运行方式相符的一次系统模拟图（包括各种电子接线图）。

（2）操作设备应具有明显的标志，包括命名、编号、分合指示，旋转方向、切换位置的指示及设备相色等。

（3）高压电气设备都应安装完善的防误操作闭锁装置。防误操作闭锁装置不得随意退出运行，停用防误操作闭锁装置应经设备运维管理单位批准；短时间退出防误操作闭锁装置时，应经变电运维班（站）长或发电厂当班值长批准，并应按程序尽快投入。

(4) 有值班调控人员、运维负责人正式发布的指令，并使用经事先审核合格的操作票。

三、就地电气操作基本原则

(1) 电气设备的倒闸操作应严格遵守安规、调规、现场运行规程和本单位的补充规定等要求进行。

(2) 倒闸操作应有值班调控人员或运维负责人正式发布的指令，并使用经事先审核合格的操作票，按操作票填写顺序逐项操作。

(3) 操作票应根据调控指令和现场运行方式，参考典型操作票拟定。典型操作票应履行审批手续并及时修订。

(4) 倒闸操作过程中严防发生下列误操作：

1) 误分、误合断路器；

2) 带负荷拉、合隔离开关或手车触头；

3) 带电装设（合）接地线（接地刀闸）；

4) 带接地线（接地刀闸）合断路器（隔离开关）；

5) 误入带电间隔；

6) 非同期并列；

7) 误投退（插拔）压板（插把）、连接片、短路片，误切错定值区，误投退自动装置，误分合二次电源开关。

(5) 断路器停、送电严禁就地操作。

(6) 雷电时，禁止进行就地倒闸操作。

(7) 停、送电操作过程中，运维人员应远离瓷质、充油设备。

(8) 倒闸操作过程若因故中断，在恢复操作时运维人员应重新进行核对（核对设备名称、编号、实际位置）工作，确认操作设备、操作步骤正确无误。

(9) 操作中发生疑问时，应立即停止操作并向发令人报告，并禁止单人滞留在操作现场。弄清问题后，待发令人再行许可后方可继续进行操作。不准擅自更改操作票，不准随意解除闭锁装置进行操作。

四、就地电气操作基本要求

(1) 停电拉闸操作应按照断路器（开关）—负荷侧隔离开关（刀闸）—电源侧隔离开关（刀闸）的顺序依次进行，送电合闸操作应按与上述相反的顺序进行。禁止带负荷拉合隔离开关（刀闸）。

（2）现场开始操作前，应先在模拟图（或微机防误装置、微机监控装置）上进行核对性模拟预演，无误后，再进行操作。操作前应先核对系统方式、设备名称、编号和位置，操作中应认真执行监护复诵制度（单人操作时也应高声唱票），应全过程录音。操作过程中应按操作票填写的顺序逐项操作。监护操作时，操作人在操作过程中不准有任何未经监护人同意的操作行为。

（3）操作中发生疑问时，应立即停止操作并向发令人报告。待发令人再行许可后，方可进行操作。不准擅自更改操作票，不准随意解除闭锁装置。解锁工具（钥匙）应封存保管，所有操作人员和检修人员禁止擅自使用解锁工具（钥匙）。若遇特殊情况需解锁操作，应经运维管理部门防误操作装置专责人或运维管理部门指定并经书面公布的人员到现场核实无误并签字后，由运维人员告知当值调控人员，方能使用解锁工具（钥匙）。单人操作、检修人员在倒闸操作过程中禁止解锁。如需解锁，应待增派运维人员到现场，履行上述手续后处理。解锁工具（钥匙）使用后应及时封存并做好记录。

（4）电气设备操作后的位置检查应以设备各相实际位置为准，无法看到实际位置时，应通过间接方法，如设备机械位置指示、电气指示、带电显示装置、仪表及各种遥测、遥信等信号的变化来判断。判断时，至少应有两个非同样原理或非同源的指示发生对应变化且所有这些确定的指示均已同时发生对应变化，方可确认该设备已操作到位。以上检查项目应填写在操作票中作为检查项。检查中若发现其他任何信号有异常，均应停止操作，查明原因。若进行遥控操作，可采用上述的间接方法或其他可靠的方法判断设备位置。

（5）用绝缘棒拉合隔离开关（刀闸）、高压熔断器或经传动机构拉合断路器（开关）和隔离开关（刀闸），均应戴绝缘手套。雨天操作室外高压设备时，绝缘棒应有防雨罩，还应穿绝缘靴。接地网电阻不符合要求的，晴天也应穿绝缘靴。雷电时，禁止就地倒闸操作。

（6）装卸高压熔断器，应戴护目眼镜和绝缘手套，必要时使用绝缘夹钳，并站在绝缘垫或绝缘台上。

（7）电气设备停电后（包括事故停电），在未拉开有关隔离开关（刀闸）和做好安全措施前，不得触及设备或进入遮栏，以防突然来电。

（8）在发生人身触电事故时，可以不经许可，即行断开有关设备的电源，但事后应立即报告调度控制中心（或设备运维管理单位）和上级部门。

五、就地倒闸操作安全隐患分析

（一）倒闸操作安全隐患

1. 作业行为违章

（1）倒闸操作人员不遵守安规、调规、运规。

（2）倒闸操作人员在没有收到收到当值的调控人员、运维负责人发布的正式指令即开始操作的行为。

（3）填写操作票错误。

（4）倒闸操作人员不按照已经拟好测操作票顺序操作，所打印的操作票填写不正确。

（5）人员误操作，包括：

1）误分、误合断路器；

2）带负荷拉、合刀闸或开关小车；

3）带电装装设接地线或者合上接地刀闸；

4）接地线未拆除就开始合断路器或者隔离开关；

5）误入带电间隔；

6）非同期并列；

7）未认真核对命名和检查设备，误投压板、误切定值，误拉装置空气开关等。

（6）运检人员操作过程中，因突发事件导致操作发生中断，故障处理结束后继续操作时，操作人员必须对设备命名和设备实际位置重新进行核对，在未现场确认操作设备和操作步骤的情况下就继续操作，一系列的行为容易产生误操作的风险。

（7）操作人员在操作过程中对操作票或操作指令产生疑问，没有马上终止操作，而是自作主张更改操作票和操作指令，在没有履行相关解锁规定的情况下随意解除设备的闭锁装置。

（8）操作人员在倒闸操作过程中没有正确地佩戴安全帽，在现场操作一次设备时没有正确佩戴绝缘手套，在打雷天气操作或者检查接地故障时未穿绝缘靴。

（9）倒闸操作人员在操作过程中失去监护，操作中监护人离开操作现场或者做与监护无关的工作。

（10）倒闸操作过程没有对现场一次设备的实际位置进行仔细检查，操作后没有前往现场确认一次设备已经操作到位就继续操作下一步。

2. 管理性违章

（1）操作票没有及时修订并履行相关的审批手续，导致典型操作票与现场设备运行方式不符。

（2）运维班操作完的操作票没有执行按月装订且未及时进行三级审核。操作票在没有保存到1年就丢失或者损毁。

（3）现场工作中运检管理人员存在违章指挥和强令冒险作业的行为。

（4）对大型的重要、复杂的倒闸操作，没有按照实际需求组织熟练的操作人员进行商讨，班组管理人员安排的操作人员能力不能胜任倒闸操作。

（5）现场没有配备齐全和完备的安全工器具、安全防护装置和安全警示装置。

（6）旁站和监护人员对操作人的违章行为没有及时制止，发现违章未考核。

（7）特种作业人员上岗前必须经过专业的岗前培训并且考试合格才能开展工作。

（8）踏勘前发现的安全隐患没有及时制定整改计划或制定了整改计划但是没有认真落实。

3. 设备隐患

（1）断路器停、送电就地操作时存在瓷瓶爆炸危害人身的风险。

（2）雷电时就地倒闸操作存在人员遭受雷击风险。

（3）使用不合格的安全工器具。

（4）一次设备无双重命名导致操作误入间隔。

（5）机械设备转动部位无防护罩导致操作过程中伤人的情况。

（6）电气设备外壳未按照要求进行接地，存在感应电伤人。

（7）防误闭锁装置不全或者防误闭锁装置功能失灵，使得设备失去房屋。

（8）电气设备没有设置安全警示牌或者应该用硬遮栏隔离的装置未设置遮栏。

（二）预控措施

1. 作业行为违章预控措施

（1）设备停役操作时设备由运行改为冷备用的操作应该按照以下操作顺序进行：拉开断路器-拉开负荷侧隔离开关-拉开电源侧隔离开关，操作过程任何情况下禁止不按照操作票顺序进行的操作。

设备复役由冷备用改为运行的操作应该使用与上述相反的操作步骤。禁止在负荷未切除的情况下进行隔离开关（刀闸）的拉合行为。

（2）在进行现场操作之前，操作人员应该先在微微机五防装置或者模拟图上做相应核的对性模拟预演，在核对模拟预演正确无误之后才能进行后续操作。现场操作一次设备之前，操作人员应仔细核对现场系统运行方式、设备的双重命名和设备的实际位置。监护人和操作人进行倒闸操作过程之中，必须严格遵守倒闸操作的"监护复诵制度"。无论单人操作还是双人操作，操作人员操作过程中必须大声唱票，录音设备在操作的全过程必须保持常开对操作过程进行记录以便后续检查的评价。操作顺序必须按照拟好的操作票顺序执行，不能跳步漏步。每执行完一步操作任务，在检查操作情况正确无误后在最后一栏打一个"√"符号，待全部操作完之后还需进行复查评价。

（3）操作过程中操作人必须在监护人监护的情况下开展操作，操作人员不能在监护人未同意的情况开展倒闸操作。

（4）操作人员在后台或者测控装置上进行一次设备的远方操作时，操作人员应对还在现场开展工作的人员进行提醒，让他们尽快撤离，远离待操作的一次设备，防止操作过程中导致人员伤害。

（5）监护人和操作人在操作的过程中对操作指令有任何疑问时，严禁带着疑问继续操作，必须终止操作并立刻联系发令人并让其解答自己的疑问。恢复操作时，应该得到发令人的再次许可。监护人和操作人操作时严禁擅自更改已拟好的操作票，在没有履行解锁手续的情况下严禁擅自闭锁装置。五防装置的解锁钥匙必须放在钥匙管理箱内封存，禁止操作过程中私自使用。操作过程中确实因为装置故障需要使用解锁钥匙进行解锁操作时，应该履行解锁手续。必须经过运维管理部门防误操作装置专责人或运维管理部门指定并经书面公布的人员到现场核实无误并签字后，由运维人员告知当值调控人员，方能使用解锁工具（钥匙）。某些情况下严禁进行解锁操作，例如：单人操作、检修人员操作等。若遇到无法解决的问题确实需要进行解锁时，应向现场增派运检人员，由支援人员和现场人员共同履行上述解锁手续后方可使用解锁工具，在使用后应及时封存并做好相关记录。

（6）现场一次设备操作结束后，应认真地检查设备各相实际位置，尽量避免间接检查。若现场一次设备确实无法检查真实位置，可以间接检查设备位置，如通过检查现场设备仪表、遥测、遥信、带电显示装置、机械电气指示、位置指示的变化来判断。对位置进行判断时，现场至少应有两个非同源或者非同样原理的指示同时发生对应变化方可以认为一次设备变位正确。检查步骤必须列入操作票中，在执行检查的过程中发现任何的异常行为时，必须立即停止工作，在未查明原因的情况下不准继续操作。在开展遥控操作时，后台操作人员可以通过间接方法或其他可靠的方法确认一次设备的位置。

（7）二次系统进行远方操作时，装置应至少有两个相对应的指示同时发生对应变化才可以认为操作到位。

（8）高压直流站的操作应该采用程序操作进行，若操作过程中发生无法进行程序操作的情况，需等运检人员对故障原因查明清楚并汇报当值调度员并得到其许可后才能进行逐步的遥控操作。

（9）使用令克棒对隔离开关（刀闸）、高压熔断器或经传动机构拉合断路器（开关）和隔离开关（刀闸）开展拉合操作时，操作人员应正确戴绝缘手套。下雨天气开展室外高压设备的操作，应在令克棒上安装防雨罩，操作人员应正确地穿上绝缘靴。开关厂的接地网电阻与规章中的要求不符时，即使在晴天也需要穿绝缘靴。在雷电天气时，操作人员禁止开展就地操作。

（10）操作人员在进行高压熔断器的装拆工作时，操作人员需要正确使用护目眼镜和绝缘手套，操作过程中若有必要时应使用绝缘夹钳，并且操作人员要站在绝缘台或绝缘垫上开展操作。

（11）设计时，现场断路器的遮断容量应该选型正确，与电网的容量相匹配。假如现场断路器的遮断容量太小，满足不了现场条件，该断路器与操动机构之间应该用墙或金属板相隔离，重合闸装置应该退出运行，严禁现场操作，使用远控。

（12）一次设备停电或者事故跳闸时，在没有做好安全措施、断开相关隔离开关（刀闸）之前，为了防止设备突然送电伤人，操作人员不得触摸设备或进入遮栏。

（13）单人操作时，不准开展登杆或登高等高处作业。

（14）操作过程中若发生人身触电事故，操作人员不需要等待发令人的许可，可以自行断开相关设备的电源。触电事故解除后，操作人员应该及时将现场的相关情况报告调控中心或设备运维管理单位、上级管理部门。

2. 管理违章预控措施

（1）操作票按照规章制度，严格执行修订和审批手续，保证典型操作票与现场设备运行方式相一致。

（2）运检班已执行的操作票必须按月装订成册并严格履行三级审核制度。已经执行完的操作票必须在运检班继续保存 1 年。

（3）管理人员严禁有违章指挥和强令冒险作业的行为，现场的操作人员发现管理人员存在有违章指挥和强令冒险作业的行为时有权拒绝执行。

（4）对大型重要和复杂的倒闸操作，按照实际需求组织操作人员进行讨论，管理人员必须熟悉指派工作人员的技能水平，运维负责人指派的操作人员需要能胜任倒闸操作的技能水平。

（5）现场需要配备完善的安全工器具、安全防护装置和安全警示装置。

（6）旁站和监护人员对操作人的违章行为必须及时制止并进行相应的考核。

（7）特种作业人员在上岗前必须经过专业的岗前培训合格后方可上岗工作。

（8）踏勘时候踏勘人员发现的安全隐患需要及时制订整改计划，并按照整改计划及时落实整改。

3. 设备隐患预控措施

（1）断路器停、送电的操作应该远方进行，严禁就地操作，防止瓷瓶或者充油设备发生爆炸导致人身伤亡。

（2）雷电时严禁进行就地倒闸操作，以免人员遭受雷击风险。

（3）倒闸操作过程中使用的安全工器具必须经过相关检测单位检测合格，严禁使用过期未检或者检测不合格的工器具。

（4）一次设备必须粘贴双重命名。

（5）一次设备的机械转动部位必须安装防护罩，防止操作过程中转动部位伤人的情况。

（6）电气设备外壳按照要求进行接地。

（7）现场一次、二次、自动化装置防误闭锁逻辑正确且工作正常，对功能失灵的防误闭锁装置及时更换。

（8）电气设备设置安全警示牌，应该用硬遮栏隔离的装置应按规定设置遮栏，防止人员误入。

六、就地倒闸操作执行规范安全管控

（一）倒闸操作的准备

1. 角色分工

（1）操作准备阶段应明确人员分工，并指定操作人和监护人，操作人和监护人必须取得相关资质，严禁发生无资质人员开展倒闸操作的行为。

（2）操作过程中监护人必须对设备运行状况较为熟悉。进行重大及很复杂的倒闸操作时操作人员应该由对设备较为熟练的运维人员来担任，监护人由运维负责人来担任。

2. 人员管控

（1）人员着装：操作人、监护人均应穿长袖纯棉的工作服，领口、袖口必须系好，必须穿合格的绝缘鞋进行操作。

（2）精神状态：监护人和操作人在操作前需要相互检查各自的精神状态，以良好的情绪开展操作，若发现有谁存在不适于操作的情况应及时汇报运维负责人，申请更换。

3. 安全工器具准备

监护人、操作人操作前需要共同检查操作所用的安全工器具、操作工具状况正常，外观没有破损。检查的安全工器具和操作工具包括：验电器、录音笔、绝缘靴、照明设备、防误装置电脑钥匙、绝缘手套、接地线、绝缘拉杆（绝缘棒）、安全帽、对讲机等。

（1）安全工器具检查。

1）安全帽：试验日期合格，外观良好，顶衬完好。

2）验电器：试验日期合格，电压等级正确，声光正常、拉伸正常、表面清洁、无脏污。

3）绝缘手套：试验日期合格，无破损、无漏气、无脏污、表面清洁。

4）绝缘靴：试验日期合格，无破损、无脏污、表面清洁。

5）接地线：试验日期合格，电压等级正确，各部位螺丝正常，导线无散股、断股、裸露、各接头连接可靠。

6）绝缘拉杆（绝缘棒）：试验日期合格，电压等级正确，编号匹配，表面无脏污、无破损、接头无松动。

（2）操作工器具检查。

1）录音笔：电量、内存充足，开启录音功能正常。

2）操作把手：操作把手与刀闸匹配，正常可用。

3）活动扳手：护套完整、转动灵活。

4）箱体钥匙：齐备、完好、可用。

5）头灯：电量充足，固定伸缩带正常，完好可用。

6）防爆灯：电量充足，完好可用。

7）雨衣：外观清洁、无破损、正常可用。

4. 倒闸操作技术措施

（1）操作人员按照调控下发的预令，明确停电范围和操作任务，操作人和监护人相互之间分工明确。

（2）操作票严格执行典票上的操作顺序，在操作票上明确应拉合的地刀或者应装设地线部位、编号或者应装设的遮栏、标示牌。

（3）操作人员拟票过程中需要考虑二次自动装置会发生的变化。操作票中应考虑交、直流电源拉开后，电压互感器二次侧反送电的防止措施。

5. 危险点分析与预控

（1）在操作准备阶段，操作人和监护人需要充分地分析操作过程中可能会出现的危险点并预先采取相应的控制措施。

（2）危险点分析应根据不同操作任务、电网方式、设备状况等重点考虑人身、电网、设备风险三个方面。

1）倒闸操作过程中可能发生的人身风险主要集中在以下几个方面：

a. 人身触电；

b. 误入带电间隔；

c. 设备故障高坠伤人；

d. 不按要求使用安全工器具；

e. 其他可造成人身风险的危险点。

2）倒闸操作过程中可能发生的电网风险主要集中在以下几个方面：

a. 非同期并列；

b. 系统解列；

c. 其他可造成电网风险的危险点。

3）倒闸操作过程中可能发生的设备风险主要集中在以下几个方面：

a. 操作过程中操作人员发生误分、误合断路器的行为；

b. 操作过程中操作人员发生带负荷拉、合闸刀，带负荷操作隔离小车的进出；

c. 操作过程中操作人员发生带电挂（合）接地线（接地刀闸）的行为；

d. 操作过程中操作人员发生接地线未拆除就开始合断路器、隔离开关的操作；

e. 其他可能造成设备风险的危险点。

（3）操作开始前应进行危险点和预控措施交代，确保操作人、监护人明确操作过程中的危险点和预控措施。

6. 五防装置的检查

（1）变电站内的所有高压电气设备均应该经过逻辑功能正确、完善的防误操作装置闭锁。投入运行的五防闭锁装置必须要处于良好的状态，防误装置中当前系统的运行方式必须与现场一次设备的实际运行方式相一致。

（2）操作过程中防误操作闭锁装置必须均已投入运行，若操作过程中发生装置故障或其他需要解锁防误操作闭锁装置的情况时，操作人员必须履行相应手续，在操作结束或者装置恢复正常时操作人员应该尽快按相关程序将防误装置投入运行。

7. 与监控人员核对状态

现场操作开始前，应汇报监控人员，确保监控人员正确掌握现场系统运行方式和光字信号的变化。监护人在操作票上分别填写发令人、受令人、发令时间和开始操作的时间。

（二）操作前后确认设备地点

（1）操作过程中在转移操作地点时，监护人提前告知操作人下一步操作的地点。操作地点转移过程中，操作人应该走在前、监护人跟随在后，操作人走错间隔时监护人应立即指出并更正路线，待到达操作地点后双方应认真核对间隔是否正确。

（2）到达操作位置后操作人指向操作设备大声唱诵"到达××处"，监护人核对位置正确后唱诵"正确"后方可继续开展操作。

（三）操作过程中履行监护复诵制度

（1）操作人和监护人操作过程中严格执行倒闸操作监护复诵制度，监护人根据操作票大声唱诵操作内容，操作人用手指向待操作设备并大声复诵操作内容，监护人核对操作人操作内容正确无误后答复"对、执行"的命令，将操作钥匙交给操作人，操作人拿到监护人给的操作钥匙后应立即进行操作，操作结束后及时将操作钥匙归还给监护人。监护操作时操作人必须严格遵听监护人的指令，禁止进行任何没有经过监护人同意的操作。

（2）操作人使用操作钥匙解锁前，应仔细核对的操作内容与现场锁具名称编号一致后方可开锁，不一致时应立即停止操作查明原因。

（3）操作过程中监护人应站位合理，能够掌握操作人的动作以及被操作设备的状态变化。倒闸操作过程中监护人和操作人应关注设备状态切换过程中位置、表计、指示装置的状态。

（四）设备操作

（1）开关操作（后台遥控）。

1）操作人进入监控机相应设备的分画面进行操作，不准在主接线图上进行开关的分合闸。监护人和操作人核对待操作间隔的状态及开关的双重命名，核对正确后监护人唱诵操作步骤，操作人听到监护人指令后用鼠标指向待操作的设备，大声复诵操作步骤后用鼠标点击遥控指令，输入操作人的密码并请求监护人监护操作。

2）监护人必须在确认所操作的开关间隔正确后，方可输入密码确认操作，并大声唱诵："对，执行"。进行远方操作时，操作人员必须对滞留在现场的工作人员及时发出提醒信息让其远离待操作设备，防止操作过程中导致意外事故。

3）操作人进行操作，监护人和操作人共同检查开关分位监控信号指示、设备现场变位正确、电流指示正确、信号上传正确后，方可确认设备操作到位。现场电气设备操作结束后，应认真地检查设备各相实际位置。若现场一次设备确实无法检查真实位置，可以间接检查设备位置，如通过设备仪表及各种遥测、遥信等信号、带电显示装置、机械电气指示、位置指示的变化综合判断。判断时，现场至少应有两个非同源或者非同样原理的指示同时发生对应变化的情况下方可以认为一次设备变位正确。检查步骤必须列入操作票中，在执行检查的过程中发现任何的异常行为时，必须立即停止工作，在未查明原因的情况下不准继续操作。在开展遥控操作时，后台操作人员可以通过间接方法或其他可靠的方法确认一次设备的位置。

（2）刀闸操作。

1）操作人和监护人严禁在没有核对刀闸的双重命名正确情况下，随意使用电脑钥匙开锁进行操作。在核对操作设备正确后监护人将操作钥匙交给操作人，操作人执行完毕后，需及时将电脑钥匙交还监护人，操作人和监护人共同核对闸刀的状态正确。

2）双母线接线方式，母线刀闸操作后，还应检查本间隔保护屏、母差屏等对应刀闸位置动作正确。

3）操作人使用令克棒对隔离开关（刀闸）开展拉合操作时必须正确使用绝缘手套。下雨天气开展室外高压设备的操作，应在令克棒上安装防雨罩，操作人员户外操作时应该穿检验合格的绝缘靴。开关厂的接地网电阻与规章中的要求不符时，即使在晴天也需要穿绝缘靴。在雷电天气时，操作人员禁止开展就地操作。

（3）装设接地线（手动合接地刀闸）操作。

1）验电前，监护人指示操作人在指定地点检查验电器完好

2）验电时，待监护人确认被操作设备正确无误后，操作人可以开始验电。

3）操作人使用验电器对设备进行验电时，应在被操作设备的每一相选择三处进行验电，每一处的间隔需要 10 厘米以上。在 3 个部位均验明确无电压后操作人大声唱诵"X 相无电"。验电过程中监护人应同时检查验电过程的准确性，确认验电流程正确后唱诵"正确"，操作人可移开验电器进行下一相的验电。

4）接地时，操作人和监护人检查装设接地线位置正确后开始进行接地线挂设。

5）验电结束后操作人员必须立即进行设备的接地操作，接地点必须与验电点相一致。

6）接地刀闸与隔离开关的操作步骤相比，前面增加验电步骤，其余步骤与"刀闸的操作（就地操作）"相同。

（4）保护压板（空开、切换把手）的操作。

1）在投入压板之前，操作人员应检查保护装置所有的指示灯和面板报文正常，不存在告警信息。

2）操作压板时，仔细核对压板的位置和双重命名，监护人确认被操作设备无误后唱诵："正确、执行"后操作人方可开始操作。

3）操作人操作完毕后唱诵："已投入（退出）"，监护人检查操作内容并确认正确后，在操作票执行一栏打"√"符号。

4）空开、切换把手与保护压板的操作步骤相类似。

（五）设备的检查

（1）监护人确认检查地点无误后，唱诵："检查××刀闸三相确在分闸位置"。

（2）监护人和操作人检查正确后，操作人用手指向已操作的设备并唱诵："××刀闸三相确在分闸位置"。

（3）确认设备已经操作到位后，监护人在操作票执行栏打"√"符号。

（六）全面检查

（1）操作票内的操作内容全部执行完毕后，监护人将电脑钥匙回传。

（2）监护人和操作人共同检查五防机变位正确，后台变位正确，光字、报文信息无异常。

（3）监护人、操作人对操作过程进行复查评价，回顾操作内容有无遗漏，仔细检查

所有项目全部执行，实际操作结果与操作任务相符。

（4）所有内容检查完毕无误后，监护人在操作票上填写操作结束时间。

第二节　测 控 装 置 操 作

一、测控装置概况

变电站自动化系统是利用先进的计算机技术、现代电子技术、通信技术和信号处理技术，实现对全变电站的主要设备和输、配电线路的自动监视、测量、自动控制以及与调度通信等自动化功能。测控装置作为变电站自动化系统中运行数据信息采集和执行设备操作控制的主要设备，是实现系统安全稳定运行的重要基础。常规变电站与智能变电站的测控装置均采用按一次设备间隔配置的方式，完成一次电流、电压、电能量、谐波、一二次设备的状态量等电力系统运行数据的采集，执行就地、变电站控制层或远方调度下发的操作及控制命令完成对一次设备的操作，并通过联闭锁等逻辑控制手段保障操纵控制的安全性。

测控装置属于变电站自动化系统中的间隔层设备，其主要功能可概括为"四遥"，即：遥信、遥测、遥控和遥调。除此以外，目前的测控装置一般还具备了同期和间隔联闭锁等功能。基于测控装置的间隔联闭锁功能可利用测控装置分布式、网络化的特点优势，实现全站数据通过网络共享的间隔内防误，弥补其他防误闭锁方式的不足之处，并可与后台监控系统进行配置实现一体化五防顺序控制功能。对于同期功能，根据合闸点两侧系统的情况，IEC 61850 关于同期控制只有不检（强合）、检同期 2 种方式，检无压归入不检（强合）；国内一般统一为 3 种方式，即合闸操作分为不检（强合）、检无压、检同期（准同期和捕捉同期）。

（一）常规变电站与智能变电站的测控比较

常规变电站与智能变电站的测控装置工程应用比较如图所示。常规变电站的测控装置一般支持 RS232、RS485、Ethernet 等多种通信接口，采用 IEC 60870-5-103/104 等国际通用标准规约，具备交流采样和开入开出等功能。智能变电站测控装置一般由电源插件、通信插件、网络插件、CPU 插件、过程层接口插件和开入插件六类插件组成。测控与过程层设备之间信息交换基于发布/订阅机制，来自合并单元的电流、电压数据被同步采样并单向地定期刷新测控的接收缓冲区，遥信数据和跳闸命令以 GOOSE 机制在过程层设备和测控装置之间双向传递，通过网络从智能单元获取本间隔变压器断路器及隔离开关的遥信状态，遥信状态上传后台或者参与逻辑闭锁关系的运算，GOOSE 机制保证了重要信息的实时性。

常规变电站测控装置的同期电压信号采集过程开关位置信号、同期控制输出均在装置内部完成，同期控制过程中只需考虑开关机构动作时间和装置内部的时间配合，该时间通过实际测试匹配时间相对较容易。智能变电站过程层数字化以后，采样数据、开入采集控制信息均需经过过程层网络至测控装置，网络通信可靠性及设备间配合稳定性决定了同期效果。常规变电站测控装置的间隔联闭锁功能的数据采集、逻辑及控制执行硬件都集中在测控装置，各测控装置间联闭锁信息的交互都是通过各专用接口进行，无法实现不同厂家测控装置间的配合。智能变电站过程层的智能化、原始数据采集及控制执行单元分离为合并单元和智能终端设备，测控装置主要负责间隔联闭锁功能的数据计算及逻辑部分判别，该功能需要过程层设备的共同配合才能完成。同时，IEC 61850 GOOSE 服务的应用实施，统一了不同厂家测控装置实现数据共享交互接口，解决了装置间互联互通的问题。常规变电站与智能变电站测控的比较如图 4-1 所示。

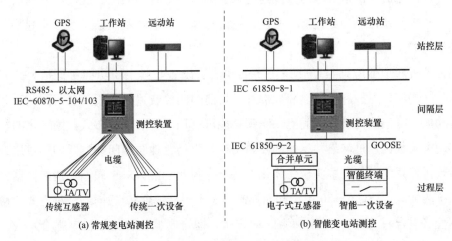

图 4-1 常规变电站与智能变电站测控的比较

由于智能变电站系统大多采用"三层两层"架构（或"三层三网"，即增加了间隔层网络），不同电压等级变电站过程层组网方式的多样性及间隔层设备配置的差异性导致了测控实现方案的多样性。

（二）测控装置的配置

（1）220kV 及以上电压等级智能变电站测控方案。220kV 及以上电压等级智能变电站测控装置的配置模式有三种，以 220kV 电压等级为例说明：

1）配单套测控装置接单网模式。测控装置单套配置，仅接入过程层 A 网，实现对过程层 A 网 SV 数据采样和 A 网智能终端 GOOSE 状态信息传输，如图 4-2 所示。

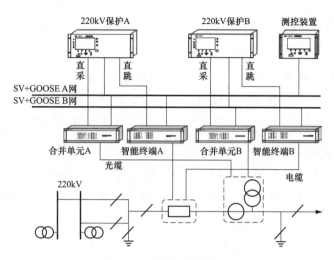

图 4-2　单套测控接单网

这种方式主要应用于智能变电站建设初期的试点工程，测控装置仅需提供一个过程层接口接入过程层 A、B 网中的任何一个网络，实现与相关设备的通信，接线比较简单，不存在跨网和处理双测控数据源的问题，但其缺点也比较明显，即一旦 A 网设备异常，测控功能将无法实现。

2）配单套测控装置跨双网模式。测控装置单套配置，跨接到过程层的 A、B 网段，实现对 A、B 网的 SV 数据的二取一采样和智能终端数据的 GOOSE 状态信息传输，跨接双网的网口具有独立的网络接口控制器，如图 4-3 所示。

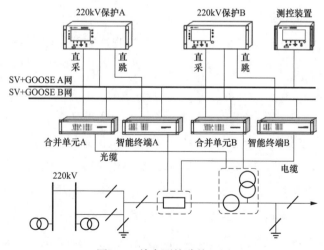

图 4-3　单套测控跨接双网

这种方式是目前 220kV 及以上电压等级智能变电站采用的主要方案，测控装置通过相互独立的两个过程层接口跨接 A、B 双网，解决了单套测控接单网模式的主要问题，即便 A 网设备异常，测控装置依然可以依靠 B 网正常工作，提高了测控装置的运行可靠性。

但是，在实际工程中，由于 220kV 间隔双套配置的合并单元、智能终端可能由不同厂家提供，装置性能存在差异，测控装置同期时，针对双套数据源的输入/输出，需要对应两种不同的导前时间，因此确定准确的同期导前时间并不容易，为保证同期效果，需提高设备间配合的稳定性。

（2）110kV 智能变电站测控方案。110kV 智能变电站采用单套配置的保护测控一体化装置。根据通用设计要求，对于内桥或线变组接线的变电站，线路间隔只需配置 1 台测控装置，由于接线简单，涉及跨间隔的信息交互较少，GOOSE 报文及 SV 报文均采用点对点方式传输，不组建过程层网络；对于单母线、双母线接线的变电站，110kV 过程层 GOOSE 宜设置单网，SV 与 GOOSE 共网或采用点对点方式传输。

（三）智能变电站测控发展趋势

目前，测控装置的测量功能还比较单一，仅仅实现了稳态数据的测控，个别试点项目中将测控、同步相量测量（PMU）等功能进行了整合，出现了基于稳态、动态数据采集的测控装置，但其稳态、动态数据也是通过不同的物理网口和不同的规约分别上送至后台，并未实现真正意义上的融合。

随着电力电子、高性能集成芯片等技术的发展，智能变电站建设趋向于在关键技术研究和关键设备研制两方面寻求突破，以满足"系统高度集成、结构布局合理、装备先进适用、经济节能环保、支撑调控一体"的新需求，变电站二次设备趋向于向功能集成化和结构紧凑化的方向发展。

（1）面向间隔的多功能测控装置。面向间隔的测控装置完成间隔内的测控、PMU、非关口计量等功能。从工程应用需求看，110（66）kV 一般采用保护测控一体化装置（不需要配置 PMU），220kV 及以上测控一般独立配置，可采用此方案，将 PMU 和非关口计量功能集成在测控装置中实现。从对采样频率的要求来看，测控和 PMU 一般要求计算不低于 13 次谐波分量，合并单元输出 80 点/周波的采样值可以满足测控和 PMU 需求。对于计量功能，基于精度考虑，合并单元宜提供 256 点/周波的采样数据满足计量需求（现阶段工程多采用 80 点/周波）。因此，对于多功能测控装置而言，若要全面整合间隔内三态数据，装置内部需要解决大量实时数据传输和统一对外接口的问题。

多功能测控装置可实现间隔内二次设备的功能整合，有效减少二次电缆（光缆）长度、优化二次回路设计、减少交换机数量、减少用地和建筑面积、节省投资。

（2）集中式测控。集中式测控采取面向功能的思想，以高可靠性、高速处理能力的软、硬件平台为基础，以丰富的数据资源实现多个间隔或全站的测控功能。集中式测控方案可不影响各间隔保护采取直踩直跳（即间隔内保护直接采样、直接跳闸）方案，同时，实现了各间隔的测控集成化，减少了间隔层 IED 数量，减少运行维护的工作量，并可以方便实现跨间隔信息的共享，实现跨间隔五防联锁，减少通过网络方式交互信息存在的风险，提高了测控性能。同时，在条件允许的情况下，集中式测控可考虑作为程序化操作服务器，作为站域控制的大脑，实现保护等二次设备的方式切换。远期来看，站控层对海量数据已经不堪重负，集中式测控可以在满足除监控数据上送要求外，作为二级处理单元减少站控层负担。

对于集中式测控，需要解决双测控数据源的处理（若双套配置）和检修问题。目前，还未见有集中式测控方案应用的相关报道，但已经有基于集中式保护测控技术的智能变电站试点工程投运，集中式测控方案在理论和实践上均具备了工程应用的基础。

二、测控装置电气操作

（一）测控操作把手

在测控屏上进行操作，包含通过测控液晶进行控制操作时，应首先把测控屏上的"投远控"压板退出，使测控装置处于就地状态。此时测控装置闭锁调度端和站控层的遥控操作。同时测控装置检测"投远控"GOOSE 接收虚端子的输入，如果"投远控"GOOSE 接收虚端子未配置输入或投入，则开放测控屏上的手动操作。如果"投远控"GOOSE 接收虚端子有输入且退出，表示一次操作机构处有人进行操作，则测控装置闭锁测控屏上的手动操作。

在测控屏上进行手动同期合闸时，把测控屏上的操作把手打到"手合同期"位置，测控装置首先检测"投远控"退出且"投远控"虚端子未配置接收或投入，再检测同期状态。满足条件之后，通过 GOOSE 发送合闸令给智能终端，由智能终端进行出口。

在测控屏上进行手动分闸操作时，把测控屏上的操作把手打到"分闸"位置，测控装置首先检测"投远控"压板退出且"投远控"虚端子未配置接收或投入。满足条件之后，通过 GOOSE 发送分闸令给智能终端，由智能终端进行出口。在测控装置的液晶上进行分、合闸操作时，过程和通过测控屏上的把手操作相同。测控装置首先检测"投远控"压板退出且"投远控"虚端子未配置接收或投入。满足条件之后，通过 GOOSE 发送分、合闸令给智能终端，由智能终端进行出口。

（二）测控同期操作

在变电站中进行断路器合闸根据其合闸点两侧系统的情况可以将合闸操作分为无压合闸、环网并列合闸、检同期合闸以及试验合闸四种方式。试验合闸一般在装置调试或进行断路器传动试验时进行，它和低压变电站的断路器合闸操作类似，不需要根据电压条件进行判断，可以直接合闸，是一种无条件合闸方式。无压合闸的判据是合闸点两侧任意一侧没有电压，如线路送电时进行的合闸或合空开关。断路器两侧都有电压时是有压合闸，有压合闸分为环网并列合闸和准同期合闸，环网并列合闸即合闸点两侧同属一个系统，断路器合上后电网在此处增加一个联络点，而准同期合闸是两个无联系的电网并列或者发电机组并网。

相对于两个解列电网同期操作，变电站中更多进行的是环网合闸操作，环网并列合闸前开环点断路器两侧是同一个系统，断路器两侧频率相，但在其两侧有电压差和相角差，该相角差和线路传输的负荷电流及线路电抗有关。负荷电流越大，线路越长，即电抗越大则相角差越大。断路器合闸瞬间两侧的功角立即消失，系统潮流将重新分布，新投入的线路将分流原运行线路的一部分负荷，因此，同频并网允许的功角值，以系统潮流重新分布后不致引起继电保护误动或导致并列点两侧系统失步为原则整定。

测控装置区分环并合闸与准同期合闸是判断合闸点两侧电压是否有频率差，可是如果两侧无联系的电网的频率相差很小，甚至小于装置测量误差时，装置如果只考虑两侧频差将无法将二者区分，此时装置将考察合闸点两侧电压的相角差情况。环并合闸时合闸点两侧电压的相角差是由电网的网架结构与运行方式决定的，在负荷没有大的变化的情况下相角差基本保持不变而两个电网并列时，相角差肯定会进行周期性的变动。用频差与相角差相结合的方法可以准确快速的区分环并合闸与检同期合闸。

断路器进行同期合闸时应遵循的原则：

（1）并列断路器合闸时对系统的冲击电流应尽可能小，其最大值不应超过允许值。

（2）并列断路器合闸后，两侧系统或待并机组应能迅速进入同步运行状态，进入同步运行的暂态过程要短。当断路器两侧系统的电压差和频率差在一定范围时，变电站自动化系统中的测控装置可进行捕捉同期点合闸。在准同期合闸操作中，由于断路器合闸有一定的动作时间，合闸脉冲应在频率和电压都满足并列条件时，在两侧电压向量重合之前发出，当断路器主触头闭合时，电压的相角差为零，对系统的冲击最小。根据合闸脉冲提前量的不同可分为恒定越前相角和恒定越前时间两种原理。目前这两种原理在国内变电站自动化系统中均得到采用。

由于断路器的合闸时间具有一定分散性，频差较大时装置预报的同期合闸导前相角的误差将增大。另外，如果两侧频差较大，即使合闸时的相角差满足要求，但由于两侧电网需要经历一个剧烈的暂态过程才能进入同步运行状态，严重时甚至失步，因此，同期合闸时频差应有严格限制。频差的变化率较大时，系统的频率还不是很稳定，同样会影响同期合闸越前相角的预报，应加以闭锁。

一般的变电站测控单元的遥控命令较为简单，即只有合闸和分闸两种，如果仍然采用单一的合闸命令对有同期功能的测控单元进行断路器遥控合闸操作就需要测控单元能自己区分不同的合闸方式，并按照相应的合闸方式进行合闸。测控装置主要是根据合闸点两侧电压的情况区分无压合闸和有压合闸，但是如果合闸点两侧的任意一侧电压二次回路断线或者电压二次回路接入装置时经过的熔丝熔断，此时如果完全依赖测控装置对电压测量进行合闸方式判断就可能误将断路器两侧均有电压的情况判为无压，并按无压方式合闸而造成严重后果。为避免这种情况发生，测控装置可以采用人机判断结合的方法，运行人员是了解电网的运行方式的，他们知道合闸点两侧是有压还是无压，为此该测控装置将断路器合闸命令设计为通用合闸命令和有压合闸、无压合闸以及试验合闸等合闸命令。当运行人员采用通用合闸命令进行断路器遥控合闸时，测控装置将会自动进行合闸方式的判断，运行人员在使用该命令前最好先观察一下测控装置上送的断路器两侧的电压是否正确。运行人员也可以根据当时电网的运行方式直接使用有压合闸♯无压合闸等合闸命令进行合闸操作，这样可以防止电压二次回路断线时装置误判断情况的发生。

合闸导前时间测量：由于测控装置是根据断路器合闸导前时间计算理想的合闸导前相角，不同的断路器合闸时间是不一样的，即使是同一个断路器随着使用寿命的延长合闸时间也会变化。如果导前时间误差较大，则由测控装置预报的合闸导前相角误差也将增大，这会导致相当大的并网冲击电流，因此断路器合闸时间需要准确测量，而且需要经常测量。变电站常用的方法是通过把电压波形和同期装置的反馈信号波形用双线示波器录下，用数格子的办法计算导前时间，这种方法精度低，接线繁琐。

该变电站测控装置可以利用自身准确的时钟信号和测量的电压、电流信号以及断路器的位置信号测量合闸导前时间，每次合闸都将测得的合闸导前时间记下，给用户作为参考。一种方法是测控装置计算自发出合闸信号至断路器位置信号变位之间的时间差，该方法对测控装置来说非常容易，不需要增加硬件，而且在进行断路器传动试验时即可使用，无须等到同期并列时就能测出合闸导前时间，其缺点是断路器位置信号变位时间和断路器主触头合上时间之间有一定的误差；另一种方法是用电气量判断，断路器合上瞬间两侧电压的频率会拉至同步，相角差将消失，而且电流会从无到有，装置计算此点至发出合闸信号之间的时间即为合闸时间，这种方法无需增加电缆，测出的精度较高，但只有系统在此点进行一次同期并列或环网并列时才能使用，具有局限性，这两种方法综合使用能获得较好的效果。

电压输入回路：单元式测控装置本来就要测量线路或元件的三相电压和电流，欲进行同期合闸判断，还需要测量断路器另一侧的一相电压。但在有些情况断路器两侧有多组电压供选择，测控装置必须能够根据隔离刀闸的位置自动实现同期电压切换。在双母线方式时断路器一侧为线路电压，另一侧为两组母线电压需选择其中一组。一个半开关接线方式时断路器两侧最多有四组电压同期电压的取法一般是以"近区电压优先"为原则选择其中两组。这些情况下测控单元需能根据该间隔的隔离开关位置自动选择相应的电压回路进行同期判断。

幅值补偿和相角补偿：变电站同期部分的二次回路设计中，经常遇上断路器两侧电压由于接线方式不同而造成固有幅值差和相角差的情况。过去设计人员经常采用的是转角变压器或幅值变压器来进行硬件补偿，这需要增加外部设备，既不经济也不方便，测控装置中最好能对待并侧电压进行初始幅值补偿和相角补偿，可极大地增强装置的灵活性和适应性。

输出回路：测控装置的遥控检同期合闸回路和普通遥控合闸回路可以共用一个回路。测控装置一般需要增加输出一路手动合闸同期闭锁回路。变电站的测控屏上通常装有手动操作手柄，运行人员可直接操作手柄进行出口操作，用户一般会要求测控装置对断路器手动合闸进行相应的闭锁，防止其非同期合闸。因此，增加输出一副手动合闸同期闭锁接点，串接于断路器手动合闸回路，测控单元根据断路器两侧电压的角度和同期闭锁条件打开或闭合该接点，防止运行人员非同期合闸而造成严重后果。

典型测控装置同期功能的实现：

具有同期功能测控装置除了要进行常规的遥测计算、遥信采集、遥控输出、人机界面和通信等功能。外还要进行检同期合闸的判断和计算。这就要求装置的微机系统具有较高的运算处理速度和足够的内存空间。下面结合一种在国内应用较为广泛高压测控装置，介绍其同期功能的实现，该装置采用具有DSP功能的处理芯片。具有较高的处理速度，该装置直接采样8路交流信号，即三相电压、三相电流、零序电压和同期电压，这些交流信号经互感器隔离变送后再经滤波电路滤波。然后输入采样保持和A/D转换电路进行电压电流幅值和功率的测量计算。装置采用具有8通道，同步采样保持功能的14位高速A/D转换器，具有较高的数据采集速度和精度。

对于相位差的测量，该装置是将开关两侧的同期电压经滤波后再经过整形电路转换为方波信号。然后输入至CPU的高速输入口，高速输入口能自动记录两个方波信号的上升沿和下降沿的时间，这样就能比较方便地进行频率和相角差的测量和计算。该方法每计算一次至少需要半个周波，因此两计算点之间时刻的相角差需要通过最小二乘法拟合，通过线性插值法来估算。该装置采用每个周波32点的交流采样，采样计算和同期判断在约0.625ms一次的采样中断中完成。装置将断路器合闸命令分为自动判断合闸命令、无压合闸命令和有压合闸命令等几种。装置采用恒定越前时间的检同期合闸原理，同时具有完备的同期闭锁功能，其同期功能框图见图4-4。

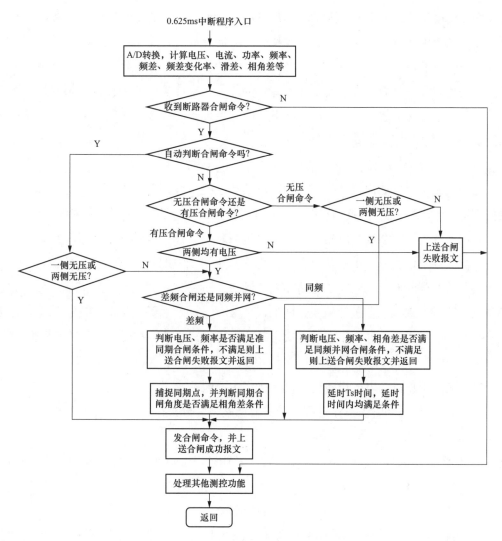

图 4-4 变电站测控装置同期功能框图

第三节 常 规 遥 控

一、常规遥控概述

为实现变电站无人值班，减人增效，实行变电站集中监控运行模式即由监控对变电站设备进行远方集中遥控操作，目前成为电网倒闸操作的一种主要模式，而且越来越显现出其重要的作用。变电站集中遥控操作是指以提高变电站一、二次设备可靠性和通信自动化为前提，并借助微机远动技术，对一定区域内的变电站一、二次设备实现远方控制操作。变电站监控系统还可以通过运行自动控制应用软件实现对相关设备的自动控制，如：电压无功自动控制。为保证操作控制正确可靠，计算机监控系统能同时只能对一个对象进行控制操作。遥控操作设备在倒闸操作、改变电网运行方式、电网事故处理、隔离故障设备方面体现出安全快速有效的优点，较传统的测控操作逻辑且加入很多通信中间环节。在事故处理等紧急情况下，因遥控设备障碍拖延事故处理时间的情况对电网安全有效运行埋下了安全隐患。

（一）常规操作过程

在变电站实现自动化管理的过程中，对其的遥控一般是分遥控预制、遥控命令以及遥控执行三个步骤来进行的。首先，发送出遥控预制命令，这一步骤在调度主站进行，接着利用"返校"安全机制的相关规定，以其为基础进行变电端远动装置和综合测控装置的遥控命令校核工作，将校核得出的结构送至主站，随即进行下一步遥控执行，此时作为变电站的调度人员，应向变电站端发送动作执行命令，在上述步骤完成，相应的遥控命令执行后，系统会发送开关变位信息，一般在 20s 后主站端会收到变位信息，如果主站端可以收到变位信号，则表示本次自动化遥控已经成功，相反，则表明遥控失败。

（二）常规遥控操作应用范围

（1）应用于正常的电气设备遥控倒闸操作主要包括：

1）调整电压无功时，操作电容器开关或调整主变分头；

2）配合系统倒方式操作；

3）配合检修试验工作，开关由运行转热备用或热备用转运行、主变由运行转热备用操作、拉合设备的隔离开关；

4）配合现场验收工作，对开关进行遥控试验；

5）具备远方操作技术条件的某些保护及安全自动装置的软压板投退、保护信号复归、保护通道测试。

（2）应用于电网异常情况处理的遥控倒闸操作主要包括：

1）小电流系统发生接地时，试拉开关或送电；

2）运行中出现影响设备正常运行的严重缺陷时，根据调度令进行遥控开关；

3）在电网事故及超计划用电时，根据调度指令按照拉路序位表进行限电操作。

（3）应用于电网事故处理的遥控倒闸操作主要包括：

1）母线电压失电后，拉开失压母线开关；

2）事故处理中恢复送电的操作；

3）紧急情况下进行的隔离故障点操作。

二、常规遥控操作风险分析

（一）技术支持系统风险

遥控操作很大程度依赖监控系统、操作票系统、通信系统等诸多系统技术支撑，技术支持系统的不完善将大大影响遥控操作的成功率，甚至于造成误操作风险，因此应加强技术支持系统的建设、完善和运维管理。

（1）监控画面设备编号不清晰。监控画面设备编号不清晰，监控画面设置不合理、间隔拥挤、字体偏小，相邻间隔设备编号辨识困难，存在误入带电间隔、误拉合开关和刀闸风险。画面设置合理、清晰，字体大小适宜；画面调整功能齐全，操作调整方便。

（2）设备实际位置不能正确上传。因机构卡涩或者系统通信中断等异常致使设备位置信号不能上传，导致监控人员误判断，造成误操作。完善与现场人员的沟通机制；完善调度自动化系统，提高其操作可靠性；完善遥视系统，或者专门设立监控设备位置的系统或平台。

（3）断路器遥测量采集不正确。部分开关电流互感器只有两相，不能完全反应三相电流值。合断路器时，不能通过遥测值判断开关三相是否全部操作到位，有非全相运行风险；拉断路器时，可能造成带负荷拉闸的风险。预控措施：制定规范，要求监控画面显示监测开关三相电流；对满足能够采集所有开关的三相电流条件的，显示三相电流，不满足要求的论证是否需要进行改造；在操作票中加入三相电流确认功能，强制检查；无法立即满足要求的，拉合开关后的状态检查应增加现场运维人员的确认条件。

（4）操作票系统不具备五防开票功能。操作票系统为独立系统，无法通过设备实际位置校验操作票是否符合防误规则，不能保证操作票项目和步骤的正确性，存在操作不成功，甚至误操作的风险。实现操作票系统与监控系统通信功能，实时采集设备状态，实现五防开票功能，做到技术把关；开发一体化五防功能，实现五防校验、模拟预演、五防遥控、五防解闭锁功能。

（5）操作界面不满足遥控操作条件。操作界面作为遥控操作的平台，操作界面不符合要求，将导致操作不成功或误操作。操作界面应具备单机或双机监护、密码校验、编号校验等功能；操作前检查操作界面正常，设备命名相符，通道情况正常。

（6）错误输入设备编号校验通过。错误输入设备编号也能通过校验，编号校验功能形同虚设，可能会造成误遥控其他间隔设备。完善操作界面，确保功能正常；严谨设置各个闭锁环节，确保输入编号与设备编号不匹配校验失败。

（7）系统返校慢，不能及时正确反应设备状态。通信系统或站端远动装置原因造成变位信息返校时间长，操作人员判断操作失败，可能造成开关重复操作。改进通信方式或更换远动装置，满足遥控操作时间返校要求；存在系统返校缓慢情况，应及时通知专业人员处理，执行缺陷处理流程，缺陷消除前重点关注，或者转现场操作。

（8）厂站端或主站自动化缺陷导致间隔或全站不能遥控操作。操作前存在不能监控操作的缺陷情况导致操作时间延长或者操作失败，不利于电网和设备安全运行，甚至会造成事故。厂站端或主站端自动化缺陷，及时通知相关人员处理，必要时恢复变电站有人值班；加强监控对自动化专业基础知识培训，及时发现缺陷。

（9）设备缺陷或者压板状态错误导致遥控失败。设备缺陷或测控压板状态错误，导致遥控失败，影响遥控操作成功率和效率。督促设备管理单位及时消除影响设备遥控操作的缺陷；遥控操作前与现场运维人员确认现场具备遥控操作条件。

（二）流程执行不到位风险

流程执行不到位，监控操作环节出错，将造成操作沟通不畅、时间延长、操作失败，甚至发生误操作，严重威胁电网和设备安全。

（1）操作前准备不充分。未提前准备操作票，对操作步骤和目的不明确，不能正确通知现场做好操作准备工作，延误操作时间，可能造成操作失败。提前准备好操作票，确保正确性；值长做好工作安排，明确责任人；掌握操作步骤和目的，提前与现场运维人员沟通，做好前期准备工作。

（2）操作执行不到位。

1）隔离闸刀操作不到位。设备质量或人为原因，导致隔离闸刀操作不到位而未发现，合相关接地刀闸或悬挂接地线，可能造成接地故障。严格执行监控操作流程，严肃操作行为；遥控操作时要求运维人员现场全过程配合检查设备实际位置；监控系统、现场设备发生异常、遥控失败时，应停止操作并汇报发令调度员，通知相关人员检查处理。

2）误拉合断路器、隔离开关。操作时未核对操作任务和设备编号，未检查设备位置状态，以致误选择变电站和设备，造成误拉合风险。严格执行监控操作流程，严肃操作行为，特别要注意执行唱票、复诵等规定；完善五防规则，严格遵守设备操作顺序；明确责任，加强监督，加强绩效管理；认真核对变电站名、设备名称、编号，不要选错位置。

3）带负荷拉合隔离开关。操作前未检查开关状态，误选操作设备，造成带负荷拉闸，导致误操作，造成电网发生事故。严格执行监控操作流程，严肃操作行为，特别要注意执行唱票、复诵等规定；完善五防规则，严格遵守设备操作顺序；明确责任，加强监督，加强绩效管理；认真核对变电站名、设备名称、编号，不要选错位置；开关分合闸指示要清楚，必须确认断路器在分闸位置才能操作隔离开关；隔离开关操作出现异常，要查明原因，特别要与现场运维人员确认是否满足操作条件。

4）带地线（地刀）合闸。操作前未核查接地线是否已全部拆除，接地刀闸是否已全部拉开，误选操作设备，均可能导致误操作。严格执行监控操作流程，严肃操作行为，特别要注意执行唱票、复诵等规定；完善五防规则，严格遵守设备操作顺序；明确责任，加强监督，加强绩效管理；认真核对变电站名、设备名称、编号，不要选错位置；合刀闸操作前与现场核查接地线已全部拆除、接地刀闸已全部拉开，并将检查内容作为操作项目正确填写在操作票上。

5）设备操作后不确认。操作后未按照操作流程检查核对设备状态，可能因设备状态显示与实际不符，造成后续操作不成功，甚至引发误操作。预控措施：严格执行监控操作流程，及时核对一二次设备状态；核对自动化系统设备状态，发现问题及时分析处理；对设备状态产生怀疑的，应与现场运维人员进行确认。

6）误遥控。因开关遥控点表与断路器实际编号不对应或未及时修正拉路序位表导致误遥控开关。规范断路器遥控点表的编制和审核，断路器遥控操作前必须进行遥控传动试验正确；修正流程，及时修正拉路序位，规范拉路序位，批量拉路前与调度核对拉路序位正确后执行。

（三）管理制度不完备风险

（1）防误规则不健全。因设备过多、审核不到位或厂家错误导入，易造成个别设备防误规则遗漏，出现个别设备"五防"失效情况。确定防误规则规范；严格防误规则审核机制；建立必要的定期检查校验机制。因扩、改建等五防规则更新不及时造成五防规则错误。预控措施：建立相关流程，实现实时管理、监督；"五防"规则的变更应在设备正式投运前验收完毕；建立必要的定期检查校验机制。

（2）账户管理责任不清。账户管理是进行遥控操作的权限管理手段，监控随意使用他人账户操作和监护，或者单人操作，发生误操作事故时无法确定事故责任人。因账户权限设置有问题或者非值班场所配置的终端工作站权限设置错误，误控非受控范围内设备。加强账户管理，严防因不同单位相同姓名造成的账户权限混乱，账号可按照"单位＋姓名"设置，个人密码要保密；监控操作和监护操作必须使用本人账户，严禁使用他人账户；严禁单人操作；建立终端工作站分配台账和权限台账。

（3）遥控操作范围不明确。制度、规范未明确遥控操作范围，监控与运维单位操作职责不清，造成监控与现场配合不当，导致操作延时、操作失败或人身伤害事故。完善制度，明确监控与检修公司的遥控操作范围；检修工作票注明操作单位。

三、常规遥控操作常见故障及处理方法

（一）遥控返校超时常见故障

（1）主站与厂站端通信异常情况。发生这种情况的原因大致有以下几个：变电站通信管理机故障或是运动通道故障，抑或是主站端设备发生了故障，另外还有一种导致整个变电站遥控拒动的原因就是变电站保护装置的地址号设置有误，这种故障一般不易发现，需要相关管理人员进行现场的仔细巡查，在变电站的安装及运用过程中，一些厂家的综合装置通信地址号是很容易错误改动的，这种错误改动会使得总线冲突或装置脱网现象发生，导致变电站也难以执行后续的操作，不利于其稳定运行。

处理方法：①要对主站进行仔细的检查，看其是否与厂站的网络连接正常，检查的具体实施时，主站端可用 ping 命令对子站的 IP 连接进行检查，如果一旦两者连接失败，则表明通道有故障，成功连接则表明通道运行正常，对于有故障的通道要进行进一步的深入检查；②对通道有故障的进行后续检查时先检查下行通道的正常与否，进行对卡线和插头接线记住不良及松动与否的排查，在此基础上将主机设置自环，如果发现对前置机上发 RTU 校时收不到数据，就可以断定，主站设备出现了故障，对于终端服务器的检查，则要通过更换通道号来检查，看其是否存在故障；③要对模拟、数字通道接收板的波特率跳线设置进行检查，使其与主站 RTU 参数设置的一致性；④变电站的工作人员要定期分别重新启动双服务器和双前置机，这样可有效减少和防止因计算机死机或是程序呆滞情况引起的操作性故障，此外，通道柜中应加装光电隔离器，这种装置可有效防止感应雷电压等冲击波损坏变电站的相关部件，保护变电站良好运行。

（2）通道误码率高。监控中心与变电站在进行运通信的过程中，一般以 101 协议和 104 协议为常规通信协议。在变电站进行光纤传输的过程中，尤其是雷雨大雾以及大风天气情况下，很容易发生阻抗的变化，以及信号衰减和信号干扰等情况，有时候雷电会对通信设备造成极大的损坏，随之便会出现遥控返校超时的现象，会对变电站的遥控造成一定的影响。衡量通道误码率是 bit 为单位的，而作为串行方式的远动信息传输则是以帧为单位进行的，帧尾有验证码，进行对帧数据正确性的验证，若干字节会共同组成一帧，其中任何一位的错误产生的丢码或错码现象都会造成该帧传输的失败，进而造成帧内所有信息的无效，影响了遥控的进行。

处理方法：①对当前通道进行检查，主要检查其误码率和受干扰与否的情况，在具体的实施过程中，对于光纤通道的检查，应对指示灯及报警装置进行观察检测，然后应对两端光端机进行正常与否的判断，一些变电站中的光端机在运行过程中，遇到高温天气，机内的温度会随之上升，进而时常发生运行不稳定现象，特别是光纤环网通信的进行中，这就说明通道上有干扰，应针对此情况依次断开交叉光纤通道，进行逐一的检查排除，此过用测量仪来进行，进而恢复光纤通道的良好运行；②在进行通道误码率的处理时，先要查看丢包情况，具体实施时，主机端用 ping 命令对子站的 IP 连接进行检查，出现通道信号衰减较大或受到较大电测干扰而误码率太高的情况，会导致站端监控系统开出回路执行模块的对象继电器不能进行闭合的情况或不能自动复归的情况，也会造成变电站遥控返校的超时。除了上述因素外，导致遥控失败的情形还有一种，就是下行通道断开或接触不良的情况，进行解决时应运用自环自收的方法进行查找。

（二）遥控选择成功执行失败的情况

（1）首先要对变电站的厂站端进行检查，查看设置选择和执行的超时时间，并要确保其命令的下发和执行在此时间间隔内，保证时间的选择等没有问题，可进行下一步骤的检查。

（2）对变电站的改测控装置进行检查，看其出口压板是否投上，对于压板没投上的情况，应将改测控装置的压板投上，接着进行下一步的检查。

（3）用万用表进行遥控点出口有无电压的检查，对继电器有动作与否进行耳听判断，如果没有声音，则表明出口有问题，另一种方法就是观察测控装置上的相关记录，确定其是否收到遥控命令，如果此环节没有问题，则应继续下一步检查。

（4）通过当地后台遥控确认是否可控，若果不可控，应对变电站的测控装置进行重设，进而设置成就地控制模式，检查人员可进行手工合闸，日过上述操作不能完成，很可能是外回路出现了故障，首先要查看外回路是否有电，控制回路断电或者是电压过低，也会发生开关拒动的现象，进而会造成遥控超时，接着应对其控制母线的电压进行测试，看其是否正常，如果电压过低，抑或是开关储能机构电源未合上，也会发生开关拒动，针对上述情况，应从主站端进行解决，通过在主站端接线图开关引入弹簧未储能信号，起到相关的预警效果，以便及时发现缺陷，进行解决。

第四节　程序化操作

一、程序化操作概述

变电站程序化操作是指操作人员从当地后台或调控中发出一条操作指令，通过控制逻辑操作多个控制对象，自动按规则完成一系列断路器、隔离开关、二次软压板等操作，并实时反馈各种过程信息，同时进行各种智能控制和防误闭锁逻辑判断，以确定某个操作任务是否能执行。程序化操作将所有的操作步骤固化在计算机监控系统中，分布操作命令可通过综合指令来实现，实现操作过程模块化，大大简化了人工操作的步骤，最大程度上的避免了可能造成的电气误操作事故，提高操作效率，缩短设各停电时间，提高了供电可靠性。

二、程序化控制的技术要求

变电站自动化技术的发展是实现程序化控制最重要的技术基础，变电站内实现了信息的自动采集和传送，主要的一次设备也实现了远程控制，从而实现了变电站、监控中心和调度主站的远程集中监控。随着电网的不断发展，变电站继电保护及监控系统的通信协议 IEC 61850 的应用，MMS 协议、GOOSE（面向通用对象的变电站事件）通信协议的广泛使用，一次设备组合电器和电动操作设备的大量应用，保护测控装置功能软压板的应用等，为程序化操作的实现创造了有利条件。

（一）一次设备的要求

（1）所有参与程序化操作的一次设备需要实现电动操作。由于程序化操作需要实现变电站内智能电子设备自动执行各项操作，因此要求所有参与程序化操作的一次设备包括断路器、隔离开关、接地闸刀、开关手车等均能实现电动操作。

（2）一次设备具有较高的可靠性。变电站内实施程序化操作，需要综合考虑操作的正确性和操作成功率两个方面，其中操作的正确性牵涉到变电站安全运行，需要重点关注。由于程序化操作基本为无人干预，特别是无人值班变电站内的操作，其操作成功与否在绝大多数情况下取决于一次设备操作的可靠性，如果一次设备的可靠性较低，经常出现不能正常操作或操作不到位的情况，则程序化操作的成功率难以提高，容易导致误操作。另一方面，程序化操作过程中每一步执行前的条件及每一步执行后成功与否的判断，均需要根据相关一次设备的状态变化进行判断，因此，一次设备辅助触点位置与一次设备实际位置的严格对应，也是保证程序化操作正确性的关键因素。

（二）二次设备的要求

（1）参与程序化操作的各二次设备要求稳定、可靠。变电站内的间隔层智能电子设备（IED）是程序化操作的最终执行者，同时还负责采集一次设备的状态。为保证程序化操作的正确、成功执行，除了要求一次设备稳定、可靠外，还要求参与变电站程序化操作的二次设备稳定、可靠运行，一方面能够按照操作票的操作顺序正确发出控制信号，同时确保一次设备状态的采集准确无误。

（2）具备一定的容错措施。由于一次设备存在一定的不可靠因素，如断路器辅助接点位置与断路器实际位置不符，当执行拉开断路器操作时，由于断路器操作异常导致断路器实际未拉开但辅助接点为分位，导致在后续操作中带电拉开隔离开关或合接地闸刀造成事故。因此，二次设备在设计过程中需要考虑一次设备发生异常时的情况，具备一定的容错措施，确保当一次设备返回状态信息与一次设备实际状态不一致时不出现误操作。

（3）保护设备实现保护功能的自动投退。在变电站内实施程序化操作，特别是在采用双母接线方式的 220kV 变电站实施程序化操作，对于某些复杂的操作，有时会牵涉到相关保护功能的投退。传统的人工操作由操作人员手动投退保护硬压板来实现功能的投退，而程序化操作过程中需要保护设备能够提供与硬压板相对应的软压板，通过软压板的远方投退达到投退保护功能的目的；同样，在程序化操作过程中有时还需要保护设备提供保护定值的远方修改和定值区的远方切换功能。

（三）自动化系统的要求

作为程序化操作基础的变电站综合自动化系统需要具备以下几个功能。

（1）实时数据采集，能及时向程序化操作服务器提供最新的站内所有开关位置，所有的模拟量（电流、电压、功率），以及其他辅助的遥信点。为程序化控制提供及时可靠的判断依据。实时数据采集功能在目前的常规综合自动化变电站中早已具备，并且其精度和误差已经能控制在较高的水准上。

（2）友好的操作界面，可以在操作时实时地观看主接线上的变化。这点也能满足相关要求，但随着程序化操作的具体实施，对友好操作界面也提出了新的要求，诸如操作票预演界面、程序化操作规则校验工具等，这些将在以下的部分做解释。

（3）防误闭锁功能，由于五防功能的配合，可以最大幅度的减少由于程序化控制逻辑而产生的误操作。程序化操作与防误闭锁功能相结合能有效防止程序化操作过程的误操作，保证操作实施的可靠安全稳定，并为跨间隔的程序化操作提供有力的辅助条件。

（4）可靠的操作功能，将程序化控制的每个步骤可靠的执行。程序化操作过程的每个步骤都有相关的手段和工具去完成，任何一个环节出现错误或者条件不满足都将中止该次操作，从而保证每个步骤的可靠执行，同时也给程序化操作提供了一种实施的标准和规范体系。

（5）事件记录功能，能够记录下程序化操作的整个过程。通过事件记录功能可以有效提高程序化操作的正确性，并在每一个步骤完成后可以通过记录数据核实上一步骤的正确可靠以及为下一步骤的实施奠定基础。

（6）通信技术，系统具有与多个远方调度中心、站内微机型继电保护、站内电量计费终端（ERTU）和直流系统等智能装置的通信能力。在远动机房设置远动通信工作站，与调度通信通过远动通信工作站进行，通信具有主备通道自动切换功能。

（7）远动协议，目前变电站对调度主站/监控中心主要采用 101，104 等远动协议，这些协议主要传送变电站的四遥信息，对保护定值的传输和修改一般没有定义，如果进行程序化操作，需要对现有远动协议进行相应的扩充；另一方面，在调度主站或监控中心实施程序化操作，如果在操作过程中需要获得变电站的实时操作报告，也需要对现有协议进行扩充和修改。

三、程序化操作方案

（一）基础架构

变电站程序化系统主要由监控主机和独立智能防误主机形成核心处理单元，各区域利用交换机和数据转发设备完成网络通信，区域则由通信网关、原测控装置、监测装置等形成遥控系统，如图 4-5 所示。

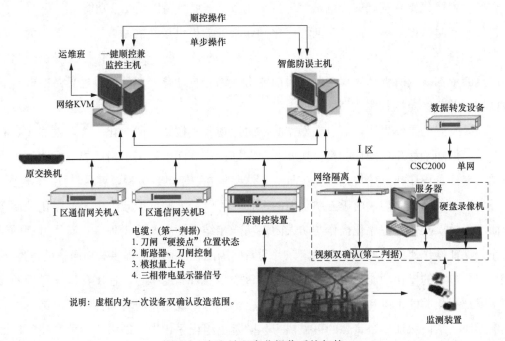

图 4-5　变电站程序化操作系统架构

（1）防误主机。与监控主机连接，通过双冗余形式接入到站控层网络。该装置主要采集站控制层中的关键信息，并对比监控主机，进行逻辑校核，判断其程序化操作是否可靠、有效。若存在问题，则装置通过防误闭锁实现保护。

（2）确认装置。一般第二位置判断方式设置时可利用位置遥信、数据遥测、视频监控等方式实现，可根据实际情况进行对应选择。

隔离开关：程序化系统构建的过程中隔离开关主要利用视频装置实现现场确认。即在隔离开关区域安装摄像头、运用无人机巡检等快速采集隔离开关动作数据，分析隔离开关是否运行正常，判断其分合闸位置是否满足安全站控指标等。并将上述内容作为二次判据传输到智能防误主机中。

断路器：该装置运行过程中仅仅通过视频装置根本无法全面把握断路器的控制状

态。因此，应尽量选用遥测数据方式，配合智能电网 GPRS 信息，形成完整的断路器运行状态数据，包括：三相电流、分合闸状态、位置信息等。

（二）功能逻辑

根据智能变电站安全性、可靠性、稳定性运行需求，在功能逻辑设置时要做好"双校核-防误动"保护，利用监控主机和防误主机形成双控层，互相配合、功能协调。其中，监控主机应设置一二次混合操作票，实现权限管理、任务生成、防误闭锁、模拟预演等；防误系统则主要完成二次遥测、断路器状态确认、防误闭锁等，如图 4-6 所示。

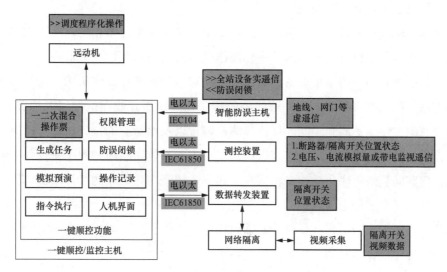

图 4-6 变电站程序化操作系统运行功能

上述过程中，变电站监控主机发起程序化指令后，调度程序按照功能逻辑之间的关联选择对应装置，形成程序化操作票。上述指令通过站控层网络传输到智能防误主机中。防误主机分析程序化操作票中的关键内容后形成校验序列，逐一进行模拟对比。并根据测控装置中的隔离开关位置状态，判断上述程序化操作是否能够达到既定要求。若校验结果显示错误，则智能防误主机发送否定报文到监控主机中，终止程序化操作；若校验结果显示无问题，则程序化操作票通过站控层通信网络传输到控制装置中，执行倒闸操作。

（三）程序化操作方式

实施程序化操作，只需要变电站内运行人员或监控中心运行人员根据操作要求选择一条程序化操作命令。操作票的选择、执行和操作过程的校验由变电站操作系统自动完成，实现"一键操作"。一方面大大降低了操作中人为因素，提高了操作的可靠性，另一方面也大大缩短了操作时间和系统运方变换时间，提高了操作效率和系统的可靠性。

为了实现常规综合自动化变电站的程序化操作功能，变电站自动化监控系统针对具体的程序化操作实施和应用功能提出了两种程序化操作的实现方法。这两种实现方法是根据变电站自动化监控系统对于程序化操作的实现所涉及一次设备的范围以及按照一次设备范围所划分的不同间隔和装置来区别的，具体说明如下：

（1）间隔内程序化操作：针对此操作的所有顺控过程，如果输入输出信息只与本间隔测控或保护测控装置相关，此为间隔内顺控。

（2）跨间隔的程序化操作：针对此操作的所有顺控过程，如果输入输出信息是由多个装置的信息组成，此为跨间隔顺控。

两种程序化操作的具体操作装置不同，实现的操作对象也不相同，间隔内程序化操作由间隔顺控服务器执行，间隔内程序化操作票存放在间隔顺控服务器内，具体实现的对象主要是一个间隔内的保护设备、测控装置和对应的智能化操作机构；跨间隔的程序化操作由站控层顺控服务器实现，跨间隔的程序化操作票存放在站控层顺控服务器内，它的操作对象主要是不同间隔间的保护、测控装置以及相对应的操作机构，跨间隔的程序化操作受到的制约因素、不确定因素以及复杂程度都较间隔内的程序化操作有着较大的不同，但跨间隔的程序化操作又将依赖于间隔内的程序化操作的具体实施，因此两者既相互关联，又有着较大的差别。

具体操作装置不同体现在：对于间隔内程序化操作，所有控制操作都有一台测控或保护测控装置完成，没有间隔装置的控制命令交互，如单条线路的程序化操作；而对于跨间隔程序化操作，控制操作点分散在各个间隔，由多台测控装置共同完成，如双母接线变电站的倒排操作。同时，变电站实现程序化操作存在两种方案：一是由监控中心主站系统负责实现程序化操作执行，主站系统对每一程序化操作命令编制特定的命令序列包，在启动操作时按预定的执行序列和执行条件向变电站发送控制命令；二是基于变电站内监控系统来实现程序化操作要求，仅涉及一个电气间隔的操作程序，执行全部由这个间隔对应的测控保护设备完成，涉及多个电气间隔的操作程序执行由设立在监控系统中的程序化操作服务器来完成。

基于监控主站系统的程序化操作是目前多数自动控制系统的首选，主要原因如下：

（1）主站系统需要面对多个变电站，其软件的修改可能会影响到其他变电站信息的处理。

（2）目前主站与变电站主要采用2M通道和低速串行通道，其通信能力和通道质量远远低于变电站站内通信。这不利于程序化操作过程中信息的收集。

（3）主站系统的负荷量大，分配给每个变电站的处理能力低于变电站监控系统。

（4）不能解决变电站内当地操作问题。

监控主站系统的程序化操作也有两种方案：①由监控系统站控层设备完成程序化操作，站控层设备有：监控主机、远动工作站或专用程序化操作服务器。②由间隔装置独立完成间隔内程序化操作，跨间隔的程序化操作由站控层程序化服务器完成。

监控主站系统的程序化操作的第二种方案是首选方案，主要原因如下：

（1）变电站日常的大部分操作是间隔内操作。

（2）间隔设备是变电站自动化的输入输出接口，直接与变电站一次设备连接，与一次设备有确定的一一对应关系，和站控层设备相比具有更高的可靠性。

（3）目前新投运的 220kV 变电站基本都要求采用间隔层连锁来代替传统的五防，间隔层装置间的通信已成为测控装置的基本功能，其技术非常成熟。相对于站控层设备，间隔测控可以更快的获得自己所控制对象的运行状况。

（4）由间隔装置实现的间隔内程序化操作不受变电站扩建的影响，避免变电站扩建时的带电验证困难。

（5）辅助以站控层程序化服务器实现跨间隔程序化操作可以弥补间隔装置相互控制能力不足的缺陷。

（四）程序化实现过程

在实现程序化操作的过程中，变电站自动化监控系统提供了一系列有力可靠的程序化操作工具：

（1）智能化的顺控操作票编辑工具。它以点图开票为基础，辅助以智能专家系统，实时监视操作员对操作票编辑的每一步，并进行实时提示。智能化的顺控操作票编辑工具与变电站全站顺控组态工具是一体化设计，一体化的设计实现了及时开票、及时校验、及时组态等功能也增强了操作员的适应能力。

（2）图形化的顺控操作票预演工具。该工具根据编辑好的顺控操作票自动模拟执行程序化操作的具体分解步骤，并以图形化的界面显示给操作员，既提供了操作员一个校验操作票的机会也同时以最直观的方式方法将整个程序化操作的过程预演和模拟。

四、程序化操作实现方式

（一）智能开票功能的实现

变电站内的程序化操作可以概括为两种类型：

（1）间隔内程序化操作，也就是说程序化操作的内容仅涉及本间隔内一次设备的操作，比如单条线路的一次状态（运行、热备用、冷备用、检修）转换的程序化操作，这种操作对象仅局限于本间隔内部一次设备的操作，不涉及不同间隔的互操作。

（2）跨间隔的程序化操作，其操作过程中涉及多个间隔的一次操作以及多个间隔的二次操作，如双母带旁母接线变电站的倒排操作。此类程序化操作票，称之为"典型操作票"。

在 35、110kV 电压等级的变电站中，由于接线方式比较简单，通常为单母或单母分段方式，变电站内的操作绝大多数为间隔内的操作，即使涉及跨间隔的操作，也可以分解为间隔操作的组合。

在 220kV 变电站中，由于主接线相对复杂，通常为双母线方式，除了间隔设备运行状态的改变以外，许多改变运行方式的操作均需要实现跨间隔的操作。此种方式条件下，一次选择多张操作票形成组合票的形式进行程序化仿真，为了保证程序化操作安全稳定进行一系列的倒闸操作，在进行组合票操作时，设计系统对组合票的程序化操作进行强制仿真预演，从而进行了必要的防误操作。对于此类以组合票形式进行的操作，称之为"组合票操作"。

组合票操作弥补了典型票操作不够灵活多变的缺点，通过组合，提高了程序化操作的灵活性，组合票操作为智能开票功能的设计和实现提供了理论依据和执行依据，是常规综合自动化变电站实现智能开票的基础。

通过程序化操作倒闸操作的基本操作对象模型（不同间隔对象）当前运行的设备态模式和操作的动作方案（预先定义，定义到间隔不同接线方式跟运行状态，定义不同逻辑动作方案，并验证过的操作票）的逻辑关系进行分类、整理，引入推理机制：即通过预先自定义一定的规则，可以根据设备态模式，灵活地、自适应的实现改造功能。

这使站内的程序化操作模块所需间隔的设备态模型信息和倒闸操作票互相有机联系，这样改变了原来的间隔间倒闸操作由原来独立操作，演变为关联的间隔间互相协调，联合操作，电网的生产运行成为有一定智能的电网运行管理。在后台系统方面需要保证后台机上不能发出不符合实际条件的程序化操作命令，解决办法是在后台的选择程序化操作时，首先对电气设备的运行状态进行判别，从操作界面中屏蔽不是从当前状态开始的操作，保证了电气设备的程序化操作只能从当前状态向目标状态进行的操作。

对于变电站程序化操作，需要关心操作的正确性和操作成功率。由于程序化操作基本为无人干预，特别是无人值班变电站内的操作，其操作的成功与否在绝大多数情况下取决于一次设备操作的可靠性，也就是说一次设备能否正常操作到位，特别是地刀的分合操作，如果一次设备的可靠性较低，经常出现不能正常操作或操作不到位的情况，则程序化操作的成功率难以提高。程序化操作过程中每一步执行前的条件以及每一步执行后成功与否的判断，均需要根据相关一次设备的辅助接点位置进行判断，因此一次设备辅助接点位置与一次设备实际位置的严格对应，是保证程序化操作正确性的关键因素。而实施程序化操作，只需要变电站内运行人员或监控中心运行人员根据操作要求选择一条程序化操作命令（比如说将某线路运行状态由运行改为检修）。操作票的选择、执行和操作过程的校验由变电站操作系统自动完成，实现"一键操作"。一方面大大降低了操作中人为因素，提高了操作的可靠性，另一方面也大大缩短了操作时间和系统运方变换时间，提高了操作效率和系统的可靠性。

通过预先定义好的典型票，并预先定义好智能开票的间隔调用典型票的执行条件跟逻辑关系。而程序化操作模块所需要逻辑信息而采集现场的各路电压电流模拟信号量、位置开关量等参数、节点信号，可以通过配置工具进行参数在线设定。

程序化操作模式中，操作票自动推理生成：运行人员根据调度任务，选择相应间隔—选择操作任务（或设备目标状态）—系统自动生成操作票。该操作票生成方式具备人工智能，是一种基于通用认知模型的专家系统。另外，220kV变电站倒闸操作涉及省调设备，操作规定和要求较复杂，一些通用规则的实现较困难，维护工作量较大。该类型系统的优点是开票速度快，缺点操作票的正确率较低，对维护人员的要求较高。

另外，操作票系统还提供以下功能：

（1）在多种允许的操作方案时，系统自动弹出提问对话框，根据用户对提问的回答，自动生成操作票。

（2）操作票生成完成后，自动调整系统设备状态为该操作票执行完毕的状态，便于连续开票。

（3）操作票生成完成后，可以自动恢复到操作票执行前的系统状态，可以重新推理生成操作票。

（4）对于大型操作或遇到变电站扩建工程启动投产时，操作票专家系统应能快速大批量生成操作票，并将生成的操作票保存在操作票库中，在正式操作时，可以方便调取使用。

操作票生成后可以对操作票进行校核，预演校核通过仿真模拟预演模块实现，以检查操作票是否正确。

（1）可以自动进行校核，也可以手工逐项进行校核。当出现违反操作规则的操作指令时，设备不能操作，系统给出提示，可以查询显示相应的操作规则。

（2）对于自动生成的操作票可以实现校核，对于手工编辑的操作票，在指定操作内容对应的操作设备后，也可以进行校核。

在操作票的维护方面，用户可以手工修改自动生成的操作票，也可以手工编制新的操作票，相关功能需求如下：

（1）推理的产生的操作票可以手工编辑，可以增加、删除操作项目，可以调整操作项目的顺序。可以实现对操作票的多行删除、复制。

（2）推理或手工编辑的操作票入库时可以采用自动票号，也可以采用手工票号。系统自动维护操作票票号的唯一性。自动生成的操作票编号形式应符合现场安全管理规定，票号自动累加，不会出现重号或跳号。

（二）后台监控功能的实现

选择程序化操作服务器在当地后台监控系统中实现的方案，涉及的所有倒闸操作的操作票存储在当地后台，操作票内定义的程序化操作均由后台监控系统的顺控服务器来负责完成。

在监控后台实现程序化操作服务器，利用强大后台处理能力可以进行任务划分任务调度移植，充分发挥后台监控实时数据的高效在线逻辑运算，更加适合管理后台丰富的数字量开关量以及丰富的连锁信息资源，从而更好地发挥其高效的运算性能，满足程序化操作模块实时性、可靠性等要求。程序化操作具备自适应功能，能真正满足综合自动化的要求，而且程序化操作智能控制运用更加安全、可靠、更加便捷，进一步提高了变电站的程序化操作水平。

（三）防误操作功能的实现

为防止误操作，在变电站站控层上，增加了防误操作综合联锁逻辑判断功能，完全按照本变电站在各种运行方式下的操作逻辑进行设计，并将现场实时信息引入闭锁逻辑中，如增加设备状态信息、回路内电流检测、母线侧电压及线路侧电压检测等辅助判据。实现站控层全方位的防误操作功能，也就是在程序化操作平台上，一方面通过操作人机界面选择从原始态到目标态的唯一性来实现程序化操作自身的联锁逻辑判断，另一方面通过典型程序化操作票与设备实时信息的逻辑校验来实现后台监控连锁逻辑判断。

在变电站间隔层设备上，考虑到一次设备辅助触点动作不可靠，往往会引起一次设备实际位置与辅助接点反应的位置不对应，造成程序化操作难以执行下去，在这一点上采取了增加采集反应一次设备位置的辅助接点信号，即采用双位置信号加强其可靠性，将两路独立的辅助接点接入间隔层设备，一路为辅助分接点，另一路为辅助合接点，当分接点为'1'合接点为'0'判为分位，当分接点为'0'合接点为'1'时判为合位，当分接点和合接点状态相同时判为无效，表明辅助接点位置异常，此时需要闭锁相关操作。

在监控中心远程程序化操作工作站上，考虑到运行人员在日常程序化操作中的一致性，人机操作界面的防误操作逻辑联锁功能完全与变电站站控层保持一致。

无论在变电站间隔层，还是在监控中心远程程序化操作工作站上进行程序化操作，系统提供了在操作前进行本次程序化操作的仿真预演功能，预演正确后方可进行程序化操作。在变电站程序化操作中还增设了固定和轨道移动视频终端系统，并将现场设备执行操作时的实时视频图像嵌入到程序化操作系统平台上,在程序化操作时同步显示当前设备状态的视频画面,对防止误操作起到了辅助判别作用。

(四) 自动化系统的程序化操作实现

程序化操作模块基于智能开票原理和后台监控系统程序化操作原理,以后台监控软件作为软件平台开发,可以使预先自定义的动作方案与现有的后台监控平台实现无缝连接,通过一系列的程序化操作实现自定义的动作逻辑序列。

程序化操作模块根据后台所采集开关位置状态的开入量和模拟量,跟踪变电站系统线路当前的运行方式,自动判断是否满足倒闸、倒闸及动作条件,之后发跳合闸动作命令,完成动作逻辑。

程序化操作模块根据程序化操作动作逻辑的运行条件、动作逻辑和其自适应性要求,自动进行模式识别,自适应选择与之配合的自动智能的投切方式。

程序化操作服务器根据当前间隔运行方式和预先可自定义配置的逻辑关系,智能的对主接线特点的分析,可对不同主接线方式的接线方式和运行方式自动进行模式识别,而不需要监护人员人为参与频繁操作。使用模式自识别的程序化操作模块在低成本和高可靠性方面,是可以通过实际运行检验的。

程序化操作模块同时采用了模式自适应的技术思想,能无缝连接后台监控软件的数据信息和遥控接口模块,可以通过逻辑连锁功能模块,在线计算系统线路断路器的联锁控制。后台监控软件接口模块实时采集站内线路和变压器断路器的合位/分位信号,接收程序化操作动作方案下发的控制命令并完成操动机构的跳闸、合闸操作及防跳跃功能,操作故障时还可发故障信号并闭锁跳/合闸操作。

(五) 自动化系统的程序化操作流程

自动化系统中程序化操作的人机界面必须按设备间隔定义,并且友善、美观,使用方便、快捷。每个控制界面中应满足以下 7 方面要求。

(1) 间隔一次设备接线及状态图。

(2) 相关间隔遥测量监视。

(3) 相关间隔相关二次设备状态图。

(4) 相关智能设备网络通信监视图。

(5) 相关间隔主要告警信息和光字信号。

(6) 操作票及模拟预演界面。

(7) 程序化操作执行模块。

程序化操作执行模块应符合人员的操作习惯和运行管理规定,对于一次设备的操作需在每一步操作命令发出后,经过监控系统和人工确认设备确实操作到位后,通过手工确认进行下一步操作；对于全部是二次设备的操作，可以不需人工确认进行连续程序化操作。

程序化操作界面应设置操作开始、结束、暂停、终止等操作键，其中开始和结束键为正常操作时使用，暂停和终止操作键在操作异常或事故情况下使用。

程序化操作界面应保留普通遥控操作，以方便事故处理中的单一开关分合操作、继电保护传动试验时的开关分合操作等。程序化操作界面应包括微机保护定值更改和查询等操作界面。

程序化操作的基本流程如下：

（1）根据调度命令，选择相应操作票，经操作人和监护人确认无误后，准备执行操作。

（2）进入程序化操作界面，输入操作口令和监护口令，开放和启动程序化操作进程。

（3）根据操作票的操作项，逐项唱票复诵，经确认后启动程序化操作，并逐项勾票。系统自动判别和经人工判断每一步执行情况是否正常，如操作成功，经人工确认后启动下一步操作。

（4）在程序化操作过程中发生事故、网络通信异常、被操作设备异常报警则自动暂停程序化操作。如异常消除，需重新输入操作口令和监护口令，继续程序化操作。如异常不能消除，则由人工终止该程序化操作任务。每一步操作无论成功与否，系统都应发出相应提示。

（5）操作到一些需要人工干预时：定值核对、直流电源操作、交流操作电源、压变二次空开、自保持复位，通过手动操作后并在操作界面上由操作人和监护人共同输入口令进行相应变位后完成。

（6）程序化操作任务全部执行完毕后，由操作人员通过"结束"键退出程序化操作进程。

五、程序化操作安全控制技术

程序化操作的安全应从操作控制的任务编写、操作任务的预演、操作任务中的操作指令的控制以及操作确认等多方面管控。安全控制通过后台计算机监控系统、防误管理系统、电气闭锁装置及人工干预技术等来满足"五防"规则，避免出现电网、设备、人员的事故。

（一）站控层的安全控制措施

站控层的后台监控系统根据电气操作逻辑规则，编辑每个设备状态的定义。同时，按照电气五防操作原理，编制设计全站防误闭锁逻辑，并经过验证与校核。监控系统通过实际采集的数据确认每个设备状态。在执行程序化操作时，按照操作需要的初始状态、终止状态与系统运行方式中的设备实际状态进行校核，避免因状态不一致而发出错误的遥控命令。其次在操作每一条指令时，后台监控系统根据实时采集的反馈信息，按照事先设定的防误逻辑确认操作到位情况，保证下一步操作的可行性和安全性。

监控系统应具备监护人干预的功能，即在程序化操作过程中监护人可随时选择继续程序化操作、终止程序化操作、暂停程序化操作。避免在某些操作过程中需要人工至现场确认设备状态或暂停操作再继续。当被操作设备出现异常或事故情况下，可以立刻终止操作，避免事故的进一步扩大。

（二）间隔层的安全控制措施

间隔层是程序化操作的执行层，在执行每一步操作指令时要仔细核对程序化操作内容是否严格按操作票中的步骤进行。同时，间隔层具有与后台监控系统类似的间隔层防误联锁判别功能，只有当后台防误逻辑与间隔层的防误一起通过判别后，方能进行程序化的下一步指令操作。

多元素采集为防误逻辑判别提供全面、可靠、准确的依据。采用双位置接点判别设备的运行状态，同时，引入电流、电压、带电显示、电源空开等电气量或非电气量信息对设备的状态进行辅助确认，防止不规范的操作导致事故的发生。

第五节　一　键　顺　控

一、一键顺控背景

目前变电运检日常工作仍采用人工就地操作、人工现场巡视、手动抄录表计、现场频繁往返等传统模式，设备智能化水平偏低，新技术手段应用相对不足，制约运检效率和设备本质安全提升。一键顺控技术将传统繁琐、重复、易误操作的人工倒闸操作模式转变为一键顺控操作模式，配置智能"五防"，与顺控逻辑校验组成双保险，从根源上杜绝误操作风险，效率提升数倍以上。

二、一键顺控基本概念

一键顺控：一种操作项目软件预制、操作任务模块式搭建、设备状态自动判别、防误联锁智能校核、操作步骤一键启动、操作过程自动顺序执行的操作模式，见图4-7。

图 4-7 一键顺控模块

220kV 变电站一键顺控操作范围是 220kV 和 110kV 全部 GIS 设备"运行、热备用、冷备用"各种状态的转换。一键顺控功能由集成在变电站监控系统中的一键顺控功能模块实现，同时配置调度端接口。防误"双校核"功能通过增配独立智能防误主机与变电站监控系统内置防误逻辑实现。

一键顺控操作票：存储在变电站中的用于一键顺控的操作序列，包含操作对象、当前设备态、目标设备态、操作任务名称、操作项目、操作条件、目标状态等内容，在变电站投运前应调试验证通过。

当前设备态：一键顺控操作票中的操作对象在操作之前需要满足的初始状态。

目标设备态：一键顺控操作票中的操作对象在操作之后期望达到的目标状态。

目标状态：一键顺控指令全部执行结束后需要满足的预期状态。

操作条件：一键顺控指令在执行前必须满足的初始条件。

双确认：设备远方操作时，至少应有两个非同源指示发生对应变化，且所有 这些指示均已发生对应变化，才能确认该设备已操作到位。

主要判据：一次设备分合闸位置双确认中辅助开关接点信号。

辅助判据：一次设备分合闸位置判据中与辅助开关接点信号非同源或非同样原理的其他判据。

三、一键顺控系统构架

在变电站部署监控主机、独立智能防误主机和Ⅰ区运检网关机，独立智能防误主机与监控系统内置防误逻辑实现双套防误校核，Ⅰ区运检网关机为远方一键顺控提供通道，见图 4-8。

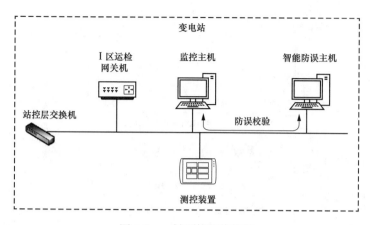

图 4-8　一键顺控网络构架

监控主机：负责一键顺控操作票的存储和管理，实时接收和执行本地及远方下发的一键顺控指令，完成生成任务、模拟预演、指令执行、防误校核及操作记录等操作，并上送执行结果。

防误闭锁：模拟预演和指令执行过程中采用双套防误机制校核的原则，一套为监控主机内置的防误逻辑闭锁，另一套为独立智能防误主机的防误逻辑校验，以防止发生误操作。两套系统宜采用不同厂家配置。模拟预演和指令执行过程中双套防误校核应并行进行，双套系统均校验通过才可继续执行；若校核不一致应终止操作，并提示详细错误信息。一键顺控功能构架如图 4-9 所示。

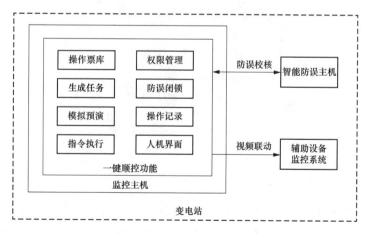

图 4-9　一键顺控功能构架图

监控主机和智能防误主机交互：智能防误主机从监控主机获取全站设备状态。监控主机模拟预演和一键顺控时，智能防误主机根据监控主机预演指令执行操作票全过程防误校核，并将校核结果返回至监控主机，见图 4-10。

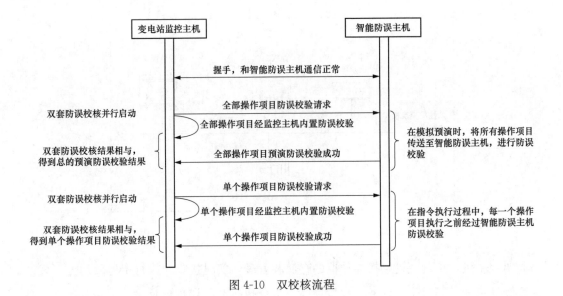

图 4-10　双校核流程

四、一键顺控功能

一键顺控主要功能如图 4-11 所示。

图 4-11　一键顺控主要功能

（1）预制操作票库。

1）操作票库采用"源端维护、数据共享"策略，部署在变电站监控主机；

2）操作票库应根据变电站实际情况编制，并经过现场调试验收后才能使用，不能随意修改；

3）一键顺控操作票应包括操作对象、当前设备态、目标设备态、操作任务名称、操作项目、操作条件、目标状态等项目；

4）操作票库应具备一键顺控操作票的生成、修改、删除等功能，应能记录维护日志；

5）操作票库应具备自检功能，应能根据操作对象、当前设备态、目标设备态确定唯一的操作票。

（2）生成任务。生成流程如图 4-12 所示。

1）用户权限校验：变电站就地操作采用操作人、监护人同时"口令＋指纹"进行权限校验，权限校验不通过应禁止操作。

2）新建/添加操作任务：新建一个操作任务，或添加一个操作任务与已生成的操作任务进行任务组合。新建任务结束后"新建任务"按钮上的描述应变为"添加任务"。在一个生成任务流程结束前，应禁止再次新建/添加任务。

3）选择操作对象：选择需要操作的间隔或保护装置。

4）核对当前状态：判断选择的操作对象的当前设备态是否和生成任务要求的当前设备态一致，若不一致应禁止生成任务。

5）选择目标状态：核对当前状态完成后，才允许选择操作对象的目标设备态。

6）生成操作任务：根据选择的操作对象、当前设备态、目标设备态，在操作票库内自动匹配唯一的操作票，若匹配成功则回复肯定确认，否则回复否定确认。

（3）模拟预演。模拟预演全过程应包括检查操作条件、预演前当前设备态核实、监控系统内置防误闭锁校验、智能防误主机防误校核全部环节成功后才可确认模拟预演完毕。模拟预演流程如图 4-13 和图 4-14 所示。

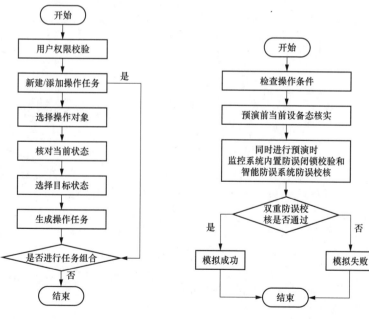

图 4-12　一键顺控任务生成流程　　　　图 4-13　模拟预演流程 1

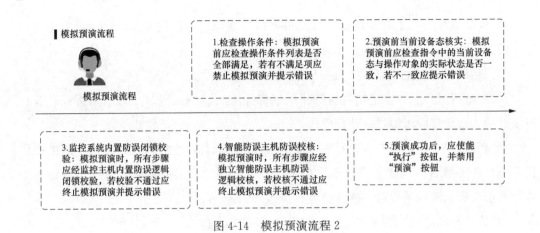

模拟预演流程

模拟预演流程

1.检查操作条件：模拟预演前应检查操作条件列表是否全部满足，若有不满足项应禁止模拟预演并提示错误

2.预演前当前设备态核实：模拟预演前应检查指令中的当前设备态与操作对象的实际状态是否一致，若不一致应提示错误

3.监控系统内置防误闭锁校验：模拟预演时，所有步骤应经监控主机内置防误逻辑闭锁校验，若校验不通过应终止模拟预演并提示错误

4.智能防误主机防误校核：模拟预演时，所有步骤应经独立智能防误主机防误逻辑校核，若校核不通过应终止模拟预演并提示错误

5.预演成功后，应使能"执行"按钮，并禁用"预演"按钮

图 4-14　模拟预演流程 2

（4）指令执行。指令执行全过程应包括启动指令执行、执行前当前设备态核实、检查操作条件、顺控闭锁信号判断、单步监控系统内置防误闭锁校验与单步智能防误主机防误校核、下发单步操作指令、单步确认条件判断，全部环节成功后才可确认指令执行完毕。指令执行流程如图 4-15 所示。

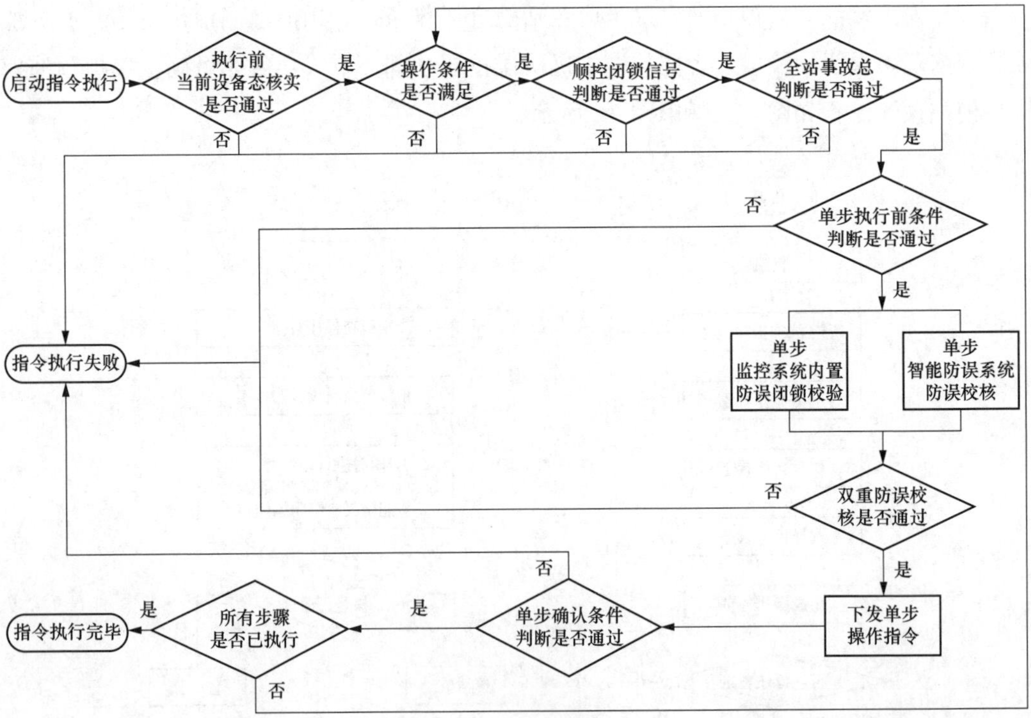

启动指令执行 → 执行前当前设备态核实是否通过 →是→ 操作条件是否满足 →是→ 顺控闭锁信号判断是否通过 →是→ 全站事故总判断是否通过 →是→

否　否　否　否

否 → 单步执行前条件判断是否通过 →是→

单步监控系统内置防误闭锁校验　单步智能防误系统防误校核

否 → 双重防误校核是否通过 →是→ 下发单步操作指令

指令执行失败

指令执行完毕 ←是← 所有步骤是否已执行 ←是← 单步确认条件判断是否通过 ←

否　否

图 4-15　指令执行流程

1）启动指令执行：指令执行应以模拟预演成功为前提。

2）执行前当前设备态核实：指令执行前应检查指令中的当前设备态与操作对象的

实际状态是否一致。

3）检查操作条件：单步执行前应判断操作条件是否满足，若不满足终止执行。

4）顺控闭锁信号判断：单步执行前应判断是否有闭锁信号，若有闭锁信号发生终止指令执行。

5）监控系统内置防误与智能防误主机防误闭锁校验：单步执行前本步操作应经两套防误逻辑校核，校核不通过应终止操作。

6）下发单步操作指令：向装置下发操作指令，开始执行本步操作指令；指令执行过程结果应逐项显示，执行每一步操作项目之后应更新操作条件、目标状态。

7）单步确认条件判断：单步执行结束后应判断本步操作的确认条件是否满足，若不满足应自动暂停执行操作，并弹出提示错误。

五、双位置确认方案

（一）断路器

遥测＋遥信：断路器应满足双确认条件，××变位置确认应采用"位置遥信＋遥测"判据。位置遥信作为主要判据，采用分/合双位置辅助接点，分相断路器遥信量采用分相位置辅助接点。遥测量提供辅助判据，可采用三相电流或三相电压。无法采用三相电流或三相电压时，应增加三相带电显示装置，采用三相带电显示装置信号作为辅助判据，如图4-16和图4-17所示。当断路器位置遥信由合变分，且满足"三相电流由有流变无流、母线三相电压由有压变无压/母线三相带电显示装置信号由有电变无电、间隔三相电压由有压变无压/间隔三相带电显示装置信号由有电变无电"任一条件，则确

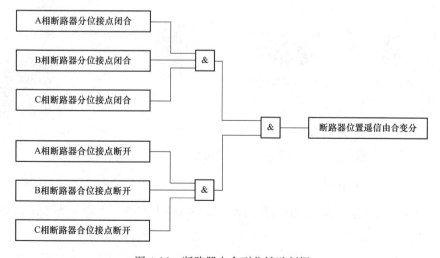

图4-16　断路器由合到分辅助判据

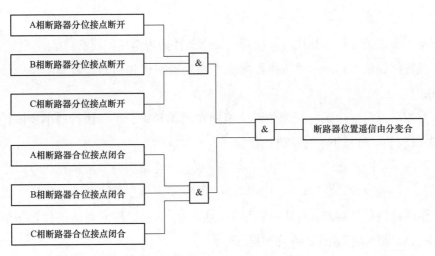

图 4-17　断路器由分到合辅助判据

认断路器已分开。当断路器位置遥信由分变合，且满足"三相电流由无流变有流、母线三相电压由无压变有压/母线三相带电显示装置信号由无电变有电、间隔三相电压由无压变有压/间隔三相带电显示装置信号由无电变有电"任一条件，则确认断路器已合上。

（二）隔离开关

辅助接点＋传感器：如图 4-18 所示，隔离开关双确认装置是一种用于实时检测、上传隔离开关实际位置的装置。主判据：分合闸位置双确认中辅助开关接点信号辅助确认装置：主要包括传感器和视频图像识别两种类型。

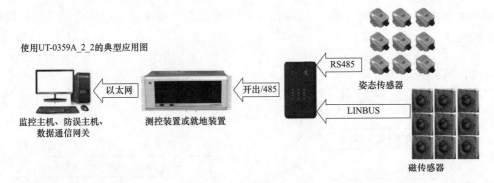

图 4-18　双位置上送路径

传感器装置：常用传感器装置有微动开关、姿态传感器、磁感应传感器

微动开关：微动开关传感器安装在隔离开关机构箱内传动机构的运动部分和固定部位之间，当传动机构运动到位后作用于动作簧片上快速接通动、静触电并上传位置信号，如图 4-19 所示。微动开关位置信号通过硬节点输出，直接接入测控装置或智能终端，上传至站控层网络。

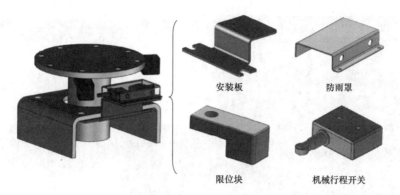

安装板   防雨罩

限位块   机械行程开关

图 4-19 微动开关安装图

姿态传感器：姿态传感器是应用于陀螺仪原理，安装于隔离开关运动部件，随机构动作测量隔离开关分合旋转角度及距离来判断隔离开关是否操作到位，如图 4-20 所示。姿态传感器需配置信号接收装置，该装置输出位置状态硬节点信号接入测控装置或智能终端，上传至站控层网络。

磁感应传感器：磁感应传感器是由运动的磁钢部件和固定的磁感应部件组成。当隔离开关分、合操作到位后，磁钢部件运动到磁感应部件的相应位置，由磁感应部件将分合闸到位信号传输至对应接收装置后，该装置输出位置状态硬节点信号接入测控装置或智能终端，上传至站控层网络。磁传感器安装图如图 4-21 所示。

图 4-20 姿态传感器安装图

图 4-21 磁传感器安装图

视频图像识别：视频图像识别是利用隔离开关位置状态变化信号联动变电站视频主机，采集隔离开关位置状态信息，并自动完成图像智能分析识别和位置状态判断，通过无源接点形式或反向隔离装置输出位置状态识别结果和图像信息，如图 4-22 所示。

图 4-22　视频图像识别

六、一键顺控功能验证风险与预控

（一）后台监控系统及五防升级风险预控（见表 4-1）

表 4-1　　　　　　　　　　后台监控系统及五防升级风险预控表

序号	主要作业风险	安全控制措施	备注
1	自动化工作时，未进行网络安全风险管控，导致违规外联、非法访问等网络安全事件发生	（1）工作中涉及站控层设备和数据网设备检修或更换，必须提前向网安主站申请网安检修挂牌，在主站许可后方可工作。 （2）对厂家、外协人员加强监护，进行自动化工作时严禁发生违规外联和非法访问。 （3）自动化工作使用专用调试笔记本，防止违规外联	
2	一键顺控数据维护及验收远动配合时未进行网络安全风险管控，导致网络安全事件发生或自动化数据跳变	工作前，提交《省调自动化检修申请》，工作期间，根据实际工作需要，封锁相对应的调度自动化数据，网安检修挂牌等	
3	监控后台或远动工作前未备份数据，造成原始数据丢失或不能恢复	监控后台及远动工作开始前，做好数据备份工作	
4	后台、五防工作或验收过程中登录的高级权限账号未退出，退出五防功能未回复，验证结束后未对设备状态进行恢复，造成后续误操作风险	（1）相关工作结束后应恢复一、二次设备状态，包括登录账号、功能投退状态等。 （2）将设备状态恢复等内容作为步骤列入验收卡中	

续表

序号	主要作业风险	安全控制措施	备注
5	远动配合加量时安措不到位，误动电流、电压回路	严格执行工作许可制度，与工作设备相邻的运行设备包括二次回路应做好安措及标识进行区隔	

（二）不停电出口验证风险预控（见表 4-2）

表 4-2　　　　　　　　　　　不停电出口验证风险预控表

序号	主要作业风险	安全控制措施	备注
1	集控主站、后台进行遥控试验时误遥控运行设备	（1）遥控试验前，确认运行设备的遥控跳合闸压板均在取下位置，远方/就地切换把手已切至就地位置；断开运行设备的闸刀电机电源，取下熔丝。 （2）后台遥控操作必须有专人监护，操作前核对设备双重名称。核实无误后，方可操作。 （3）一次设备实际传动时，应确保一次设备上无人工作，同时遥控试验时需指派专人到一次设备现场核实设备状态	
2	热备用状态存在开关误合闸的风险	热备用状态断开断路器控制电源，远方就地状态切换到就地位置	
3	设备调试未隔离带电部分	（1）传感器安装及接线调试，需要停电改造，确保人员安全。改造作业前确认加热器及电机空开已拉开，确认机构控制电源已拉开。 （2）后台初调时做好与运行设备的隔离措施，防止调试时，命令误出口	
4	不停电验证时或操作验证时未做好安全措施或安全措施遗漏，造成验证时遥控出口	验证工作前，确认运行设备的遥控跳合闸压板均在取下位置，远方/就地切换把手已切至就地位置；断开运行设备的闸刀电机电源，取下熔丝	
5	智能变电站自动化改造及遥控验收未考虑软压板核对，造成设备状态变化未发现可能造成保护拒动或误动	智能变自动化改造遥控验收后应核对全站软压板状态	
6	后台升级或改造后进行遥控功能核对或验收时安措不到位，造成误出口	（1）验收或操作前按安措方案退出全所遥控及闸刀、地刀电源。 （2）提前整理验收项目清单，协调需做安措的项目同步进行试验、验收，减少安措变动的频率	
7	检修状态时分合隔离开关需进行解锁，仅线路停电时误合母线闸刀	（1）严格执行检修解锁规定，加强现场解锁监护，解锁工具（钥匙）使用后及时封存。 （2）严格执行操作监护制度，涉及设备操作应2人进行，操作前核对设备双重命名，防止无操作发生	

（三）停电出口验证风险预控（见表 4-3）

表 4-3　　　　　　　　　　　停电出口验证风险预控表

序号	主要作业风险	安全控制措施	备注
1	遥控功能核对或验收时安措不到位，造成误出口	调试工作前，确认除调试间隔外其他设备的遥控跳合闸压板均在取下位置，远方/就地切换把手已切至就地位置；断开运行设备的闸刀电机电源，取下熔丝	
2	遥控试验时误遥控运行设备	（1）后台遥控操作必须有专人监护，操作前核对设备双重名称。核实无误后，方可操作。 （2）一次设备实际传动时，应确保一次设备上无人工作，同时遥控试验时需指派专人到一次设备现场核实设备状态。 （3）一次设备实际传动时，应确保一次设备上无人工作，同时遥控试验时需指派专人到一次设备现场核实设备状态	
3	遥控试验时误遥控运行设备	（1）遥控试验前，确认远方/就地切换把手已切至就地位置；断开运行设备的闸刀电机电源，取下熔丝。 （2）后台遥控操作必须有专人监护，操作前核对设备双重名称。核实无误后，方可操作。 （3）一次设备实际传动时，应确保一次设备上无人工作，同时遥控试验时需指派专人到一次设备现场核实设备状态	

七、一键顺控功能检查巡视

一键顺控检查包括防误逻辑检查、双确认装置检查、一键顺控功能检查三部分。防误逻辑检查包括监控系统和智能防误主机逻辑检查，检查内容和方法如下。

（1）监控系统防误逻辑检查。监控系统防误逻辑检查时，先解除与智能防误主机防误校验，按经过审核通过的防误逻辑表在监控主机上进行模拟操作，验证监控系统防误逻辑正确性、完整性。包括验证全站与测控装置联闭锁一致性（站控层）、测控装置联闭锁正确性（间隔层）。具备条件时应利用监控系统联闭锁可视化及校验工具对监控系统防误逻辑进行检查。其监控系统防误逻辑检查内容见表 4-4。

表 4-4　　　　　　　　　　　监控系统防误逻辑检查内容

序号	检查内容	检查方法	技术要求
1	监控主机一次设备接线图	（1）按现场一次设备接线方式核对监控主机一次设备接线图。 （2）设备命名正确	符合现场一次设备实际接线
2	监控系统防误逻辑校验	在监控主机上按照防误联闭锁检查原则进行防误逻辑检查	应满足防误逻辑规则要求

续表

序号	检查内容	检查方法	技术要求
3	模拟预演阶段经监控系统防误逻辑校验	运行一键顺控程序，生成任务，监控主机配置防误规则，在防误闭锁校验不满足的情况下，下发操作票预演命令后，检查预演过程是否会被闭锁	预演过程中防误闭锁校验失败时应提示闭锁校验失败及失败原因
4	指令执行阶段经监控系统防误逻辑校验	运行一键顺控程序，生成任务，监控主机配置防误规则，在防误闭锁校验不满足（反逻辑抽验，如何实现）的情况下，下发操作执行命令后，观察执行过程是否会被闭锁	执行过程中防误闭锁校验失败时应提示闭锁校验失败及失败原因

（2）智能防误主机防误逻辑检查。智能防误主机逻辑检查，通过模拟开票操作是否通过验证智能防误主机内置逻辑正确性、完整性。其智能防误主机防误逻辑检查内容见表 4-5。

表 4-5 　　　　　　　　　　　　智能防误主机防误逻辑检查内容

序号	检查内容	检查方法	技术要求
1	智能防误主机一次设备接线图	（1）按现场一次设备接线方式核对智能防误主机一次设备接线图。 （2）设备命名正确。 （3）网门、接地线桩设置位置正确、齐全，命名正确	符合现场一次设备实际接线
2	智能防误主机防误逻辑规则校验	（1）在智能防误主机上按照防误联锁检查原则进行防误联锁检查。 （2）通过就地模拟开票方式进行逐条验证	应满足防误逻辑规则要求
3	智能防误主机实时遥信检查	智能防误主机与监控主机进行通信连接配置，操作断路器、隔离开关等设备变位，查看智能防误主机上对应设备的状态	智能防误主机上设备状态与在监控模拟程序或监控主机上设置的设备状态保持一致
4	一键顺控请求记录查询功能试验	在监控主机上模拟对智能防误主机进行一键顺控请求。打开一键顺控请求记录菜单，可根据时间、设备编号、顺控票号等对顺控请求记录进行查询	智能防误主机能查询到一键顺控请求的记录

（3）双确认装置检查。双确认装置应满足防水、防潮，动作可靠、性能稳定、信号传输稳定，能够承受正常操作产生的振动要求，且二次电缆安装连接牢固、合格，动作准确率达 100%，且微动开关的安装和使用全过程不会对一次设备产生影响。

微动开关需满足能够承受隔离开关分合闸时拉弧产生的强放电及强磁场的影响，不应因任何外界的电磁干扰导致部分或全部功能丧失，且不应误发信号。

设备安装调试单位应提交"微动开关安装调试报告"、装置清单、装置产品说明书。

（4）一键顺控功能检查。变电站端一键顺控功能检查主要包括操作票库检查、操作任务检查、模拟预演检查、指令执行检查、监控主机与智能防误主机信息交互功能检查、操作记录检查、性能检查、安全性检查、稳定性检查等。

（5）操作票库检查（见表 4-6）。

表 4-6 操作票库检查内容

序号	检查内容	检查方法	技术要求
1	新建设备态功能检查	在变电站监控主机运行设备态定义工具，选择某个间隔，创建"运行态、热备用、冷备用"等设备态	能够生成"运行态、热备用、冷备用"等设备态
2	设备态内容检查	在监控主机运行一键顺控程序，新建操作任务，选择操作对象，核对当前状态，查看当前选择的操作对象具有的设备态	能够查看到当前选择的操作对象已定义的所有设备态，且设备态状态计算正确，并应在设备态左侧用图元显示设备态是否满足
3	设备态更新检查	某个设备态当前是满足的，在监控主机上改变此设备态的某些条件关联操作对象的状态，观察此设备态是否会变为不满足。某个设备态当前是不满足的，在监控主机上改变此设备态的某些条件关联操作对象的状态，使所有条件都满足，观察此设备态是否会变为满足	在监控主机查看此设备态，此设备态的当前状态能根据条件的变化更新
4	编辑顺控操作票权限检查	验证运维人员是否有权限对监控后台顺控操作票进行编辑	严禁运维人员对监控后台顺控操作票进行编辑
5	操作票库自检功能检查	在监控主机运行顺控操作票定义工具，新建一张顺控操作票，使其操作对象、当前设备态、目标设备态与已有的一张顺控操作票相同	新建的顺控操作票应创建失败，提示操作票库中已有一张相同的顺控操作票
6	查看顺控作票检查	在监控主机运行一键顺控程序，选择操作对象、核对当前状态、选择目标状态、生成操作任务，调出已定义的顺控操作票	监控主机能够查看到当前操作任务对应的顺控操作票
7	操作票库维护日志功能检查	在监控主机查询顺控票的生成、修改、删除日志	顺控票生成、修改、删除等操作均应记录并能方便查询

（6）操作任务检查（见表 4-7）。

表 4-7 操作任务检查内容

序号	检查内容	检查方法	技术要求
1	权限校验	在监控主机运行一键顺控程序，弹出权限校验对话框，操作人员、监护人员进行权限校验时输入错误的口令或指纹	操作人员、监护人员同时进行"账号＋密码或生物特征识别"双因子验证，若输入错误的口令或指纹，权限校验不通过，禁止操作
2	核对当前状态检查	运行一键顺控程序，选择需要操作的间隔，选择和生成任务要求的当前设备态一致的设备态，可以单击确定按键完成核对当前状态；选择和生成任务要求的当前设备态不一致的设备态，应禁止后续操作，无法生成任务	选择的设备态和生成任务要求的当前设备态一致才可确认当前状态，否则禁止确认

续表

序号	检查内容	检查方法	技术要求
3	生成任务检查	运行一键顺控程序，选择操作对象、核对当前状态、选择目标状态，单击确定按键，生成操作任务	能根据指定的操作对象、当前设备态、目标设备态调取预制的顺控操作票，在操作项目列表中显示该任务所有的操作项目信息，在操作条件、目标状态列表中显示操作条件、目标状态。操作条件应能根据设备名称自动分类整理。目标状态应能根据操作项目顺序自动分类整理
4	添加多个操作任务检查	运行一键顺控程序，新建操作任务，选择操作对象、核对当前状态、选择目标状态，单击确定按键，生成一个操作任务；继续添加操作任务，选择相同的操作对象、核对当前状态、选择目标状态，单击确定按键，添加不同状态的操作任务；继续添加操作任务，选择不同的操作对象、核对当前状态、选择目标状态，单击确定按键，添加一个操作任务	在新建的操作任务生成后的模拟断面上判断下一操作任务的当前设备态是否满足，若不满足应禁止任务组合。多个操作任务组合后在操作任务列表中显示，组合后的操作项目在操作项目列表中显示，组合后的操作条件、目标状态在操作条件列表、目标状态列表中显示

（7）模拟预演检查（见表 4-8）。

表 4-8　　　　　　　　　模 拟 预 演 检 查 内 容

序号	检查内容	检查方法	技术要求
1	预演使能检查	运行一键顺控程序，生成任务成功后，查看"预演"按键是否使能	生成任务前，"预演"按键应禁用；生成任务成功后，操作条件列表全部满足，"预演"按键才使能，否则应禁用。"预演"按键使能后，点击"预演"按键可以开始对操作票进行自动预演
2	预演前当前设备态核实检查	"预演"按键使能后，在监控主机上改变设备态的条件，使其状态发生变化，使指令中的当前设备态与操作对象的实际状态不一致	点击"预演"按键后应提示"当前设备态不满足"错误

（8）指令执行检查（见表 4-9）。

表 4-9　　　　　　　　　指 令 执 行 检 查 内 容

序号	检查内容	检查方法	技术要求
1	执行使能检查	运行一键顺控程序，模拟预演成功后，查看"执行"按键是否使能	模拟预演成功前，"执行"按键应禁用；模拟预演成功后，操作条件列表全部满足，"执行"按键才使能，否则应禁用。"执行"按键使能后，点击"执行"按键后可以开始操作票自动执行
2	执行前当前设备态核实检查	"执行"按键使能后，在监控主机上改变设备态的条件，使其状态发生变化，使指令中的当前设备态与操作对象的实际状态不一致	点击"执行"按键后应提示"当前设备态不满足"错误

序号	检查内容	检查方法	技术要求
3	检查操作条件检查	指令执行过程中，改变某个操作条件，使其状态发生变化，使操作条件列表中有部分条件不满足	应终止指令执行并提示错误
4	顺控闭锁信号判断检查	指令执行过程中，改变闭锁信号状态，使发生闭锁信号	应终止指令执行并提示错误，点亮"异常监视"指示灯
5	全站事故总判断检查	指令执行过程中，产生全站事故总信号	应终止指令执行并提示错误，点亮"事故信号"指示灯
6	指令执行检查	点击"执行"按键后开始操作票自动执行	指令执行过程结果应逐项显示，执行每一步操作项目之后应更新操作条件、目标状态
7	暂停继续检查	执行过程中，单击"暂停"按键	单击"暂停"按键可以暂停操作过程，暂停后"暂停"按键上的描述应变为"继续"，单击"继续"可继续执行
8	终止执行检查	执行过程中，单击"终止"按键	单击"终止"按键应终止执行过程

（9）监控主机与智能防误主机交互功能检查（见表 4-10）。

表 4-10　　　　　　　监控主机与智能防误主机信息交互功能检查内容

序号	检查内容	检查方法	技术要求
1	模拟预演经智能防误主机防误校核检查	运行一键顺控程序，生成任务，智能防误主机改变防误规则，在智能防误主机校验不满足的情况下，下发操作票预演命令后，观察预演过程是否会被闭锁	预演过程中智能防误主机提示五防规则校验失败
2	指令执行经智能防误主机防误校核检查	运行一键顺控程序，生成任务，预演成功后，中断智能防误主机通信，观察执行过程是否会被闭锁	执行过程中智能防误主机提示五防规则校验失败

（10）操作记录检查（见表 4-11）。

表 4-11　　　　　　　　操 作 记 录 检 查 内 容

序号	检查内容	检查方法	技术要求
1	操作记录生成及查询检查	运行一键顺控程序，生成任务，模拟预演，指令执行，上述操作生成操作记录；在监控主机上查询操作记录	操作记录应包含顺控指令源、执行开始时间、结束时间、每步操作时间、操作用户名、操作内容等信息
2	操作记录打印检查	在监控主机上查询操作记录，打印操作记录	具备操作记录应打印功能
3	操作记录导出检查	在监控主机上查询操作记录，导出操作记录	具备操作记录导出功能

（11）性能检查（见表 4-12）。

表 4-12　　　　　　　　　　性 能 检 查 内 容

序号	检查内容	检查方法	技术要求
1	设备态刷新时间检查	在监控主机上改变设备态的条件，使设备态状态发生变化，在监控主机上查看设备态的更新速度	设备态值的刷新响应时间应不大于 2s
2	操作任务生成时间检查	在一键顺控界面上选择操作对象、核对当前状态、选择目标状态，单击确定按键，生成操作任务	单击确定按键后操作任务的生成时间应不大于 2s
3	模拟预演经监控系统内置防误闭锁校验时间检查	运行一键顺控程序，生成任务，包含 30 个操作项目，监控主机配置防误规则，在防误闭锁校验不满足的情况下，下发操作票预演命令后，记录下发操作票预演命令的时间和接收到校核结果返回的时间，查看两个时间差	下发操作票预演命令的时间和接收到校核结果返回的时间的时间差不大于 10s
4	指令执行经监控系统内置防误闭锁校验时间检查	运行一键顺控程序，生成任务，监控主机配置防误规则，在防误闭锁校验不满足的情况下，下发操作票执行命令后，记录下发操作票执行命令的时间和接收到校核结果返回的时间，查看两个时间差	下发操作票执行命令的时间和接收到校核结果返回的时间的时间差不大于 3s
5	模拟预演经智能防误主机防误校核时间检查	运行一键顺控程序，生成任务，包含 30 个操作项目，在智能防误主机校验不满足的情况下，下发操作票预演命令后，记录向智能防误主机发送防误校核命令的时间和接收到校核结果返回的时间，查看两个时间差	向智能防误主机发送防误校核命令的时间和接收到校核结果返回的时间的时间差不大于 10s
6	指令执行经智能防误主机防误校核时间检查	运行一键顺控程序，生成任务，在智能防误主机校验不满足的情况下，下发操作票执行命令后，记录向智能防误主机发送防误校核命令的时间和接收到校核结果返回的时间，查看两个时间差	向智能防误主机发送防误校核命令的时间和接收到校核结果返回的时间的时间差不大于 3s

第五章 典型自动化"运检合一"实例分析

第一节 监控后台相关案例

一、220kV ××变误遥控事件

（一）现象描述

201×年5月13日7时02分，地调正令：①××变♯2主变110kV开关由副母运行改为冷备用（解列）；②××变♯2主变220kV开关由副母运行改为冷备用；③××变♯2主变及三侧开关由冷备用改为检修。

7时10分，当执行××变♯2主变220kV开关由副母运行改为冷备用的操作令时，操作人在监护人监护下，在后台监控机遥控拉开♯2主变220kV开关时，两次输入♯2主变220kV开关遥控号，显示编号错误，无法执行拉开♯2主变220kV开关。操作人、监护人再次检查♯2主变220kV分画面中潮流等相关情况后，主观判断操作异常是操作界面名称与实际不符导致，在未上报相关异常情况下，就更改为♯1主变220kV开关遥控号并执行，造成遥控出口误分♯1主变220kV开关，220kV ××变110kV正母及35kVⅠ、Ⅱ段母线失压。

（二）原因分析

（1）倒闸操作规范执行不到位；

（2）后台监控系统改造验收把关不到位，后台厂家制作♯2主变220kV侧监控分图时，只是将♯1主变220kV侧监控分图复制过来，开关遥控关联未做更改；

（3）现场操作人员安全意识薄弱、技能水平不足；

（4）到岗到位人员履职尽责不到位。

（三）故障处置

（1）7时19分，现场运维人员按调度命令合上220kV ××变♯1主变220kV开关，××变110kV正母及35kVⅠ、Ⅱ段母线恢复供电；

（2）对♯2 主变 220kV 侧分图 220kV 开关重新进行遥控关联，并进行试验验证正确。

二、110kV ××变 XY 间隔遥控异常事件

（一）现象描述

8 月 9 日，运检人员对 110kV ××变 XY 间隔保护测控装置进行隐患整改时，发现厂家工程人员将保护测控升级后，XY 间隔在热备用状态时遥合开关失败，装置报告显示"联锁条件不满足"，见图 5-1。

图 5-1　保测装置显示联锁条件不满足

（二）原因分析

经现场检查试验，××变有 SCADA1 和 SCADA2 两个后台主机，主备运行。当现场所有的应用分别于 SCADA1 或者 SCADA2 值班时，后台遥控正常；当后台的前置应用程序（简称 FE）应用在 SCADA2 值班，其他应用均在 SCADA1 值班时，后台遥控出现异常。检查两台主机后台软件版本时，发现两台主机 SCADA 程序校验码有差异，确认现场两台主机 SCADA 程序有不一致（怀疑基建时期安装时因为某种操作导致 SCADA1 补丁覆盖不完整），从而导致当 FE 应用在 SCADA2 值班其他应用在 SCADA1 值班时，后台下发的遥控指令就不确定是否带联锁标志（随机值），所以电容器遥控就会出现遥控失败。

（三）故障处置

将两台主机后台软件版和校验码恢复到完全一致，不管 FE 应用值班于 SCADA1 还是 SCADA2，后台均能正常遥控。

第二节 远动/通信网关机相关案例

一、某 220kV 变电站远动双通道中断

（一）现象描述

某 220kV 变电站的省调接入网、地调接入网中断，调度远方失去监控，导致该站的综合检修停复役操作中止。

（二）原因分析

地调是按照主站三个前置机均需与该变电站站内两台远动通信配置的方法进行配置。而站内两台远动机则是按照远动机 1 通过地调接入网与备调前置 1 和骨干网二平面连接的地调前置 2 通信，远动机 2 通过省调接入网与骨干网一平面连接的地调前置 1 通信的配置方法进行路由绑定。异常发生前，骨干网一平面的地址前期未进行调试，一直不通数据，因此地调前置被封锁在地调前置 2。

因该地数据网改造，地调主站进行了通道解封锁，地调主前置进行了重新设置，地调前置 1 变为主前置。由于远动 1 是主机，但未配置骨干网一平面地址，所以没有报文，数据不刷新，双通道中断。

（三）故障处置

按照站内两台远动机均与地调三个前置机通信的配置方法进行了静态路由重新绑定，对骨干网一平面进行了调试，保证远动机 1 和远动机 2 与地调三个前置机的通信正常。

（四）后续建议

目前仍有部分变电所的一平面地址没有与主站调试过，需进行排查和梳理，需尽快完成通道调试，避免类似故障发生。

二、某 110kV 变电站主变后备保护动作误信号

（一）现象描述

某 110kV 变电站运维人员操作 ♯2 主变 10kV Ⅱ 段母线开关由运行改热备用时，调度端报 ♯2 主变后备保护动作。现场检查发现 ♯2 主变后备保护装置和监控后台除显示复合电压动作信号外，无其他动作信号。

（二）原因分析

♯2 主变后备保护动作信号上送主站为远动内合成的虚遥信，其中归并了包括复合

电压动作在内的一些异常告警信号，导致后备保护复合电压动作时调度端报主变后备保护动作信号。

现场厂家人员未正确理解该合成的含义，调试人员未对合成信号进行验证，导致保护动作的错误信号发生。验收时未仔细检查远动转发表配置情况，未对远动合成信号足够关注，导致该问题未能及时暴露。

（三）故障处置

对远动机内远动合成信号进行重新配置，重新下装后，检查配置正确，缺陷消除。

（四）后续建议

基建、改造、扩建时，必须进行完善的后台、主站三遥核对，调试人员应正确理解相关合成信号的含义，所有合成信号要求分别动作，验证信号合成的正确性。运检人员验收时需加强后台、远方合成信号把关，防止无关信号作为 SOE 信号上送，影响主站监控。

在集中检修主变保护联动试验时应关注装置、监控后台相关光字、报文的正确性，确保不发生错误信号上送监控后台、主站。

三、某 220kV 变电站远方遥控失败

（一）现象描述

2021 年 9 月 20 日，检修人员在某 220kV 变电站进行 220kV 母联开关更换工作时，由于开关信号变更，数据通信网关机要重新下装远动转发表，因此重启数据通信网关机。重启完毕后，现场要求监控主站遥控 220kV 开关，主站反应全站所有通道遥控预置失败。通过抓取报文，运检人员发现数据通信网关机没有收到预置报文。

（二）原因分析

在重启数据通信网关机时，站内监控后台报出众多 COS 和 SOE 报文，怀疑是短时间内信息报文上送主站过多引起调度端遥控通道堵塞。查看数据通信网关机装置内参数配置时，见图 5-2，发现有一条"保留参数 8"的参数。该参数的作用是能够决定在数据通信网关机与监控主站重新构建链路时，是否会将缓存信息上送。该参数原先设置的是00000000。只有将数据通信网关机保留参数 8 设置为 00000003 时，才能清除所有缓存信息上送。

保留参数这一特性的存在，导致在短时间内所有的站内信息全部上送调度端，使得与主站的通信通道拥堵，主站无法在短时间内对站内开关进行遥控。由于数据封锁，调度端未注意信号上送要求。但是在较长时间后，数据上送完毕，主站又可以对站内开关进行遥控。将参数修改后，重启数据通信网关机，主站端遥控预置成功。

	BYTE	清除标志(0或1：清除COS，2：清除SOE，3：全部清除)	重建链路后清除缓存标志：部分地区要求重建链路后不上送缓存信息(COS/SOE)，需要设置此项；特别是远动机双主模式运行时一般都有此要求，需要用户确认清除机制；设置清除机制后，所有保护事件的缓存均不上送
保留参数8	BYTE	是否上送保护事件直传(0：不上送，1：上送)	部分地区(福建)要求保护事件可以通过104规约透传方式上送主站
	BYTE (3.61及以后)	远方操作定值模式[0或1：远方操作(科技主站、科东主站)，2：福建山西旧模式，其他：科技以前非71号标准模式]	国网新提出远方操作规范，在召定值部分和福建山西地区原有规范存在一定的差异，且目前科技主站按照1步实现定值的召唤，而科东主站需要2步实现：先选择定值区，然后召唤定值
	BYTE (3.61及以后)	总召唤能否被打断(0：所有总召唤均可被打断，1：重建链路后第一次总召唤不可打断)	部分地区规定：为了让通信双方同步实时数据库，由于中断原因引起的重建链路后的第一次总召唤过程不允许被打断。(3.62版本取消此规定)

图 5-2　保留参数具体定义

（三）故障处置

数据通信网关机参数修改重启后，主站端遥控预置成功。

四、某 220kV 变电站与地调通信频繁中断

（一）现象描述

202×年 3 月 11 日，某 220kV 变电站的地调接入网偶发性通信中断，每次通信中断时间为 1 分钟左右。

（二）原因分析

通过后台信息筛选排查，同时与主站确认后发现地调接入网并不是一直中断，而是时断时通，每次通信中断时间为 1 分钟左右。后来通过工作记录排查，发现该地其余站也有遇到过类似问题，查看原因为远动机 104 转出网口的 MTU 值与主站不适配引起。

（三）故障处置

修改远动机 104 转出网口的 MTU 值与主站适配，原先默认 MTU 值为 1500，现在将 MTU 修改为 1400，通信恢复正常。

五、某 220kV 变电站远动遥测数据不刷新

（一）现象描述

某 220kV 变电站远动后台型号采用 NS5000 版本。投产后，运检人员发现监控后台画面和现场装置遥测实时刷新，调度遥测不变化，如图 5-3 所示。

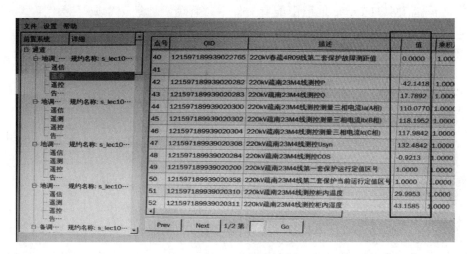

图 5-3 远动遥测值

（二）原因分析

经分析排查，初步推断为当前站内远动接入保护模拟量，导致大量保护测量数据上送远动，造成数据堆积；部分测控装置遥测死区偏小，也会导致遥测数据上送后台较频繁，建议适当放大遥测死区及变化死区。

综上原因，导致对下通信 engine 程序内存占用率较高，超过程序设定的上限 40%，从而致使 engine 程序被不断杀掉，出现了远动机数据不刷新现象。

（三）故障处置

(1) 在远动装置系统 sys 目录下修改 taskcatch.ini 文件，重新分配了各种关键进程 engine、front 的内存占用率为 80%，确保稳定启动，不发生以上中断事件。

(2) 将部分测控装置遥测死区值适当调整，确保遥测数据稳定上送。

(3) 同时取消保护模拟量数据的接入，可通过保信子站、监控后台查看保护模拟量、保护定值等功能。

六、某 110kV 变电站主站遥控试验不成功

（一）现象描述

202×年 7 月 4 日晚，二次检修人员接主站通知，需对某 110kV 变电站主站遥控试

验不成功缺陷进行检查处理。二次检修人员在检查现场♯1、♯2远动装置内遥控表、遥信表配置与调控下发信息表一致无误后，配合主站进行了多次遥控试验，结果显示：主站下发的遥控命令，部分执行成功，部分提示选择超时。

（二）原因分析

二次检修人员将上述检查情况及现场远动配置发送给厂家人员后得到如下反馈：远动装置对下通信网口的mac地址由配置文件中"管理机地址"生成，对于某型远动装置，若两台远动使用同一个工程配置，则需将一台远动装置内部的JP1跳线投入，此时该远动运行时会将配置中的"管理机地址""61850实例号"两个参数自动做加1处理，以避免与另一台远动冲突；若两台远动装置的JP1跳线均未投入，见图5-4，则须确保两台远动的配置中，"管理机地址""61850实例号"两个参数不同。

图5-4　♯2远动装置管理板上JP1跳线未投

对于涉及远动转发表修改的工作，二次检修人员的作业流程一般为：

第一步，对现场两台远动装置修改前的工程配置进行备份；

第二步，针对当时实际工作，对远动配置进行相应修改，核对无误后下装组态，并轮流重启远动装置；

第三步，在与主站确认遥测、遥信数据恢复正常后，对当日所修改部分进行信息联调；

第四步，再次上召两台远动配置，对遥控转发表进行核对，并确认主站遥控试验测试正常；

第五步，将最后上召的工程配置作为当日最终备份进行保存。

针对上述工作流程，现场二次检修人员对该变电站最近几次的远动备份进行核查，发现202×年2月26日××间隔TA改变比工作前后的远动配置方式有所变化。

根据厂家人员当日的工作日志记录，为提高现场工作效率并确保两台远动转发表配置的一致性，厂家人员应二次检修人员要求，对远动与主站通信的通道配置进行了优化，使得现场两台远动可以使用同一个工程配置。

但当日现场厂家人员，未能注意到"对于某型远动装置，若两台远动使用同一配置文件，须将其中一台装置内管理板上的JP1跳线投入"的要求，只是单纯优化了两台远动装置的配置，而未将♯2远动装置内管理板上的JP1跳线投入，导致了后续异常的发生。

当日现场二次检修人员，在修改配置完成后，只进行了一次遥控试验，成功后便认为♯1、♯2远动装置运行正常，未要求主站在两个调度数据接入网分别试验，错过了当场发现异常的机会。

（三）故障处置

二次检修人员打开♯1、♯2远动装置前面板检查，发现两台远动管理板上JP1跳线均未投入，现场将♯2远动管理板上JP1跳线投入并重启装置后，网络冲突现象消失，主站在两个接入网主、备调的多个通道进行多次遥控试验，再未出现遥控不成功的情况。

七、某220kV变电站远动转发表定义错误引起的信息上送错误

（一）现象描述

某220kV变电站某110kV故障解列装置报"装置报警"，现场后台故障解列装置报警光字亮，open3000故障解列动作光字牌亮。

（二）原因分析

现场后台与装置告警信息一致，open3000告警有误，初步判断为远动转发表错误导致信息上送有误。

（三）故障处置

修改远动转发表后，将110kV故障解列装置告警信号重新定义上送，重启远动机，open3000告警恢复正常。

八、主站无法监视变电站的越限遥测值

（一）现象描述

某一变电站内的某系列远动装置上显示的数值与主控台电脑上的数值有差异，运检人员在与调度值班员进行数据回传并核对过后，发现当线路实际负荷大于额定值时，远动装置送出的遥测值仍然保持额定值，不能如实反应线路实际负荷，进而导致调度发生误判。

（二）原因分析

某系列测控主要采用的是两种方式来把遥测所得的数据加以传送，依次当成浮点种类的二次值（假定是f_0）与根据2048相对应的额定值进行归一化处理之后所获得的码值（假定是c_0），然后传递至远动装置。远动装置再将其与工程通过转变系数（假定是z）相乘，将任一方式的数据改变为基于2048核心范畴的归一化值处理（假定是f_1或

是 c_1），将和 2048 所相应的确定倍数的二次式的额定数值（假定其参量是 x，且倍数参量是 n，且 $n \geqslant 1$）储存至中心数据库中。远动装置的规约进度从中获取有关遥测之后所得的数值，将与转发系数（假定是 k 参量）相乘后，基于自身规约的条件展开数据范畴的转换，接着依次展开越限判断与死区判断等，最后上传至调度。

有关远动装置对遥测所测试的数据进行越限处理的具体原理如下：若远动装置所传递的遥测经过归一化的处理后并获得相应的数值时，通过远动通道所展开的越限推断标准是 $n \times x / k$。然而若没有特别情况时，通过归一化处理所得的数值的转发系数参量 k 一般默认数值是 1，也就是现实运作二次值大于 $n \times x$，即可以认定是越限；若远动通道所传递的遥测是浮点数的一次值时，那么越限无需参考到转发系数情况，有关远动通道的具体越限推断标准是 $n \times x$，也就是现实运作二次值大于 $n \times x$，那么即可以确定是越限。

将电流、功率的工程的转换系数参量 z 基于的要求加以整定之后，须注意其中的 n 不得小于 1.2，传递归一化处理之后的数值的远动通道所对应的转发系数参量 k 数值确定是 1，而调度的主站系数所对应并协调是的 n 倍的一次性额定数值与约定范畴数值之比；传递浮点数参量的远动通道相应的转发系数与调度系数都无需加以改变。

目前某系列存在最为核心的问题在于大多数的现场设置均基于 1 倍的二次额定值展开越限的判别，也就是将 n 的数值设计是 1，而电流与功率等进行遥测的现实运行值大于二次额定值现象时即被废弃。

（三）故障处置

把电流、功率的工程转换系数 z 按 $2048/(n \times x)$ 整定，其中 n 大于等于 1.2，上传归一化值的远动通道转发系数 k 配为 1，调度主站系数相应调整为 n 倍的一次额定值除以规约范围值；上传浮点数的远动通道转发系数及调度系数均不需修改。

（四）后续建议

当主站收到遥测值与实际值不相符，运检人员常用的措施如下：

（1）到现场检查遥测板，看到相应点的 TA/TV 的接线正确，无松动、无缺相，检查外部回路无问题。

（2）连接到通信网关机，检查配置参数，查看该遥测点的设置，检查其遥测点的转发系数是否正确。

九、变电站自动化系统遥测数据跳变缺陷

（一）现象描述

调度自动化班反映：地调主站系统某 220kV 变电站 #1 主变高压侧有功遥测值不定

时出现"跳变"现象，有时"跳变"值持续超过 10min。图 5-5 是地调主站系统 ♯1 主变高压侧有功 201×年 7 月 1 日的历史曲线图。

（二）原因分析

遥测数据是反映电网运行稳态状况的基本信息，遥测数据的采集与传输要经过诸多环节，如图 5-6 所示，任何一个设置错误都会引起遥测数据出错。

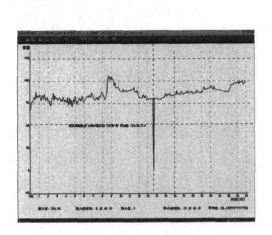

图 5-5　地调主站系统 ♯1 主变高压侧
有功 201×-07-01 历史曲线

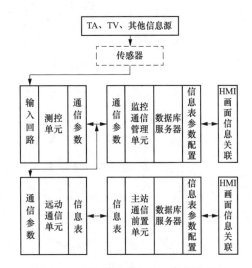

图 5-6　遥测数据采集传输环节示意图

检查该 220 站后台监控系统的 ♯1 主变高压侧有功近 1 个月的历史曲线，均未发现"跳变"现象，数据正常。通知省调自动化人员检查省调主站系统，发现直采的 ♯1 主变高压侧有功遥测无"跳变"，但是通过地调主站系统转发的 ♯1 主变高压侧有功遥测有"跳变"。

结合以上的分析排查，可以判断：♯1 主变高压侧的 TA/TV 及其二次回路、测控装置运行正常。初步分析出故障点位于变电站远动机或地调主站系统。

通过分析远动通信规约报文来查找故障点。发生遥测"跳变"时地调主站系统的值班通道为网络通道。分析地调主站系统记录的 201×年 7 月 1 日的网络通道 104 规约报文发现：厂站端每次响应主站下发召唤限定词为 31（1FH）的组召唤命令时，♯1 主变高压侧有功均发生"跳变"。仔细分析"跳变"报文，发现这帧的类型标识为 15H（不带品质位），其他遥测帧的类型标识均为 09H（带品质位）。在地调主站系统上将模拟通道设为值班通道后，不会出现这种遥测"跳变"现象，查看其 101 规约通信报文，厂站端每次响应主站下发召唤限定词为 31（1FH）的组召唤命令时，也没有遥测"跳变"报文出现。

由此可以判断，♯1 主变高压侧有功发生"跳变"的原因是远动机的地调网络通道配置或 104 规约程序配置有问题。检查该站远动机配置发现，104 规约配置参数设置存在错误。地调转发表最后一个遥测转发序号是 347，地调遥测的转发序号由 0 开始，地调转发遥测共有 348 个。在远动机的 104 规约参数配置表中，组召唤的分组设置为：第 1 至 8 组为遥信，每组 128 个，第 9 至 13 组为遥测，每组 128 个。这样，在第 11 组中，就有 92 个遥测，其中 91 个为归一化（带品质）遥测，1 个为循环遥测。在主站下发召唤限定词为 31（1FH）的站召唤命令时，子站先上送 91 个归一化（带品质）遥测，再上送 1 个类型标识为 15H（不带品质）的循环遥测。这样，组召唤的循环遥测与地调第 0 点遥测（♯1 主变高压侧有功）重复，从而造成了 ♯1 主变高压侧有功遥测的"跳变"。

检查该站的远动机数据库备份发现，地调 104 规约参数配置表设置的归一化遥测（带品质）个数与远动转发表配置的遥测个数不一致是出现在 2013 年 7 月 28 日之后。当日，厂家人员完成了 ♯2 主变中性点直流分量遥测的增加工作，增加了地调遥测转发表的一个遥测。工作前，地调转发表中共有 347 个遥测，转发序号从 0 至 346，增加后，共有 348 个遥测。但厂家人员未修改 104 规约参数配置表中归一化（带品质）遥测的个数，从而造成了遥测数据"跳变"缺陷的产生。

（三）后续建议

该缺陷暴露出了远动系统运行维护工作中非常容易被忽略的一个问题：现场工作的自动化工作人员过于相信厂家技术人员的工作质量，在下装远动机配置前没有认真检查配置的正确性。因此，在日后远动系统的运行维护工作中，现场工作的自动化维护人员都必须认真对修改后的远动机配置进行认真仔细地检查，确认正确无误后，才能对配置进行下装，以保证远动机的可靠稳定运行。

远动系统故障的检查和判定一般有测量法、排除法、替换法、综合法，其中排除法是最常用的方法。变电站遥测数据发生"跳变"后，一般可以采用排除法缩小缺陷的排查范围，然后通过分析远动通信规约报文的方法，锁定故障点，最后消除缺陷。

十、变电站远动遥测数据调度主站不刷新缺陷

（一）现象描述

调度员告知变电站运行人员该站调度端远动遥测数据不刷新。经自动化检修人员现场确认，当天站内负责调度业务的远动通信管理机值班机死机，通过重启的方式处理后，该变电站调度远动遥测数据恢复刷新，但隔日此问题再次发生。

（二）原因分析

结合现场远动通信管理机运行状况查看双机互联报文，发现远动通信管理机值班机双机互联监视报文有丢帧现象，远动通信管理机备机双机互联监视报文显示正常。据此可以确认远动通信管理机值班机双机互联监视报文丢帧是造成值班机运行死机后不能将值班状态及业务通道切换到备机的主要原因。

该站的远动机采用的是 NSC300。运检人员随后对远动通信管理机 CPU4E 板进行 Telnet 测试检查。NSC300 总控以太网 103 数据处理原理：NSC300 总控接收的以太网 103 数据是通过 NET2-A4 网卡接收后写入双口 RAM，NSC300 总控 CPU 侧从双口 RAM 读出后写入总控数据库，NSC300 总控发送的以太网 103 数据是通过 CPU 侧写入双口 RAM，NET2-A4 网卡从双口 RAM 读出后发送到站内网络。

为了防止 CPU 侧或 NET2-A4 侧同时对双口 RAM 进行读写的操作导致数据丢失，总控程序通过信号量的控制来实现读写。通过 Telnet 命令连接到现场总控，输入命令跟踪 CPU 侧以太网 103 程序任务运行状态，发现 103 程序停滞在 NsWriteDpRam（90，b21990，26），从而导致 CPU 侧数据不刷新。

NsWriteDpRam（90，b21990，26）为写双口 RAM 函数，在写数据时程序去获取双口 RAM 的写权限的信号量，为了防止写入的数据丢失，如获取不到写权限会一直等待下去，直到获取成功为止。写权限的信号量不能正确获取，主要由 CPU 侧硬件误码导致，所以在总控重启 CPU 重新初始化后，故障现象消失。

（三）后续建议

更换 NSC300 总控 CPU4E 板件并下装程序后，再次查看比对远动通信管理机双机互联监视报文，远动通信管理机值班机双机互联监视报文没有丢帧现象发生，再次利用 Telnet 命令连接到现场总控，跟踪 CPU 侧以太网 103 程序任务运行状态，发现 103 程序进程停滞在 NsWriteDpRam（90，b21990，26）这一异常现象消失，为确保远动通信管理机双机互联监视正常，避免类似问题重复发生，采纳厂家技术人员建议，利用 CPU4E 板件剩余网口增加了一组以太网双机互联监视。

第三节 测控相关案例

一、某测控装置误跳出口分析及整改措施

（一）现象描述

202×年 1 月 26 日，110kV ××变站用电系统故障，站内监控系统设备直流电源消

失。当直流系统恢复后，110kV母分开关跳闸。

（二）原因分析

查看当日监控信号和直流系统历史告警，发现存在"直流系统控制母线欠压"和"110kV母分测控装置通信中断"信号，无110kV母分开关相关保护动作信号。该母分测控装置上存在"就地操作1→0"及"手跳开入1→0"变位返回报告记录。初步判断可能原因是：110kV母分测控装置重启过程中，就地操作和手跳开入同时为1触发了第一组遥控分闸接点闭合，第一组遥控分闸接点用于110kV母分开关分闸，导致110kV母分开关跳开。

分析现场返回装置中变位报告与操作报告，发现报告内容错乱及报告丢失的情况，怀疑用于存储报告的SRAM（静态随机存取存储器，由CPU插件上纽扣电池与装置外部电源同时供电，掉电后存储内容会丢失）内存储内容丢失。检查CPU插件上纽扣电池，发现确已损坏。

经过现场故障复现及反复测试，定位异常原因为测控装置程序缺陷。原程序设计为避免有外部开入的情况下装置上电过程中产生不必要的变位报告，上电初始化过程中是先从存放报文的静态随机存储器SRAM中指定区域读取完整48个开入的状态用于遥信状态液晶展示、通信上送，以及判断是否进行手动合闸或手动分闸。装置运行过程中，后再周期从开入板获取实时开入状态，当检测到有开入变位时，完成开入状态的更新并形成报告，否则开入状态一直维持初始状态值。

当现场CPU插件上用于SRAM工作电源的纽扣电池损坏，装置掉电后，SRAM失电，内部存储内容丢失变成随机数，上电初始化过程中从SRAM中指定区域读取的开入状态也是随机数，碰巧出现"就地状态"开入及"手动分闸"开入均为"1"，就会造成误出口。此时实际外部开入信号均为无（所有开入输入均为"0"），开入信号状态初始为错误状态，直至后检测到有开入变位为"0"，才触发将最新的开入实时信号状态赋值给开入信号，完成开入状态的更新，此时装置已误动出口。

因此，本次故障原因是母分测控CPU插件上纽扣电池损坏，装置失电后，造成SRAM存储内容丢失，引起装置断电重启后开入状态错乱，当出现就地状态开入（开入46）及手动分闸开入（开入47）均为1，触发遥控1分闸继电器出口动作。

（三）故障处置

临时措施：更换测控装置CPU纽扣电池，对该型测控装置重启前由运维人员增加"退出遥控压板"安措步骤。

后续措施：厂家升级该型测控装置CPU程序，即重启初始化过程中开入状态必须从开入实时信号读取，并做好程序测试工作。程序测试合格并经电科院定版后发各地区公司进行程序芯片更换。同时厂家完成排查其他型号测控/保测一体装置程序逻辑，并上报省公司备案。

二、220kV ××变 XY 等间隔测控装置故障事件

（一）现象描述

4月15日22时21分，220kV ××变 XY 线复役操作时，测控装置频繁报"开出检验出错"告警后，装置直流电源空开跳开，无法合上。4月15日23时15分，××变 XZ 线复役操作时，测控装置出现相同告警信息，但装置直流电源空开未跳开，对上通信正常。

（二）原因分析

220kV ××变监控系统采用某综自系统产品。项目 I 期投产于 2010 年 6 月，II 期投产于 2016 年 4 月。本次发生操作不成功的两回线路间隔测控装置型号相同，运行时间接近十年。

现场检查直流电源运行正常，直流监测数据也未见明显异常。初步分析，判断测控装置电源插件存在故障。打开测控装置，检查装置电源插件外观，发现插件表面有老化和轻微鼓包痕迹情况。考虑装置运行年限较长，由此基本判定为装置电源插件元器件老化引起。

（三）故障处置

更换 XY 线、XZ 线间隔测控装置电源插件，两台装置均恢复正常运行。

（四）后续建议

（1）进一步梳理运行超八年的测控装置，依托年度大修项目，计划分站、分类、分批开展测控装置电源插件更换，切实提高设备运行可靠性。

（2）针对本次发生缺陷两块电源板，发至厂家进行全面检测，明确具体故障元器件部位，可能产生的后果及影响，同时分析是否有现场检查提前发现的方法。

三、某 220kV 变电站直流 I 段母线电压偏差

（一）现象描述

某变电运行人员在某 220kV 变电站例行巡视时发现直流 I 段绝缘巡检仪上显示母线一电压正对地 131.49V，母线一负对地 100.29V。同时查看发现绝缘巡检仪上 1 组支路漏电流菜单中 8 支路漏电流较大，对应空开为 110kV 压变测控屏直流电源。见图 5-7。

（二）原因分析

110kV 压变测控屏内主要有 4 路直流电源小开关：110kV 正母母设测控装置电源、

图 5-7 绝缘巡检仪显示

遥信电源，110kV 副母母设测控装置电源、遥信电源。随后运行人员按照不重要回路至重要回路的顺序试拉，即先拉信号回路后拉测控电源。在拉开 110kV 副母母设测控装置遥信电源小开关 2K2 后，直流母线电压恢复正常，初步判断直流异常问题定位于 110kV 副母母设测控装置相关二次回路。

运检人员对 110kV 副母母设测控装置进行检查，装置面板及后台无异常信号，遥信电源拉开，直流电压恢复正常，遥信电源回路主要用于开入回路，初步怀疑外回路接线或者开入板内部存在问题。查看图纸发现开入量回路仅用到了开入板 5 和 6，将外回路拆除，发现电压偏差问题仍然存在。因此初步判断测控装置内部出现问题，查看图纸发现开入板的所有负电是连接在一起的。对 5 块开入板依次进行更换，当 5 号开入板更换后，发现直流电压恢复正常一会后又回到原来偏差的状态。联系南瑞继保厂家后得知，此前在其他站也发生过一起类似的情况，需要更换厂家重新设计的 5 号开入板插件。

经分析，PCS-9705B 装置背板共有 5 块开入量（BI）插件。

这 5 个开入板型号一致，但 5 号开入板靠近左边的 3/4 号交流采样板，当装置长期运行积累灰尘后，5 号开入板的绝缘会降低，需要采取加强绝缘设计后的开入板插件。

（三）故障处置

对该测控装置的 5 号开入板插件更换后，现场直流Ⅰ段母线电压恢复正常，如图 5-8 所示。

图 5-8 测控装置的 5 号开入板插件更换后电压正常

（四）后续建议

本次直流Ⅰ段母线电压偏差问题是因测控装置开入板绝缘设计不足引起。厂家未考虑现场实际运行情况对绝缘强度设计的影响。后续可以考虑对于运行时间较长的同型号装置开入板进行更换处理，避免出现类似问题。

四、某220kV变电站主变低后备保护越级动作

（一）现象描述

某220kV变电站35kV ♯2电容器过流Ⅰ段、Ⅱ段保护动作，跳闸失败；♯1主变本体重瓦斯、轻瓦斯保护动作，跳开♯1主变三侧开关，35kVⅠ段母线失压，无负荷损失。

（二）原因分析

XGN17型开关柜为省公司反措要求整改的柜型，其闸刀通流能力不足，且无法监视闸刀运行情况。阿尔斯通FP型开关连杆轴销材质不良，操作后易发生轴销断裂导致断路器机构在合位、辅助接点送出分位的情况，造成对断路器位置的误判。

某系列保测装置设置了"TWJ为1时抑制遥测上传（即遥测置零）"的功能，运行人员未了解"TWJ告警"含义（开关分位有流告警），在未进行有效处理的情况下进行后续操作，引起带电拉闸事故。

（三）故障处理

开展某系列保测装置的间隔分图增加"TWJ异常告警"光字牌完善工作。

（四）后续建议

对调控、检修、运行人员开展技术交底及技术培训，明确"TWJ异常告警"情况下对断路器、遥测信息的监视及处置方式。

重视保护测控装置"TWJ异常告警"信号，现场发生该告警信号，应通过至少两个非同样原理或非同源的指示来判断断路器位置状况，如通过检查装置保护电流、验电（查看带电显示器）、查看泄漏电流等方法综合判断断路器实际位置。

开展故障、异常信号排查梳理，加强信息原理、含义和处置手段的宣贯培训，促进运维、检修、调控人员熟练掌握各类故障、异常信号。

五、110kV XX变10kV线路通信中断缺陷的说明

（一）现象描述

202×年11月7日，110kV XX变在进行电源切换后出现多个间隔通信中断现象，调度主站也无法接收到这些间隔的遥测、遥信，调度处失监控状态。

（二）原因分析

以 XY 线为例，保护装置背板通信插件运行灯灭（见图 5-9），该现象与 5 月 110kV XQ 变综修时的现象一样，由于该装置运行时间较久，通信模块电源芯片长时间运行后导致带载能力下降，导致通信插件无法正常工作。故怀疑此次也是通信插件故障导致。

（三）故障处置

运检人员更换新的通信插件，装置上电，下装程序后，XY 线路通信恢复（见图 5-10），遥测、遥信、遥控正常，故判定此次站内线路出现通信中断是与沥北变相同，为运行时间较久，通信插件故障导致。

图 5-9　XY 线通信中断　　　　　　图 5-10　XY 线通信恢复正常

（四）后续建议

鉴于较多变电站 10kV 线路、电容器、站用变保护测控装置均为此系列，建议对此类有一定年限的测控装置进行排查整改，必要时可纳入反措整治。

六、XX 变 110kV 正母 Ⅱ 段压变避雷器闸刀异常分闸事件

（一）现象描述

8 月 27 日 22 时 28 分 41 秒，XX 变 110kV 正母 Ⅱ 段压变避雷器闸刀异常分闸，导致♯3 主变保护、110kVⅡ 段母差保护等 110kV 正母 Ⅱ 段相关的保护设备失去二次电压，110kV 正母 Ⅱ 段相关的测控设备失去二次电压，调度、监控系统中 XX 变 110kV 正母 Ⅱ 段失压，22 时 52 分 00 秒，运行人员操作 110kV 正母 Ⅱ 段合并单元的二次电压并列把手，相关设备恢复二次电压。

（二）原因分析

（1）故障前系统运行方式及保护配置情况。220kV XX 变 220kVⅠ、Ⅱ 段母线并

列运行，110kVⅠ、Ⅱ段母线分列运行，♯1、♯2主变高、中压侧并列运行，♯3、♯4主变高、中压侧并列运行，♯3主变中压侧正母Ⅱ段运行，♯4主变中压侧副母Ⅱ段运行。

（2）设备动作行为分析。202×年5月14日17时46分48秒，110kV正母Ⅱ段测控装置发出压变闸刀允许遥控操作投入信号；（信息含义为测控装置内五防逻辑解锁，装置内五防逻辑解锁后将向智能终端发出解锁的GOOSE变位信号，智能终端收到该报文后闭合一副串入电气联闭锁回路的节点，测控装置发出GOOSE报文的同时装置向后台发出该软报文，测控装置内五防逻辑为判母线接地闸刀、电压互感器接地闸刀分位，满足实际条件）。

2021年8月27日22时28分39.839秒，110kV正母Ⅱ段测控装置发出电压互感器接地闸刀允许遥控操作投入信号；（信息含义为测控装置内五防逻辑解锁，测控装置内五防逻辑为判压变闸刀为分位，不满足实际条件，动作行为存疑）。

22时28分39.840秒，110kV正母Ⅱ段测控装置发出母线接地闸刀允许遥控操作投入信号；（信息含义为测控装置内五防逻辑解锁，测控装置内五防逻辑为判母线上所有间隔的正母闸刀、电压互感器闸刀为分位，不满足实际条件，动作行为存疑）。

22时28分39.868秒，110kV正母Ⅱ段智能终端显示（GOOSE变位报文全部由测控装置发出，且智能终端收到一帧变位报文就执行）：

DO7：0→1（未定义）；

22：28：39.869　110kV正母Ⅱ段智能终端报文显示：

DO5：0→1（电压互感器闸刀合闸）（电气联闭锁条件满足，故动作）；

DO6：0→1（电压互感器闸刀分闸）（电气联闭锁条件满足，故动作）；

DO8：0→1（电压互感器避雷器接地闸刀合闸）（电气联闭锁、机械联闭锁条件不满足，故未动作）；

DO9：0→1（电压互感器避雷器接地闸刀分闸）（电气联闭锁、机械联闭锁条件不满足，故未动作）；

DO10：0→1（未定义）；

DO11：0→1（母线接地闸刀合闸）（电气联闭锁条件不满足，故未动作）；

DO12：0→1（母线接地闸刀分闸）（电气联闭锁条件不满足，故未动作）；

DO14：0→1（电机电源合闸）（遥控出口压板取下，故未动作）；

22：28：39.872　110kV正母Ⅱ段智能终端报文显示：

DO15：0→1（电机电源分闸）（遥控出口压板取下，故未动作）；

22：28：40.379　110kV正母Ⅱ段压变避雷器闸刀分闸；

22：28：41.202　　110kV 正母Ⅱ段测控装置发出电压互感器闸刀允许遥控操作退出信号；

22：28：41.204　　110kV 正母Ⅱ段测控装置发出电压互感器接地闸刀允许遥控操作退出信号；

22：28：41.205　　110kV 正母Ⅱ段测控装置发出母线接地闸刀允许遥控操作退出信号。

（3）现场检查过程。8 月 27 日，运行人员检查一次设备实际位置和后台均显示闸刀分位，报危急缺陷；

8 月 28 日，检修人员现场检查 XX 变一、二次设备及现场后台，调阅日志后发现 110kV 正母Ⅱ段测控装置及现场后台均未发出遥分命令，110kV 正母Ⅱ段智能终端报文显示 X11DO 板包括母线接地闸刀出口在内的所有出口继电器在 8 月 27 日 22：28：39.869 时刻同时动作，初步判断智能终端 X11DO 板存在异常。

8 月 29 日，检修人员及厂家到达现场，调取 110kV 正母Ⅱ段测控装置及智能终端装置内部日志进行检查，现场反馈厂家仍无法定位异常设备，变电运检中心要求厂家出具明确整改方案。

8 月 30-31 日，厂家出具临时整改方案，计划采取最大化方式，同时更换测控装置及智能终端插件，变电运检中心根据厂家文件编制了更换及校验方案，专业管理部门对方案进行了审核。

9 月 1 日，厂家通过分析智能终端报文，发现动作时刻收到了测控装置下发的 GOOSE 报文，从而定位异常设备为 110kV 正母Ⅱ段测控装置，检修人员及厂家现场更换了测控装置管理板、电源板、GOOSE 板，更换后设备三遥试验正确，拆下的插件已存放在生产基地，根据厂家意见、经专业部门认可，在异常原因未明确前，现场将母设智能终端所有遥控出口硬压板取下，需要遥控操作时可暂时投入遥控出口压板进行操作。

（三）故障处置

专业管理部门对拆下的插件板板卡号及生产批次等特征拍照记录，变电运检中心已于 9 月 2 日将插件板寄回厂家进行分析，管理部门将督促厂家尽快出具分析报告。

原因查明前，要求变电运检中心与地调监控加强对 110kV 正母Ⅱ段测控装置的监视，发现异常报文及时告知专业管理部门。

由于目前测控装置故障原因不明，鉴于 XX 变的特殊性，建议变电运检中心在原因查明前，临时取下 220kV 正母Ⅰ段母设智能终端、220kV 副母Ⅰ段母设智能终端、220kV 正母Ⅱ段母设智能终端、220kV 副母Ⅱ段母设智能终端、110kV 正母Ⅰ段母设智能终端、110kV 副母Ⅰ段母设智能终端、110kV 副母Ⅱ段母设智能终端的遥控出口压板，需要遥控操作时可暂时投入遥控出口压板进行操作。

七、110kV 测控装置配置错误导致后台无法遥控

（一）现象描述

220kV XX 变 QS1297、QG1296 线正、副母闸刀后台无法遥控分闸。

（二）原因分析

（1）检查现场后台遥控命令发送、测控装置遥控命令接受情况，发现后台遥控预制失败，测控装置未接收到遥控命令。

（2）检查后台配置后确认后台发送命令正常，故认为后台遥控命令已发出而测控装置未接收到。

（3）调取 QS1297、QG1296 测控装置遥控配置文件发现为空，故确认测控装置配置错误导致后台无法遥控。

（三）故障处置

重新下载正确的配置后，后台遥控成功。

八、调度 AVC 系统偶发遥控失败

（一）现象描述

某 110kV 变电站在调度 AVC 系统遥控♯1 电容器保护测控装置时，偶尔会出现"遥控预置分/合失败""遥控执行分/合失败"现象，导致遥控操作无法进行。再次遥控时，又能恢复正常。

（二）原因分析

如图 5-11 所示，遥控过程是主站系统、厂站端远动装置、测控装置和一次设备等多个环节配合的过程：需要人机交互、主站与厂站远动装置配合、远动装置和测控装置配合、保护测控装置和一次回路配合，中间还有远动 104 规约与站内 61850 规约的转换。

AVC 系统发出遥控命令，在设定的响应时间内若未能收到遥控确认的报文，就会报出遥控失败。而 AVC 系统遥控电容器属于自动遥控，不存在人机交互的环节，遥控过程更快、更频繁。因此出现偶尔遥控失败的原因可能和各环节时间配合有关。

远动装置中与遥控相关的参数配置如表 5-1 所示。

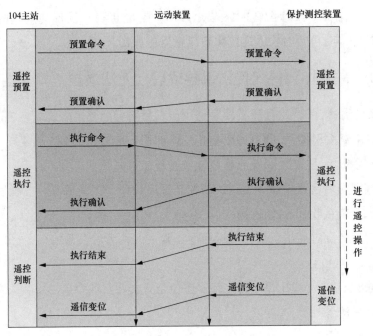

图 5-11　遥控过程示意图

表 5-1　　　　　　　　　　　　　远动装置中遥控相关配置参数说明

规约	配置项	具体含义	默认值
61850 规约	mms 读写操作等交互超时时间	61850 客户端向服务端发送 read 或 write 命令后等待服务端返回的超时时间，当超过该时间未收到报文则返回失败	5s
104 规约	遥控超时时间	当超过该时间未收到对下规约的返回命令时，104 规约主动回遥控失败报文给对应 的主站	15s

引入 ATS 2.0 变电站自动测试平台（简称 ATS）. 该自动测试平台不仅能够根据设定持续不断的遥控，控制每次遥控的时间间隔，还能记录相关节点的时间信息，并形成测试报告。

利用 ATS 模拟主站的 AVC 系统。ATS-远动机-交换机-保护测控装置-模拟断路器这

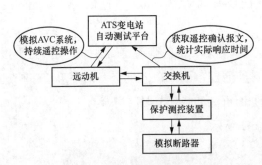

图 5-12　测试环境

5 个部分搭建出接近现实的测试环境。测试环境的相互作用原理如图 5-12 所示。

依据图 5-12，定义实际响应时间为从 ATS 发出遥控命令到 ATS 接收到交换机的遥控确认报文为止的时间间隔。远动机的 61850 规约交互超时时间与 104 规约遥控时间设定为默认值（5s 和 15s）。连续进行 250 次遥控分/合闸操作，测试结果总结

为图 5-13。其中虚线表示为遥控成功。

序号	操作	响应时间	结果
1	遥控预置分	1139ms	成功
2	遥控执行分	1343ms	成功
......			
101	遥控预置分	9643ms	失败
......			
204	遥控执行合	9391ms	失败
......			
298	遥控执行合	10247ms	失败
......			
390	遥控预置分	11238ms	失败
......			
486	遥控执行合	1463ms	成功
成功率	98.4%		

图 5-13 ATS 自动测试报告

由表 5-1 测试数据可得知三点信息：①大量的遥控操作能够将遥控失败的现象复现；②由于遥控失败时的实际响应时间为 10s 左右，超过远动机设定的 5s，所以会出现失败；③遥控失败出现的时间间隔有些规律，且在 10s 左右。

三方人员经过详细排查，将问题定位在保护测控装置的文件处理机制上，分析如下：

（1）在遥控过程中装置会产生相应的操作记录；

（2）保护测控装置上的界面操作（如定值整定，压板投退）也会产生操作记录，这些记录存储的上限是 600 条；

（3）每当操作记录存满 600 条时，会主动删除最早的 100 条，经测试需用时 9～12s；

（4）由于这个删除操作的任务优先级比遥控操作高，导致对遥控命令的处理被延后；

（5）现场 AVC 系统频繁遥控操作，会产生大量的操作记录，所以会出现遥控失败。

（三）故障处置

由此可知，修改操作记录的删除机制，降低删除操作任务的优先级，同时提升遥控操作任务优先级，确保遥控操作始终能够得到优先处理。但考虑到保护测控装置是运行设备，便通过修改远动机相关遥控参数，放宽响应超时定值：将 61850 规约的交互超时时间由 5s 改为 15s。修改后在测试环境模拟 500 次分/合闸操作，成功率 100%。

该站经过一年多的运行检验，再未发生过 AVC 遥控失败的问题，证明采取措施切实可靠。

（四）后续建议

偶发性质的自动化缺陷有较强的隐蔽性，需要大量连续的试验才能将问题暴露出来，有必要搭建完整的测试环境。

九、测控系统遥控故障分析

（一）现象描述

变电站运行人员遥控 500kV 50222 隔离闸刀时，监控后台提示"该遥控对象禁止操作"，重复遥控几次都是如此，影响正常的倒闸操作。运检人员查看测控装置时，发现500kV 第二串测控屏 5021、5022 测控装置面板报警灯亮。

（二）原因分析

首先现场检查发现 500kV 第二串测控屏 5021、5022 的测控装置红色告警灯亮，5023 测控装置显示正常，按下信号复归按钮后，5021、5022 测控告警灯仍然亮，面板显示通信中断。在后台机上查看该间隔的状态并没有显示中断，光字牌牌信号和遥测量数据都可以刷新，说明后台机与测控装置间通信正常，只是在遥控 50222 隔离开关时提示"该遥控对象禁止操作"，如图 5-14 所示，运检人员向网安申请屏蔽上送信号后，开始实际试验信连接良好性：用笔记本连上站内交换机可以 ping 通

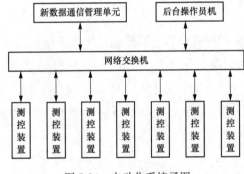

图 5-14　自动化系统子图

5021、5022 测控 A、B 网 IP 地址，说明交换机及网线都没有问题，另外查看了装置内配置的网络地址、IP 地址、板卡设置等都正常，接下来用笔记本内配置软件读出 5021、5022 配置程序，查看了 CPU 配置、板件地址、闭锁逻辑图等都没有发现问题。

这时得知 5023 测控装置由于闭锁逻辑问题修改过配置，虽然这时 5023 装置显示状态正常，但是同一块屏内另两个装置都显示通信中断，因此觉得 5023 装置配置的问题影响到 5021、5022 装置的运行，这种可能性变得越来越高。接着读取 5023 测控装置的配置文件，检查了网络地址并没有发现重复等错误，但是在检查闭锁逻辑时发现有一项配置闭锁装置地址的内容为空，正常情况应该是填好接收逻辑闭锁信息的装置地址、IP以及发送开入量的点号。这表示 5023 装置没有把本装置采集的断路器、隔离开关和地刀的位置发送给其他装置，包括 5021、5022 装置，这就导致了当其他装置进行闭锁逻辑判断计算过程中无法得到 5023 装置中需要的隔离刀闸和地刀位置信息。重新填好配

置闭锁装置地址信息后，下装参数到 5023 测控装置，并断电重启该测控后，5021、5022 测控告警消失，后台机恢复正常。

因此可以得出结论，因为 5021、5022 测控单元逻辑判断计算需要 5023 测控装置的接地刀闸位置信息，但是长时间没有收到才导致遥控操作 50222 刀闸时 5022 测控装置发送选择失败报文，后台机提示"该遥控对象禁止操作"，而 5021、5022 装置面板报警"通信中断"也是因为没有收到 5023 装置逻辑闭锁信息造成的。

（三）后续建议

这起变电站刀闸无法遥控的故障主要原因是由于不同测控装置之间逻辑闭锁信息配置错误导致的，这个问题比较隐蔽，因为现场出现问题的测控装置并没有告警提示，而是其他两个没有收到所需逻辑判断信息的测控装置发出"通信中断"告警，另外其他信号及遥测量都运行正常，不容易发现问题所在。

本文通过这个故障现象给以后检查类似的遥控问题提供一种思路，在每次修改参数之后除了要仔细检查本单元信息配置，还要查看发给其它单元的数据信息配置，下装参数之后要断电重启并观察一段时间，保证没有告警之后才能确保正常。

十、遥控预置命令直接导致遥控出口缺陷

（一）现象描述

某 110kV 变电站检修间隔 725 开关遥控验收传动试验中，调度监控人员在进行由合到分遥控操作时，远方调度自动化监控主站遥控预置（选择）命令发出后，收到遥控预置成功报文的同时，还收到 725 开关分闸的变位信息。经现场询问，725 开关确已分开。调度监控人员尚未发出遥控执行命令，开关就已动作。

（二）原因分析

查询测控装置信息，各指示灯均未见异常。为了定位缺陷位置，现场进行了如下试验：在测控装置进行 725 开关遥控操作，仍表现为遥控预置后开关即动作；选择测控装置其他遥控对象，如 7253 出线刀闸，在测控装置上进行遥控操作，也表现为遥控预置后刀闸即动作。根据以上试验，基本排除二次回路缺陷的可能，定位为测控装置遥控板卡故障。分别更换遥控主板及遥控出口板，继续进行故障定位。更换遥控主板后，故障消失，于是故障定位为测控装置遥控主板；重新进行遥控对象传动试验，均正常。

如图 5-15 所示，遥控过程是调度自动化监控主站端首先向变电站端发出遥控对象和性质（分、合）预置命令，变电站端接收并

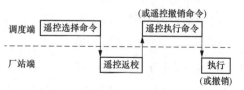

图 5-15　遥控过程示意图

经 CPU 处理后向主站端发出校核信号。主站端收到校核信号后，与下发命令比较，在校核无误的条件下显示"返校正确"即可进入下一步遥控执行程序，此时调度监控人员可通过遥控执行命令向变电站端发送动作执行命令。遥控执行后，变电站计算机监控系统发送开关变位信息，主站端在规定时间内收到该遥控对象的变位信号，则显示遥控成功，否则显示遥控失败。

装置遥控主板的执行过程电路图如图 5-16 所示，由并行口、驱动电路、遥控对象继电器（K1～K8）、2 个遥控性质 继电器（KFZ、KHZ）、1 个遥控执行继电器（KZX）构成。

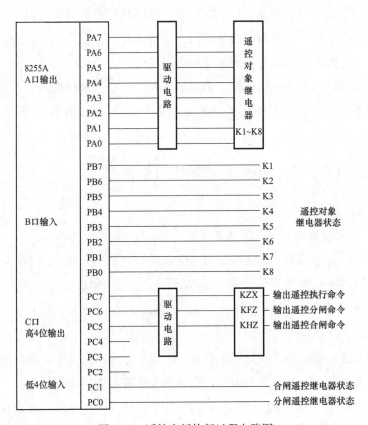

图 5-16　遥控主板执行过程电路图

收到遥控预置命令后，并行接口（PA0～PA7）将某一遥控点经驱动电路输出，以驱动相应遥控对象继电器（K1～K8）的线圈得电而使其动作。每个遥控对象继电器有 3 对常开触点，其中 2 对用于控制对象（分、合各 1 对），另 1 对用于返送校核。遥控对象继电器的状态被送到并行接口的输入口（PB0～PB7），通过其状态就可了解到遥控对象继电器的动作情况；同时，并行接口（PC6～PC5）将操作性质（分闸、合闸）进行输出，驱动相应遥控性质继电器（KFZ、KHZ）动作。同样，遥控性质继电器（KFZ、

KHZ)的状态也被送到并行接口的输入口(PCO～PC1),其状态反映出分闸和合闸性质继电器的动作情况。

收到遥控执行命令后,并行接口(PC7)通过驱动电路 驱动执行继电器(KZX)动作。测控装置遥控主板遥控对象继电器(K1～K8)、遥控性质继电器(KFZ、KHZ)及遥控执行继电器 KZX 并不直接控制断路器分、合闸回路,而是接入遥控出口板,由遥控出口板输出信号控制断路器的分、合闸操作,如图 5-17 所示。

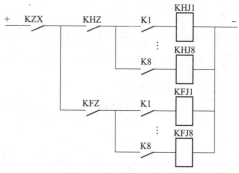

图 5-17 遥控出口板示意图

运检人员联合厂家对装置遥控出口主板进行测试,发现遥控主板遥控执行驱动电路故障导致执行继电器(KZX)始终处于得电状态,遥控出口板 KZX 接点处于闭合状态,只要收到遥控预置命令就会导致遥控出口;且遥控主板返送校核及自检时,未对遥控执行继电器状态进行检测,未能及时发现此类缺陷。

(三)后续建议

遥控再次确认权缺失,遥控预置后就无法撤消,若遥控预置后遥控对象错误将直接导致遥控误操作。因此需要可从测控装置硬件、软件等方面进行完善,以确保遥控预置命令不会直接引起遥控出口。

1. 测控装置硬件完善

(1)增加遥控执行继电器状态检测。将遥控执行继电 器状态接入并行接口的输入口(PC2),其状态反映遥控执行继电器的动作情况。

(2)将遥控主板遥控预置电源与遥控执行电源分离。将遥控执行继电器电源独立出来,收到遥控预置命令后对象继电器、性质继电器上电,收到遥控执行命令后遥控执行继电器才上电,从而确保遥控预置和执行过程的独立。

2. 测控装置软件完善

(1)遥控主板自检完善。将遥控执行继电器状态检测纳入自检范围,在非遥控期间,执行继电器接点处于闭合状态则发出装置异常信号,点亮故障指示灯,以便运维人员及时发现。

(2)遥控返校完善。测控装置收到遥控预置命令后,应先检查输出执行电路(对象、性质、执行继电器)没有接点处于闭合状态,尤其是执行继电器接点不能处于闭合状态;然后将接收的遥控预置命令输出,驱动相应的对象、性质继电器动作;接着采集对象、性质继电器的接点动作情况,若正确则返回遥控返校成功报文。

十一、测控同期合闸超时分析

（一）现象描述

某变电站值班人员对 220kV 开关进行同期合闸时，多次发现该间隔测控装置无法执行同期合闸命令，上传"同期超时"信息，遥控操作失败。

（二）原因分析

同期合闸对断路器两端电气量、同期软件控制的时间和同期检测整定值有一定的要求。

（1）断路器两端电气量要求在变电站监控系统中，同期检测功能包含在每个测控装置中，每条母线的电压及线路电压都被固定接入到间隔单元中。在检测期间，当同期断路器两侧的电压差、相位角差与频率差值保持在整定范围之内时，同期功能处于允许合闸状态。一旦实测值大于整定值，测控装置自动闭锁出口，并返回后台同期不满足的提示。测控装置还具备检测无压自动合闸的功能，当其检测到任一侧电压或两侧电压均无压并且两侧的电压互感器（TV）二次开关均为合位时，实现检无压快速并网。

（2）同期软件控制的时间要求测控装置包含数据采集软件 DSP 和同期软件。DSP将实时数据写入缓存，每个实时数据都带有时标，同期软件则从缓存中读出数据，进行同期合闸条件判断。同期软件在进行控制时有一个时间窗口，如果断路器准备执行合闸操作时的当前时间与 DSP 采集数据的时标之间的差值大于这个时间窗口，就会取消合闸操作。在断路器两端有压、断路器合闸电气条件满足时，该时间窗口大约为 80ms。在断路器两端无压或一端有压、一端无压时，软件的合闸控制不判这个时间窗口。

（3）同期检测整定值断路器两端均有压（大于 90％额定电压）时，同期合闸的条件为电压差不大于 10％额定电压，相角差不大于 10°，频率差不大于 0.5Hz，测控装置执行合闸操作时的当前时间与 DSP 采集数据的时标之间的差值不大于 80ms。

运检人员查阅了该变电站故障间隔测控装置相关两个网络的通信报文以及测控装置的运行信息。结果发现：2 月 28～29 日同期合闸操作发生故障，28 日 DSP 采集数据的时标与同期软件读取时的时间之间的差值为 85ms，29 日 DSP 采集数据的时标与同期软件读取时的时间之间的差值为 105ms；两次记录相差 20ms。进一步对这两天记录网络报文进行分析，发现网络上的后台广播经常有大量的 ARP 报文，特别在 28 日 23：26 左右的 10s 时段中，A 网和 B 网同时有 369 个和 336 个网络报文，其中超过 300 个是全网广播的 ARP 报文。分析认为过多的网络广播 ARP 报文集中发送，导致测控装置在处理DSP 采集数据时发生处理顺序的异常，引起了 DSP 采集数据错误。这种现象累积多次后，同期软件在控制断路器时就会不满足时间窗口的要求，导致大于 80ms 误差，同期合闸失败。

另外，当测控装置的 IRIG-B 码存在大量高波特率乱码，如不采取滤波措施，测控装置性能会受到影响，导致时间记录差错。分析认为，造成该变电站站同期控制超时的主要原因是 IRIG-B 码对时口中存在大量高波特率乱码影响了检测性能，造成时间记录异常；DSP 数据采集软件也有陷，在网络存在大量 ARP 协议包的情况下，造成同期软件控制断路器时不能满足时间窗口要求。

（三）后续建议

为了防止类似事故的再次发生，采取有针对性的整改措施。首先要减少高波特率乱码的干扰，为此决定在测控装置的对时口上增设滤波装置。其次对测控装置的 DSP 数据采集软件进行升级，确保在断路器两端有压并满足同期条件时，不会出现"同期超时"。

在试验和验证的过程中，对测控装置软件进行的修改后，特别注意对遥信、遥测、遥控、联闭锁等功能进行验证，以确认不影响该间隔测控的基本功能及性能。试验中现场做好安全措施，注意确保运行设备的电流二次回路不得开路，电压二次回路不得短路。试验过程中，运行回路的遥控电源应断开，遥控出口压板应取下，防止误出口。

十二、变电站测控装置缺陷导致遥信变位信息无法上传

（一）现象描述

××××年××月××日，对某 220kV 变电站进行日常巡视时，发现测控装置没有如实反映所接入硬接点由分到合的变化，造成该硬接点对应的信号无法动作。运检人员经过试验、排查和统计，发现此种故障遥信点的数目约占该测控装置遥信点总数的 10%，而且该站的全部测控装置皆存在上述问题。

（二）原因分析

变电站综合自动化系统测控装置具有独立的遥信采集模块，但一般没有独立的遥信采集 CPU，遥信状态量经数据总线由测控装置主板 CPU 轮询采集，遥信模块上基本是遥信采集回路。遥信回路的主要设计思路：通过外部接点的分与合，控制遥信回路中的发光二极管导通或关闭，使遥信板内部光敏三极管集电极处于高电平和低电平，从而实现测控装置对外部接点状态的采集。其中，采用光电耦合隔离的措施是为了保护遥信回路不受外部干扰。通常在电路中还会有其他保护电路的元件。该变电站遥信采集回路电路如图 5-18 所示。

图中＋KM 和-KM 为遥信电源，D1 为钳位型二极管，S1 为需采集位置的外部接点，D2 为发光二极管，D3 为光敏三极管。当外部接点 S1 断开时，D2 中无电流通过，D3 集电极①为高电平，代表 S1 的遥信状态为"分"；当外部接点 S1 闭合时，D2 导通，D3 集电极①为低电平，代表 S1 的遥信状态为"合"。其中 D1 是电路保护器件，它的主要特

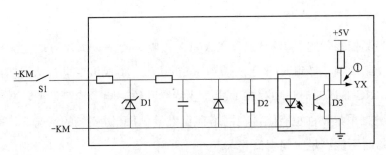

图 5-18　遥信采集回路电路

点是在反向应用条件下，当承受一个高能量的大脉冲时，其工作阻抗立即降至极低的导通值，允许大电流通过，同时把电压钳制在预定水平，从而保护电路。

当时检查遥信模块各元件性能后发现，故障是由于钳位二极管 D1 反向击穿而一直处于导通状态，失去钳位作用，导致无论外部接点 S1 处于任何状态，点①都一直处于高电平状态，代表遥信位置为"分"，使测控装置无法正确采集外部接点的正确状态。

这种测控装置的遥信采集模块没有对模块上各元件的性能进行监视的措施和机制，导致模块中元器件故障时测控装置也不能向外发出告警，存在极大隐患。该测控装置的遥信采集模块是存在设计缺陷的。

变电站综自系统所采集的遥信量大部分为预告和事故信号，如保护装置故障和保护动作信号等，平时一直处于分的状态。若监控系统漏发此类信号，会直接影响调度监控员对变电站的监控，影响变电站的安全运行。此类故障非全面定检不能发现。而长期处于"合"状态的遥信都是开关和刀闸遥信，即使自动化系统不能正确采集开关位置由合变分的变化，调度监控员也能通过告警信号和遥测量等其他手段来发现。因此，运检人员将解决问题的重点定位为：采取措施，发现原处于"分"状态遥信点的遥信回路元器件故障，向调度值班员发出提示。

（三）后续建议

设计一种更合理的遥信回路，如图 5-19 所示，使得遥信采集回路故障时，原处于"分"状态的遥信变为"合"。

当外部接点 S1 断开时，D2 导通，D3 集电极①为低电平，代表 S1 的遥信状态为"分"；当外部接点 S1 闭合时，D2 中没有电流通过，D3 集电极①为高电平，代表 S1 的遥信状态为"合"。此处的合、分与图 1 中的电路定义相反。

当 D1 损坏，反向导通时，如 S1 原处于断开状态，则因为 D1 故障导通，导致 D2 由导通变为没有电流通过，点①由原来的低电平变为高电平。在监控系统中会发现此遥信由分变合，并发出变位告警提示调度监控员，因而满足要求

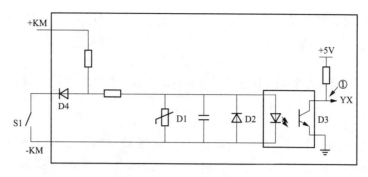

图 5-19 改进后的遥信回路

第四节 交换机相关案例

一、交换机故障引起多个间隔频繁通信中断

（一）现象描述

220kV MT 变：TY3215、TJ3216、TS3219、TT3220 线，♯1 电容器，♯4 电容器间隔 OPEN3000 及现场后台频繁报测控装置通信中断、复归信号及手车分合闸报文，现场保测装置检查无异常。

（二）原因分析

继保室站控层 2 台交换机、35kV 开关室 2 台交换机老旧故障引起 35kV 多个间隔频繁报通信中断。

（三）故障处置

（1）继保室交换机屏的 A、B 网信息分别由♯1 交换机光口，♯2 交换机光口通过光纤送入二楼通信室交换机屏，35kV 所有间隔由于在 35kV 开关室内，通过 35kV 开关室交换机（♯1 交换机为 A 网、♯2 交换机为 B 网）上光口直接光纤送至二楼通信室交换机屏，经过检查发现继保室交换机屏上♯1、♯2 交换机和 35kV 开关室内♯1、♯2 交换机是老旧交换机，猜测由于老旧交换机负荷过重引起，另外由于没有适用的交换机备品，因此决定继保室交换机屏上♯1，♯2 交换机迁移部分负荷到♯3、♯4 交换机上，看通信情况是否有改善。通过观察，发现通信情况确实有改善，但是依然会发生通信中断。

（2）MT 变 4 台交换机备品到达，决定更换继保室交换机屏上♯1、♯2 交换机和 35kV 开关室内♯1、♯2 交换机共 4 台交换机，更换结束后当天晚上，发生 35kV 以为部分间隔 A 网发生通信中断，中间会短时恢复通信。到达现场后，经过检查，发现发生 A 网通信中断的间隔为♯3 交换机上的带的间隔，因此判定由于继保室交换机屏上♯1、

♯3 之间级连网线故障引起，更换级连网线后 A 网通信中断的间隔通信全部恢复之后经过数天观察，没有发生通信中断

二、交换机异常引起部分 10kV 间隔 Open3000 通信中断

（一）现象描述

110kV XX 变 10 千伏Ⅰ段、Ⅱ段间隔通信频繁中断，Ⅰ段Ⅰ母线上 XZF271、YJDF272，Ⅱ段大部分间隔（GM205、TY265、♯2 补偿变除外）通信中断。

（二）原因分析

由于多个间隔通信频繁中断，基本排除保测装置异常，之前运行人员重启交换机通信会恢复正常，初步判断为交换机故障导致。

（三）故障处置

运检人员到现场检查发现，10kVⅠ段大部分线路如 GY266 线有 A、B 网，10kVⅡ段 GM205、TY265、♯2 补偿变有 A、B 网，而发生通信中断的间隔 10kVⅠ段上 XZF271、YJD F272 只有 A 网，10kVⅡ段大部分间隔只有 A 网，后台显示通信未中断间隔 A 网中断 B 网正常，由此可以判断出Ⅱ号 A 网交换机故障。

随后更换Ⅱ号 A 网交换机，将网线、光纤及电源线正确插好，合上电源空开启动交换机。

启动完毕后，观察一段时间发现通信恢复正常。

第五节　同步对时相关案例

同步对时装置损坏引起现场后台多个光字亮

（一）现象描述

110kV XX 变 OPEN3000 报♯1、♯2 主变的第一套和第二套保护 SV 总告警、保护对时异常、合并单元对时异常、智能终端对时异常；全站独立测控装置异常光字亮；现场检查♯1 时间同步装置 RUN 指示灯不亮，重启无效，♯2 时间同步装置 STA 灯亮，显示地面链路时码 1 中断告警；全站独立测控装置同步丢失灯亮；♯1 主变两套保护异常告警灯亮，开入接收告警中同步信号丢失显示 1，♯2 主变两套保护异常告警灯亮，开入接收告警中同步信号丢失显示 1。

（二）原因分析

现场检查♯1 同步对时装置电源输入正常，电源模块插件的"TS/WS"灯不亮，如图 5-20 所示。以 9、8、7、6 的顺序逐个拔出负载模块插件，当拔出 6 插件时，电源模

块"TS/WS"灯亮起，判断电源模块插件年久老化带不动负载。♯2 时间同步装置，根据面板告警，判断装置主控模块（PW240）内晶振损坏。因此本次告警原因为♯1 时间同步装置电源模块损坏、♯2 时间同步装置主控模块故障，造成全站基于对时的装置均发生告警。

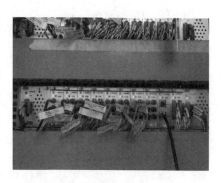

图 5-20　同步时间装置插件

（三）故障处置

更换♯1 时间同步装置电源模块 M7481（10）后，更换♯2 时间同步装置主控模块，装置正常工作，相关装置对时异常恢复。

第六节　二次回路相关案例

一、远动遥控回路中存在寄生回路造成直流接地假象

（一）现象描述

110kV 某变电站投产以后，该站监控后台发出直流系统绝缘降低的信号，运检人员随即对该站直流系统接地点进行查找。运检人员将直流系统所接回路按照先装置后操作回路的顺序进行一一拉合，最后发现拉开至远动主机屏的直流电源后，发出直流系统负接地信号，合上该回路直流空开后，发出直流系统绝缘降低信号。

远动主机屏有两路电源，一路直流电源，另一路交流电源。交流电源由所用电提供，直流电源由站用直流系统提供。远动主机屏的交直流切换装置将交流电转换成直流电，供远动主机屏和其他测控屏使用。直流电源作远动主机屏的备用电源，当交流失电时实现自动切换。

根据以上现象，初步判断直流系统绝缘降低信号与至远动主机屏的直流电源回路有关。

运检人员对远动主机屏的直流电源回路进行进一步的拉合检查。拉开远动主机屏的交流电源（此时由直流电源进行供电），发现直流系统负极接地的信号复归，直流系统正常工作。

（二）原因分析

运检人员根据上述现象，初步判断是远动主机屏的交直流切换装置整流得到的 220V 直流电影响了站用直流系统，两者之间可能存在寄生回路。有关人员开始检查远动主机屏与站用直流系统有联系的直流回路，发现除了直流电源回路，遥控回路上也与

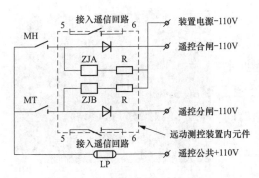

图 5-21　远动测控相关的遥控回路

之存在电气上的连接。

如图 5-21 所示，装置电源为远动测控装置提供的直流电源，遥控合闸/分闸回路的电源为断路器的操作电源。LP 为遥控压板，MH/MT 接点取自远动测控装置的遥控板，分别串入遥控合闸回路和遥控分闸回路中。遥控继电器 ZJA/ZJB 的启动电压为 DC60－220V，ZJA/ZJB 的一对常开触点 5、6 接入遥信回路。当 ZJA/ZJB 动作时，发遥控动作出口信号。ZJA/ZJB 线圈的一端接在遥控合闸/分闸出口回路中，另一端通过电阻 R 接至装置负电－110V 端。

遥控操作时，MH/MT 触点闭合，遥控回路导通，遥控公共端＋110V 电压通过 MH/MT 触点导通至 ZJA/ZJB 线圈的一端，ZJA/ZJB 线圈和电阻 R 的两端电压差达到 220V，ZJA/ZJB 动作，常开触点 5、6 闭合，遥信回路导通，发出遥控继电器动作出口信号。

但是，未进行遥控操作时，装置负电－110V 电压通过电阻 R、ZJA/ZJB 线圈和二极管串入了遥控合闸/分闸回路中。正常运行时，远动测控的装置电源取自交直流切换装置的整流模块，与操作电源相互独立。遥控回路中的两个直流电源出现交叉，相互产生影响。

直流系统绝缘监测装置的原理示意图如图 5-22 所示。图中，XJ 代表信号继电器，电阻 $R+$、$R-$ 是直流母线对地的绝缘电阻，电阻 R_1、R_2 是绝缘装置的监测用电阻，其与电阻 $R+$、$R-$ 构成电桥。直流母线绝缘良好时，$R_1=R_2$，$R+=R-$，电桥处于平衡状态，XJ 线圈中无电流流过。当直流母线绝缘降低时，

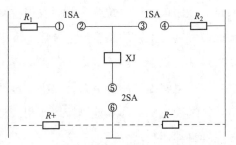

图 5-22　直流系统绝缘监测装置的原理示意图

$R_i=R_2$，$R+\neq R-$，电桥失去平衡，XJ 线圈中有电流流过。当绝缘电阻降低到 $20k\Omega$ 以下时，流过 XJ 线圈的电流足够大，信号继电器 XJ 动作，其触点闭合，发出直流系统绝缘降低信号或直流系统接地信号。

当一个负载的两端分别接在两个直流系统的负极时，即图 5-21 中所示情况，遥控合闸/分闸端－110V 和装置负电－110V 通过二极管、遥控继电器 ZJA/ZJB 线圈和电阻 R 产生电气联系，简化示意图如图 5-23 所示。

图 5-23 中，两个直流母线负极来自不同的直流系统，天然存在电压差，所以电流会从电位高的一段直流母线负极流向电位低的另一段直流母线负极。电流流经直流绝缘监

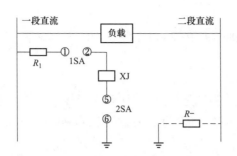

图 5-23 寄生回路对直流系统绝缘监测装置的影响

测装置、接地点和图中所示二段直流母线负极对地电阻 $R-$。如果流过信号继电器 XJ 线圈的电流足够大,XJ 动作,发出直流系统绝缘降低或直流系统负接地信号。这也可以解释:当拉开远动主机屏的交流电源空开即转由直流电源供电时,由于装置电源和操作电源来自同一段站用直流母线,因而不会发出上述信号。

(三)故障处置

由上述分析可知,需要将两个直流电源独立使用,解除彼此之间的电气连接。综合考虑继电器 ZJA/ZJB 线圈和断路器分合闸线圈的阻值和启动电压,设计一种双层启动的方案,具体如图 5-24 所示。

第一层:将图 5-21 中遥控合闸/分闸回路的二极管和电阻去掉,将遥控继电器 ZJA/ZJB 线圈的一端接至装置电源－110V 端,另一端经过 MH/MT 触点接至装置电源＋110V 端;第二层:将 ZJA/ZJB 的另一对常开触点 3、4 串入遥控回路中。这样一来,当测控装置的 MH/MT 触点闭合时,继电器 ZJA/ZJB 励磁,常开触点 3、4 和 5、6 闭合,分别使分合闸线圈励磁以及发出遥信。

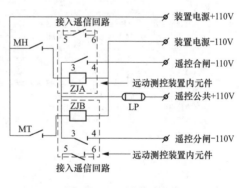

图 5-24 双层启动方案

这样一来,既实现了原有设计功能,又将装置电源和操作电源实现了分离。

(四)后续建议

自动化系统应保证远动遥控回路均采用无源节点,且与其他电源回路不能有任何电气上的连接。在今后新投变电站中,运检人员一方面在前期要加强对变电站设计图和自动化监控系统原理图的审查,另一方面在投产前排查各种异常光字出现的原因,做到应消尽消。尽量做到将隐患消除在设备安装调试初期,从而提升运行设备的本质安全水平。

二、主变高压侧闸刀遥控合闸不成功

（一）现象描述

某 110kV 变电站冲击投产，在送电操作至主变高压侧闸刀时，发现主变高压侧智能汇控柜中联锁/解锁把手在联锁状态下，主变高压侧闸刀合闸操作不成功。

（二）原因分析

由变电运检人员联合施工单位调试人员与后台厂家人员共同进行检查处理。

首先，调阅后台监控系统和主变本体测控装置 SOE 报文，发现遥控合闸命名已正确下发并执行，排除监控系统配置错误的可能。

接着，查看主变高压侧闸刀操作回路，发现实际二次接线与设计图纸一致，且接线正确无误。

检查 SCD 配置文件，发现测控至智能终端关于闸刀遥控"联锁"虚回路未按照设计虚端子表进行配置。如图 5-25 中，遥控对象 2 是主变高压侧闸刀。

	外部信号	外部信号描述	接收端口	内部信号	内部信号描述
1	CT1101PIGO/CSWI2.OpOpn.general	#1主变高压及本体侧测控/对象02分出		RPIT/GOINGGIO1.SPCSO2.stVal	分刀闸1
2	CT1101PIGO/CSWI2.OpCls.general	#1主变高压及本体侧测控/对象02合出		RPIT/GOINGGIO1.SPCSO3.stVal	合刀闸1
3	CT1101PIGO/CSWI3.OpOpn.general	#1主变高压及本体侧测控/对象03分出		RPIT/GOINGGIO1.SPCSO5.stVal	分刀闸2
4	CT1101PIGO/CSWI3.OpCls.general	#1主变高压及本体侧测控/对象03合出		RPIT/GOINGGIO1.SPCSO6.stVal	合刀闸2
5	CT1101PIGO/CSWI4.OpOpn.general	#1主变高压及本体侧测控/对象04分出		RPIT/GOINGGIO1.SPCSO8.stVal	分刀闸3
6	CT1101PIGO/CSWI4.OpCls.general	#1主变高压及本体侧测控/对象04合出		RPIT/GOINGGIO1.SPCSO9.stVal	合刀闸3
7	CT1101PIGO/GOATCC1.OpHi.stVal	#1主变高压及本体侧测控/调压升出		RPIT/GOINGGIO1.SPCSO14.stVal	升档位
8	CT1101PIGO/GOATCC1.OpLo.stVal	#1主变高压及本体侧测控/调压降出		RPIT/GOINGGIO1.SPCSO15.stVal	降档位
9	CT1101PIGO/GOATCC1.OpStop.stVal	#1主变高压及本体侧测控/调压急停出		RPIT/GOINGGIO1.SPCSO16.stVal	急停
10	CT1101PIGO/GOGGIO1.SPCSO1.stVal	#1主变高压及本体侧测控/复归1开出		RPIT/GOINGGIO1.SPCSO1.stVal	远方复归

图 5-25　SCD 中主变本体智能终端 GOOSE 虚端子连接图

如图 5-26 所示，主变高压侧闸刀操作回路中串接了智能终端"联锁"硬接点（而测控至智能终端的"联锁"GOOSE 虚回路未配置，因此联锁状态下，遥控操作时会因无"联锁"GOOSE 虚回路而使智能终端无法接收测控下发的"联锁"信息，导致智能终端

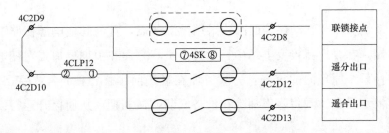

图 5-26　智能终端遥控出口原理图

"联锁"硬接点无法开出，进而导致闸刀遥控操作回路无法完整导通，最终造成主变高压侧闸刀遥控不成功。

（三）故障处置

（1）根据设计虚端子表，由监控系统厂家增加 SCD 文件中主变本体测控至智能终端的"联锁"GOOSE 虚回路；完善相关测控五防逻辑。

（2）将变更后的新版 SCD 重新进行入网检测，确认无误后应用于现场。

（3）检测新版 SCD 合格，对测控及智能终端重新进行实例化配置及配置文件下载。

（4）对所有110kV 间隔设备进行间隔层和现场电气联锁/解锁状态下五防遥控操作试验（包括五防正逻辑、反逻辑），并校验正确。

（四）后续建议

（1）本次事件的直接原因是调试人员对电气设备的操作控制回路缺乏正确的认识，尤其对智能变电站 SCD 现场掌控力不强，各级五防逻辑闭锁和电气闭锁调试不规范，故需规范遥控操作、闭锁逻辑试验流程，尤其是确保在正/反逻辑、联锁/解锁各种工况下均应调试到位。

（2）组织开展工程建设质量自检、巡检，加强各专业技术监督和过程管控，规范化开展输变电工程三级验收管理。

（3）加强工程施工管控力度，要求工程管理人员加强工程施工过程化管理，提升在图纸审查、工艺质量、隐蔽工序、缺陷排查、技术变更等各环节上的掌控力。

（4）工程投运前，施工单位应配合运行人员，对全站一、二次设备及监控系统做全面检查，尤其确保设备可操作、状态无误、无异常告警等。

三、一起通信中断事件分析

（一）现象描述

2007 年7月6日，某500kV 变电站上空出现雷雨天气，两条220线路共六套保护与监控系统的通信中断，经分析确认 RS-232/RS-485 转换器损坏。

2007 年12月21日，上述一条220线路投产一周年首检。后台监控系统发现不能接收保护的动作及告警信息，但后台监控系统显示保护装置的通信状况正常，没有发出通信中断的告警信号。在监控系统前置机检查通信进程发现，与这两条220线的保护通信进程已中断，原因是长期收到带有误码的报文，无法进行解释转换，因此程序中断该进程。

（二）原因分析

首先断开前置机柜的 RS-232 端口与保护装置 RS-485 总线网络的连接，分别按照

图 5-27 中的 4 个测试点进行测试，通过多次测试及提取部分数据进行分析，得到表 5-2 中数据。

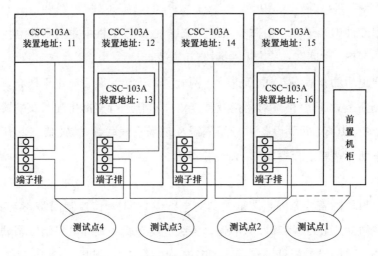

图 5-27　通信外围接线及测试点选择

表 5-2 　　　　　　　　　　　　　　**测 试 点 通 信 数 据**

测试点	测试点 1	测试点 2	测试点 3	测试点 4
结果	发送 42 帧询 问收到 16 帧 应答丢 26 帧	发送 42 帧询 问收到 32 帧 应答丢 10 帧	发送 42 帧询 问收到 34 帧 应答丢 8 帧	发送 42 帧询 问收到 37 帧 应答丢 5 帧

根据表 5-2 数据分析，判断 RS-485 总线网络的传输距离越长，问答丢帧的情况就越严重，特别是应答报文的速度较慢，因此可以判断 RS-485 网络通信处于不稳定的状况，网络受干扰情况比较严重。

运检人员检查 RS-485 网线的布线及接线方式情况分析，发现 RS-485 网线没有将屏蔽层两端接地，也没有将网线与强电电缆分开敷设。四方保护屏内 RS-485 网络采用星型结构。现场使用的 RS-485 网线既不统一型号，也不规范规格。查阅施工记录及图纸资料，发现 RS-485 网络总线没有任何特性测试记录及布线图纸。结合这一起通信中断的特点分析，初步可以判断这是受网络共模干扰及产生反弹信号，造成严重影响通信质量。

（三）后续建议

针对网络共模干扰，现场利用 RS-485 通信线的屏蔽层，并用 2.5mm 多股导线焊接好，接入保护屏或通信柜的地网铜排上。这样的接线方式，就相当于用屏蔽线将所有保护装置、测控单元等网络设备连接在一起可靠地接入变电站地网，可以避免设备之间存在影响通信的电势差。并且，将 RS-485 通信线在电缆层的走向进行调整，尽量沿地网敷设，避免与控制电缆并行或交叉。尽可能地减少强电场产生的共模干扰。

针对电磁、静电干扰，可以采用隔离或旁路的方法加以防护。目前应用在保护测控装置上的 RS-485 芯片，通过在内部集成 TVS 瞬变电压抑制二极管的办法防过电压瞬变，其作用原理是当管子两端经受瞬态能量冲击时，能极快地将其两端的阻抗降低，通过将能量吸收，将其两端间的电压箝制在其标称值上，保护后端的元件。

针对雷击过电压，可以采用 SPD（浪涌保护器，常称避雷器防雷器），主要防护原理是采用了浪涌抑制器。

四、35kV XX 变 10kV XY 线遥测异常

（一）现象描述

××××年 8 月 13 日，自动化运维值班人员巡视时，发现 8 月 12 日电量报表 35kV XX 变 10kV 母线不平衡，与 open3000 对照检查发现实时数据也不平衡且 10kV XY 线 08 月 12 日积分有跳变，判断为 10kV XY 线有功遥测数据和电能表数据同时异常。

（二）原因分析

自动化值班人员通知运维检修人员和营销人员到现场检查，检修人员经过检查发现电表和测控用的是同一个计量电流回路，通过仪器检查发现计量回路 C 相相位与保护回路 C 相相位不一致，确定为二次回路或者测控装置和计量表计问题，导致有功遥测数据和电表数据同时异常。

（三）故障处置

对电表侧计量回路进行短接发现现象未变化，排除计量电表回路问题。对测控侧计量回路进行短接发现计量回路 C 相相位恢复正常，确定是测控装置及回路有问题，检修人员更换测控装置后未恢复正常，进一步对端子进行检查发现计量回路连接片存在放电现象，导致相位不一致，对连接点进行处理后恢复数据恢复正常。

五、35kV YF 变 35kVⅡ段母线 B 相电压异常

（一）现象描述

2022 年 10 月 26 日，35kV XX 变 35kV ZY 线、JY 线处于并列运行，35kV 母分开关处于合位，35kV 电压并列装置打至自动。改分列运行时，拉开 35kV 母分开关，35kVⅡ段母线 B 相电压异常。

（二）原因分析

如图 5-28 所示，35kV 电压并列装置处于"自动"模式，此时 35kV 电压并列装置实际处于分列运行，35kVⅡ段母线电压应为 JY3963 线路电压。由于本并列装置之前已发生过一次触电烧坏故障，怀疑本次为同一问题。

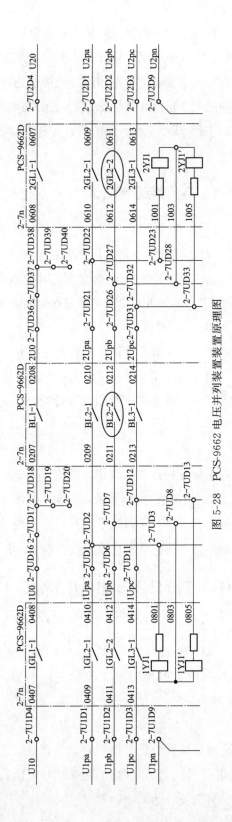

图 5-28 PCS-9662 电压并列装置装置原理图

（三）故障处置

经现场测量 BL2-2 接点导通，GL2-2 辅助触点断开，确认 BL2-2 辅助触点黏连、2GL2-2 辅助触点烧坏断开。造成 35kVⅡ段母线 B 相电压异常。更换 35kV 电压并列装置背后 02 板、06 板后电压显示恢复正常。

（四）后续建议

此装置已发生两次同样问题，建议厂家对本批次本型号装置开展排查。在继电器、辅助触点选型时加强试验，确保继电器及相关辅助触点能承受一定裕度的额定电压，保证动作正确可靠。

六、XX 变误报间隔事故总信号

（一）现象描述

XX 变 35kV ♯3 电抗器控分时报开关间隔事故总信号，影响设备监控，设备外观无异常。

（二）原因分析

初步检查分析，该间隔事故总信号由于电抗器保测装置 TWJ 和 KKJ 配合不当引起。间隔事故总信号由开关 TWJ 和 KKJ 串联而成，当两个继电器均为 1 时，事故总动作。当开关控分时，TWJ 变位速度大于 KKJ 变位速度，存在短时的 TWJ 与 KKJ 均为 1 的情况。该缺陷一般可通过 XX 遥信防抖时间消除，但现场保测装置不支持修改遥信防抖时间。

（三）故障处置

该站同型号其他间隔保测装置无该缺陷，可能是该间隔 KKJ 继电器粘连引起变位变慢，最后通过更换保测装置操作板消除该缺陷。

七、网线头损坏引起远动装置通信中断

（一）现象描述

110kV XX 变：OPEN3000 显示 104B 通道通信中断，现场检查远动机 B 通信服务中断，如图 5-29 所示。

（二）原因分析

现场重启远动机 B 后，通信仍然无法通上。观察远动装置网线，发现网线灯不闪烁。判断两个原因：一是网线损坏；二是站控层交换机损坏。现场检查站控层交换机运行正常，且至远动机 B 的网线网口正常。判断可能是远动机 B 网线损坏。

（三）故障处置

远动机 B 更换网线接头，重启远动机后通信数据恢复正常。

八、220kV XX 变 HQ 线测控后台无 SOE 报文

（一）现象描述

4 月 12 日，运检人员在 220kV XX 变进行 HQ 线、HJ 线保护改造二次不停电配合工作，在测控屏与后台进行信号核对时，发现后台 HJ 线相关报文只有遥信变位信息，没有 SOE 信息。

（二）原因分析

将同一测控屏的 HQ 线测控装置与后台进行信号核对，发现后台遥信变位与 SOE 信息完整正确，符合要求。因此，分析可能是开入插件板损坏。

（三）故障处置

更换 HJ 线测控装置的开入板 DIM，如图 5-29 所示，与后台进行信号核对，发现后台遥信变位与 SOE 信息均完整正确，符合要求。

图 5-29　HJ4Q28 线测控装置背板

九、220kV XX 变部分自动化装置电源未双重化配置

（一）现象描述

202× 年 4 月 26 日，检修人员在 220kV XX 变对自动化设备进行验收时，发现综合应用服务器柜的两组交流供电电源均取自 ♯1UPS 电源屏（见图 5-30），Ⅱ/Ⅲ/Ⅳ区数据通信网关机柜的两组交流供电电源均取自 ♯2UPS 电源屏（见图 5-31），未按要求实现供电电源的双重化。当 ♯1UPS 电源屏发生故障时，综合应用服务器柜内的综合应用服务器、正向隔离装置、反向隔离装置、防火墙将失电。同理，当 ♯2UPS 电源屏发生故障时，Ⅱ/Ⅲ/Ⅳ区数据通信网关机柜内的Ⅲ/Ⅳ区数据通信网关机将失电。以上自动化设备失电，将造成网络安全防护不到位的安全风险。

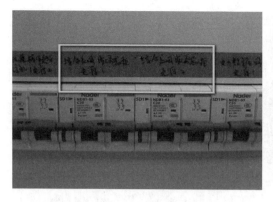
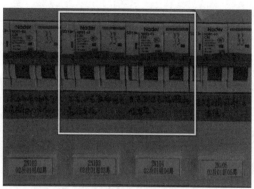

图 5-30 综合应用服务器柜的两组交流
供电电源均取自♯1UPS电源屏

图 5-31 Ⅱ/Ⅲ/Ⅳ区数据通信网关机柜的两组
交流供电电源均取自♯2UPS电源屏

（二）故障处置

根据 2021 年 11 月 8 日《国网××供电公司变电站逆变电源专项分析会会议纪要》第 4 条"单套配置的自动化设备如具备双电源模块则应分别接入两套逆变电源"。因此，以上两屏内的相关装置的两组交流供电电源应分别由♯1UPS电源屏和♯2UPS电源屏供电。

现场即刻督促基建单位按照 UPS 电源双重化配置要求进行整改，有效解决相关自动化设备失电隐患问题，及时消除设备重大隐患。

十、110kV XX 变 1♯主变遥信电源混接隐患

（一）现象描述

202×年 03 月 29 日，变电二次检修人员在 110kV XX 变♯1 主变保护间隔进行二次设备校验时，发现高压侧测控直流电源空开 1DK、低压侧测控直流电源空开 2DK 和本体测控直流电源空开 3DK 断开时，相应遥信回路依然有电。

（二）原因分析

经检查发现，位于保护屏的差动电源消失（高后备电源消失）、低后备电源消失和本体保护电源消失的遥信公共端短接。差动电源消失（高后备电源消失）的遥信公共端 1801，低后备电源消失的遥信公共端 2801 和本体保护电源消失的遥信公共端 3801 应该各自独立。

原理图如图 5-32 所示，差动电源消失（高后备电源消失）的遥信公共端 1801 从测控屏的测控空开 1DK 和 1D23 引入，经 6D67（6D69）进保护装置。低后备电源消失和本体保护电源消失情况类似。按照规范，遥信电源公共端应该相互独立。实际情况是以上 3 个遥信公共端 1801、2801 和 3801 短接，见图 5-32 的短接线 1 和短接线 2。当拉开

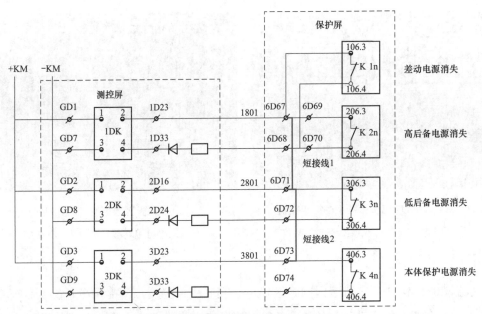

图 5-32 电源消失遥信回路原理图

图 5-33 遥信回路公共端端子排接线

测控直流电源空开 1DK、2DK 和 3DK 其中一个或者两个时，相应的遥信回路依然有电。因此需要拆除图 5-32 中的短接线 1 和短接线 2，使其遥信回路各自独立。

实际端子排接线见图 5-33，从图中可以清楚地看出，1801、2801、3801 所在的端子 6D67（6D69），6D71 和 6D73 短接起来了。

（三）故障处置

二次检修人员将 1801（6D67、6D69）与 2801（6D71）、3801（6D73）之间的短接线拆除。如图 5-34 所示，除 6D67 与 6D69 之

图 5-34 改正后的遥信公共端端子排

间的短接线之外，其余短接线皆拆除后，缺陷得以消除。

第七节　其他自动化设备相关案例

一、某 220kV 变电站 ERTU 装置工作引起网安报警

（一）现象描述

某厂家人员开展某 220kV 变电站 ERTU 电能量采集（设备型号为 ERTU-3000A，设备采用以太网 102 规约和调度后台进行通信）电量信息无法消缺工作时，纵向加密装置告警，告警内容为地调该 220kV 变电站 ERTU 电能量采集装置正在扫描另一地址的（5355）端口，被该 220kV 变电站纵向拦截。

（二）原因分析

技术服务人员在结束 ERTU 装置消缺工作后，违反网络安全规定工作流程错误，在没有拔掉前端维护口与调试电脑连接的网线的情况下就恢复了 eth0 网口的省调电力数据网线通信以及 eth6 网口的地调电力数据网通信，因 ERTU-3000A 型号电能量采集装置后端网络口与前端维护口的网络交换原理，后端 eth0-5 网口与前端维护口是连通的网口，导致了网络安全监测平台警告。

（三）故障处置

对该变电站 ERTU 装置进行全面排查，升级设备安全配置，后续使用独立网口接入调度数据网，防止在调试过程中出现无效的网络访问。

（四）后续建议

（1）加强对设备消缺流程规范管理工作。涉网设备工作，工作票及抢修单应明确网络安全措施。

（2）推进变电站移动运维堡垒机的应用，后续计划在检修工区等电力监控系统相关调试单位部署移动运维堡垒机，加强现场调试人员的网络安全技术培训，提高网络安全意识，进一步提升变电站电力监控系统运维管控水平。

（3）涉及网络设备的变电站内检修工作，提前向调度主站报送检修计划，涉网设备检修、消缺工作应做好防范网络安全事件的安全措施，工作开始前应确保安全措施到位并向调度主站汇报工作后再开始工作；工作结束后设备恢复初始状态后向调度主站汇报。

（4）进一步宣贯防范网安告警工作要求，再次组织调度、运行、检修、建设以及营销等各个部门进行网络安全文件要求学习，检查所有技术服务单位文件宣贯程度，安全教育不留死角。

二、某 220kV 变电站电力数据网双通道中断事件

（一）现象描述

某 220kV 变电站电力数据网发生双通道通信中断事件，时长达 1 小时 15min，经现场检修人员检查后，确认为老监控系统 UPS 发生短路故障，经紧急更换 UPS 后通信电源恢复供电，数据网通信恢复正常。

（二）原因分析

该变电站老监控系统虽然配备了两台 UPS，但由于设计源头问题，UPS 电源并未实现两路不同源的电源输入，因此当 UPS 内部短路故障导致交直流电源失去时，UPS 将无法供电保障设备运行。虽然新远动机屏及新后台均采用交直流屏电源单独接入，并未发生失电，但省调、地调数据网通道相关设备电源失去，调度数据均发生中断。

老监控后台插排老化导致，该插排接自 UPS 屏交流输出，发生短路后，UPS 交流输入电源、直流输入电源同时跳开。导致 UPS 交流输出所接通信管理机柜（一）、通信管理机柜（二）、网络设备柜所有设备及老监控后台电源全部消失。

（三）处理措施

对 UPS 电源回路进行整改，实现两路不同源的电源输入。

（四）后续建议

（1）尽快落实前期 UPS 排查整改要求，采用标准化设计，确保两台 UPS 的交直流输入电源独立，并进行 UPS 试拉试验，确保单路交直流电源消失不影响调度数据通信。

（2）严格落实电力数据网 UPS 供电负载要求，将未接入 UPS 装置的负载（如交换机、纵密、路由器、监控后台等）接入 UPS 装置，同时将其他不应接入 UPS 装置的负载进行清理，并接入市电（如站内打印机等），重新进行试拉，并确认数据网双通道正常。

（3）加强自动化设备验收管理，针对新站，开展专项测试，确保新站满足交直流电源独立双路配置，对于老站及运行站，根据 UPS 排查情况及时安排整改。同时加强数据网设备、UPS 电源管理规定宣贯，确保现场运行、检修人员认真落实，杜绝乱用、乱接 UPS 电源。

三、XX 变电力数据网通信中断事件

（一）现象描述

202×年 9 月 20 日 22 时 46 分，XX 变 104 通道 A、B 退出，XX 变省调、地调电力数据网通信中断，经现场检查发现 XX 变 UPS 屏至省调数据网屏的第一路空开、第二路空开跳闸，省调非实时交换机电源灯转红灯，地调实时交换机无法启动。

（二）原因分析

故障前，XX 变 104 通道 A、B 运行正常，无异常告警信号。故障后 XX 变 104 通道

A、B 退出，♯1、♯2UPS 切换至旁路运行且故障信号灯亮。

故障后，现场检查发现逆变电源屏至省调数据网屏的交流空开 5AK 与 15AK 跳闸，逆变电源切至旁路运行，装置故障灯亮，省调数据网屏内装置失电，地调数据网屏内实时交换机失电，♯2 逆变电源击穿保险动作，♯1 逆变电源击穿保险未动作。

现场监控后台报 22：45：57.318，♯2 逆变电源装置故障，22：45：57.318，♯2 逆变电源装置旁路运行，22：45：57.319，♯2 逆变电源装置过载，22：45：57.365，♯1 逆变电源装置故障，22：45：57.365，♯1 逆变电源装置旁路运行，22：45：57.372，♯1 逆变电源装置过载。

运维人员试合逆变电源屏 15AK 空开成功，试合 5AK 空开失败，15AK 合上后，省调数据网屏实时交换机、非实时交换机、Ⅰ区纵向加密装置，路由器恢复工作，Ⅱ区纵向加密装置仍失电，XX 变 104A 通道恢复，但Ⅱ区相关业务中断，无法通过分合空开重启地调数据网实时交换机，故 104B 通道中断。

9 月 21 日检修人员至现场更换地调数据网实时交换机后，104B 通道恢复正常，且试合 5AK 空开成功，104A 通道Ⅱ区相关业务恢复正常；重启♯1、♯2UPS 逆变模块，♯2UPS 运行正常，♯1UPS 运行约 40min 后自动切换至旁路运行且装置故障灯亮；省调非实时交换机电源故障灯亮，但设备运行正常，经省调远程登录检查装置无告警日志，相关业务运行正常，现场未发现设备烧焦、回路短路痕迹、未闻到异味。

进一步检查发现逆变电源屏至省调数据网屏的两路电源分别引自不同的 UPS，现场数据网交换机采用电源交叉接入方式，但未在屏内未并联成环。

经厂家初步分析，判断省调非实时交换机电源故障灯亮原因为装置风扇故障，因装置掉电重启后日志消失，无法判断故障时间。

（三）故障处置

综上所述，怀疑本次故障为省调数据网非实时交换机电源模块瞬时性短路，造成两路空开同时跳闸，两台 UPS 因流过较大短路电流而切换至旁路运行，UPS 切换期间的电压波动，引起地调数据网实时交换机损坏。

经处理，在逆变电源屏将至省调数据网屏的两路空开改接至♯2UPS 装置，将至地调数据网屏的两路空开改接至♯1UPS 装置。

（四）后续建议

（1）9 月 23 日更换 XX 变♯1、♯2UPS 装置及省调数据网非实时交换机。

（2）联系厂家，对该交换机做进一步检测分析。

（3）加强对 XX 变省调数据网设备的运行巡视。